企业安全生产必读必做丛书

事故应急与救护必读必做

“企业安全生产必读必做丛书”编委会编

中国劳动社会保障出版社

图书在版编目(CIP)数据

事故应急与救护必读必做/“企业安全生产必读必做丛书”编委会编. —北京：中国劳动社会保障出版社，2013

（企业安全生产必读必做丛书）

ISBN 978-7-5167-0394-6

Ⅰ.①事… Ⅱ.①企… Ⅲ.①事故-救护 Ⅳ.①X928.04

中国版本图书馆 CIP 数据核字(2013)第 133103 号

中国劳动社会保障出版社出版发行

（北京市惠新东街1号 邮政编码：100029）

出版人：张梦欣

*

北京市艺辉印刷有限公司印刷装订 新华书店经销

787毫米×1092毫米 16开本 19.5印张 378千字

2013年6月第1版 2020年12月第4次印刷

定价：47.00元

读者服务部电话：（010）64929211/84209101/64921644

营销中心电话：（010）64962347

出版社网址：http://www.class.com.cn

“企业安全生产必读必做丛书”编委会

本书主编　李　庆

内容提要

企业班组事故应急与伤病救护是安全生产中的重点工作之一，企业班组长、安全员与各类从业人员应了解相关知识并能熟练运用。本书从相关法律法规和技术标准入手，详细介绍了企业及其班组生产安全事故应急的相关知识。以此为基础，不但每章附有习题集，而且最后还有综合模拟测试题，便于读者学习知识的同时，对自己掌握知识的程度进行测试。本书主要内容包括：安全生产事故应急救援管理，现场应急救护知识与技能，企业生产意外伤害事故应急处置与救护，火灾避险知识与应急救护，职业卫生事故应急救护，常见劳动防护用品使用与管理。

本书紧扣相关法律法规与行业标准，内容全面，“读”与“做”相互呼应补充，适合企业管理人员、安全生产管理人员、班组长和从业人员阅读使用，特别适合企业对广大从业人员进行安全生产宣传、教育与培训时使用。

前　言

《中华人民共和国安全生产法》规定：生产经营单位应当对从业人员进行安全生产教育和培训，保证从业人员具备必要的安全生产知识，熟悉有关的安全生产规章制度和安全操作规程，掌握本岗位的安全操作技能。未经安全生产教育和培训合格的从业人员，不得上岗作业。

安全生产教育和培训是企业安全生产工作的重要内容，坚持安全生产教育和培训制度，有针对性地对企业从业人员进行安全生产法律法规、标准的宣传贯彻，使其能掌握必要的安全生产知识，对提高企业从业人员的安全素质和生产安全水平具有重要作用。培训和考核相结合一直是企业安全生产教育和培训的重要方法之一。实践证明，使相关人员集中培训交流，并通过适当的测试题强化其阅读学习的效果，在安全生产教育和培训实际工作中能够取得良好的效果。

为此，中国劳动社会保障出版社组织了安全生产研究机构专家、高校相关教师和企业中有丰富安全生产管理经验的技术人员，编写了“企业安全生产必读必做丛书”。本套丛书包括《班组安全建设必读必做》《事故应急与救护必读必做》《企业安全生产标准化必读必做》《危险化学品管理必读必做》《隐患排查工作必读必做》《职业病防治必读必做》《安全文化建设必读必做》《安全生产管理必读必做》共 8 种，涵盖当前企业安全生产工作关注的重点，力求满足企业安全生产教育和培训的内容需求。本套丛书注重知识性与实用性，紧扣“必读”和“必做”两个关键点。“必读”是指以准确精炼、通俗易懂的语言，讲解企业从业人员在生产实际工作中应了解和掌握的通用的、基本的安全法规标准、基础理论和操作技能；“必做”是在每章后附有大量习题，回顾和总结所读的知识，测试读者的学习掌握程度。另外，每种书都附有多套综合模拟测试卷，可以供培训考核选用。

本套丛书可作为企业日常安全生产教育和培训使用，特别适用于帮助“安全生产月”期间企业从业人员的安全生产素质提升，书中的相关习题还可供企业安全生产管理部门对从业人员测试考核参考使用。由于时间仓促和能力所限，书中难免有疏忽和错误之处，敬请广大读者批评指正。

丛书编写委员会

2012 年 10 月

目　录

第一章　安全生产事故应急救援管理

第一节　安全生产事故概述 /1

一、事故的定义及其特征 /1

二、事故的分类 /3

三、事故分级 /4

第二节　安全生产事故应急救援管理 /5

一、应急救援管理概述 /5

二、安全生产应急救援体系结构 /7

三、安全生产应急救援组织体制 /8

四、应急响应机制 /13

第三节　安全生产事故应急救援预案 /16

一、事故应急预案及其内容 /16

二、事故应急预案的编制 /21

三、事故应急预案的演习 /25

第四节　本章习题集 /30

一、填空题 /30

二、单项选择题 /32

三、判断题 /35

四、简答题 /38

五、本章习题参考答案 /38

第二章　现场应急救护知识与技能

第一节　现场应急救护概述 /40

一、现场急救原则、步骤和注意事项 /40

二、现场急救区的划分和紧急呼救 /42

三、现场伤员评估和分类 /43
第二节 应急处置与急救 /46
一、外伤应急处置与急救 /46
二、人体骨折的应急处置与急救 /51
三、踩踏和挤压伤的应急与处置 /56
四、爆炸伤的应急与处置 /60
五、急性中毒人员的应急与救护 /62
第三节 常见现场急救基本技术 /65
第四节 本章习题集 /74
一、填空题 /74
二、单项选择题 /77
三、判断题 /81
四、简答题 /82
五、本章习题参考答案 /83

第三章 企业生产意外伤害事故应急处置与救护
第一节 建筑施工意外伤害事故应急处置与救护 /85
一、建筑施工特点与常见事故伤害 /85
二、建筑施工意外伤害与应急处置 /86
第二节 冶金生产意外伤害事故应急处置与救护 /95
一、冶金企业生产特点与常见事故伤害 /95
二、冶金企业生产意外伤害与应急处置 /96
第三节 化工企业意外伤害事故应急处置与救护 /100
一、化工企业生产的特点与常见事故伤害 /100
二、化工企业生产意外伤害与应急处置 /102
第四节 机械制造意外伤害事故应急处置与救护 /107
一、机械设备危险因素与常见事故伤害 /107
二、机械伤害的应急处置与救治 /111
第五节 起重和交通伤害事故应急处置与救护 /113
一、起重伤害的应急处置与救治 /113

二、交通事故现场的急救措施 /114
第六节 煤矿生产意外伤害事故应急处置与救护 /117
一、煤矿瓦斯爆炸意外伤害与应急处置 /117
二、煤矿火灾事故意外伤害与应急处置 /119
三、煤矿透水事故意外伤害与应急处置 /122
四、煤矿冒顶事故意外伤害与应急处置 /123
第七节 本章习题集 /125
一、填空题 /125
二、单项选择题 /128
三、判断题 /131
四、简答题 /133
五、本章习题参考答案 /134

第四章 火灾避险知识与应急救护
第一节 防火防爆基础知识 /136
一、火灾及其分类 /136
二、爆炸及其分类 /138
三、火灾危险性分类 /141
四、爆炸和火灾危险场所区域 /144
第二节 火灾应急处置与扑救 /145
一、火灾的发展过程和防治途径 /145
二、灭火 /147
三、常见灭火器材及其使用 /152
四、火灾扑救 /158
第三节 火灾现场避险 /169
一、火灾发生后烟气的危害 /169
二、火灾发生后安全疏散与逃生 /172
三、火灾现场相关急救知识 /178
第四节 本章习题集 /179
一、填空题 /179

二、单项选择题 /182
三、判断题 /185
四、简答题 /188
五、本章习题参考答案 /189

第五章　职业卫生事故应急救护

第一节　职业性有害因素 /191
一、职业性有害因素的分类 /191
二、常见职业性有害因素 /192
三、职业中毒 /199
第二节　常见物理因素职业病伤害及其救护 /202
一、高温、低温伤害急救 /202
二、高、低气压伤害预防 /206
三、常见生物伤害急救 /208
四、触电与雷击事故急救 /212
第三节　常见急性中毒现场急救 /214
一、急性中毒与现场急救 /214
二、刺激性气体中毒急救 /218
三、窒息性气体中毒急救 /224
四、金属及其化合物中毒急救 /228
五、其他物质急性中毒急救 /231
第四节　常见化学烧伤现场急救 /237
一、化学性烧伤及其急救 /237
二、常见物质化学性烧伤及其急救 /238
第五节　本章习题集 /246
一、填空题 /246
二、单项选择题 /249
三、判断题 /252
四、简答题 /255
五、本章习题参考答案 /256

第六章　常见劳动防护用品使用与管理

第一节　劳动防护用品基本概念 /258

一、劳动防护用品及其作用 /258

二、劳动防护用品的分类及其选用 /259

三、劳动防护用品的法定配备与管理 /263

四、特种劳动防护用品 /265

第二节　常用劳动防护用品的使用与管理 /266

一、头部防护用品的使用与管理 /267

二、呼吸防护用品的使用与管理 /270

三、眼面部防护用品的使用与管理 /272

四、防坠落用品的使用与管理 /274

第三节　本章习题集 /277

一、填空题 /277

二、单项选择题 /279

三、判断题 /281

四、简答题 /282

五、本章习题参考答案 /283

综合模拟测试题

综合测试题一 /285

综合测试题二 /291

综合测试题一参考答案 /297

综合测试题二参考答案 /298

第一章　安全生产事故应急救援管理

第一节　安全生产事故概述

一、事故的定义及其特征

1. 事故的定义

在生产过程中，事故是指造成人员伤亡、职业病、财产损失或其他损失的意外事件。从这个解释可以看出，事故是意外的事件，而不是预谋的事件；该事件是违背了人们的意愿发生的，也就是人们不希望发生的；同时该事件产生了违背人们意愿的后果。如果事件的后果是人员死亡、受伤或身体的损害就称为人员伤亡事故，如果没有造成人员伤亡就是非人员伤亡事故。

在生产过程中发生的事故或与生产过程有关的事故，称为生产事故。按照安全系统工程的观点，首先，生产事故是发生在生产过程中的意外事件，该事件破坏了正常的生产过程，任何生产过程都可能发生生产事故，因此要想保持正常生产过程的持续，就必须采取措施防止事故的发生；其次，生产事故是突然发生的、出乎人们意料的事件，由于导致事故发生的原因非常复杂，因而事故具有随机性，事故的随机性使得对事故发生规律的认识和事故预防变得更加困难；最后就是生产事故会造成人员伤亡、财产损失或其他损失，因此在生产过程中，不仅要采取预防事故发生的措施，还要采取减少事故造成人员伤亡和各类损失的措施。

根据以上事故定义，事故有以下三个特征：

（1）事故来源于目标的行动过程。

（2）事故表现为与人的意志相反的意外事件。

（3）事故的结果为目标行动停止。

2. 事故的特性

事故表面现象是千变万化的，并且出现在人们生活和所有生产领域，几乎可以说是无所不在的，同时事故结果又各不相同，所以说事故是复杂的。但是事故是客观存在的，客观存在的事物发展本身就存在着一定的规律性，这是客观事物本身所固有的本质的联系；

同样客观存在的事故必然有着其本身固有的发展规律，这是不以人的意志为转移的。研究不能只从事故的表面出发，而必须对事故进行深入调查和分析，由事故特性入手寻找根本原因和发展规律。大量的事故统计结果表明，事故主要具有以下几个特性。

(1) 普遍性

各类事故的发生具有普遍性，从更广泛的意义上讲，世界上没有绝对的安全。从事故统计资料可以知道，各类事故的发生从时间上看基本是均匀的，也就是说事故可能在任何一个时间发生；从地点的分布上看，每个地方或企业都会发生事故，不存在什么事故的禁区或者安全生产的福地；从事故的类型上看，每一类事故都有血的教训。这说明安全生产工作必须时刻面对事故的挑战，任何时间、任何场合都不能放松对安全生产的要求，而且针对那些事故发生较少的地区和单位更要明确事故的普遍性这一特点，避免麻痹大意的思想，争取从源头上杜绝事故的发生。

(2) 偶然性和必然性

偶然性是指事物发展过程中呈现出来的某种摇摆、偏离，是可以出现或不出现、可以这样出现或那样出现的不确定的趋势。必然性是客观事物联系和发展的合乎规律的、确定不移的趋势，是在一定条件下的不可避免性。事故的发生是随机的，同样的前因事件随时间的进程导致的后果不一定完全相同，但偶然中有必然，必然性存在于偶然性之中。随机事件服从于统计规律，可用数理统计方法对事故进行统计分析，从中找出事故发生、发展的规律，从而为预防事故提供依据。

(3) 因果性

事故因果性是说一切事故的发生都是由一定原因引起的，这些原因就是潜在的危险因素，事故本身只是所有潜在危险因素或显性危险因素共同作用的结果。在生产过程中存在着许多危险因素，不但有人的因素（包括人的不安全行为和管理缺陷），而且也有物的因素（包括物的本身存在着不安全因素以及环境存在着不安全条件等）。所有这些在生产过程中通常被称为隐患，它们在一定的时间和地点下相互作用就可能导致事故的发生。事故的因果性也是事故必然性的反映，若生产过程中存在隐患，则迟早会导致事故的发生。

(4) 潜伏性

事故的潜伏性是说事故在尚未发生或还未造成后果之时，是不会显现出来的，好像一切还处在“正常”和“平静”状态。但生产中的危险因素是客观存在的，只要这些危险因素未被消除，事故总会发生的，只是时间的早晚而已。

(5) 可预防性

事故的发生、发展都是有规律的，只要按照科学的方法和严谨的态度进行分析并积极做好有关预防工作，事故是完全可以预防的。对于事故预防措施的研究一直没有停止过，而且随着人类认识水平的不断提升，各种类型的事故都已经找到比较有效的方法进行预防。

应该说人类已经基本掌握绝大多数事故发生发展的规律，关键的问题是如何在企业和普通劳动者中推广，这是目前安全生产技术问题的关键所在。

(6) 低频性

一般情况下，事故（特别是重大、特大事故）发生的频率比较低。美国安全工程师海因里希（W. H. Heinrich）通过对55万余起机械伤害事故的研究表明，事故与伤害程度之间存在着一定的比例关系。对于反复发生的同一类型事故将遵守下面的比例关系：在330起事故当中，无伤害约有300起，轻微伤害事故约有29起，严重伤害事故约有1起，即“1：29：300法则”。国际上将此比例关系称为“事故法则”，也称“海因里希法则”。很明显，“事故法则”也就是事故低频性的最好注解。

二、事故的分类

根据《企业职工伤亡事故分类》(GB 6441—1986)，事故分为以下20类。

(1) 物体打击

失控物体的惯性造成的人身伤害事故。

(2) 车辆伤害

机动车辆引起的机械伤害事故。

(3) 机械伤害

机械设备与工具引起的绞、碾、碰、割、戳、切等伤害。

(4) 起重伤害

从事起重作业时引起的机械伤害事故，它发生于各种起重作业中。

(5) 触电

电流流经人体，造成生理伤害的事故。

(6) 淹溺

因大量水经口、鼻进入肺内，造成呼吸道阻塞，发生急性缺氧而窒息死亡的事故。

(7) 灼烫

强酸、强碱等物质溅到身上引起的化学灼伤；因火焰引起烧伤；高温物体引起的烫伤；放射线引起的皮肤损伤等事故。

(8) 火灾

造成人身伤亡的企业火灾事故。

(9) 高空坠落

由于危险重力势能差引起的伤害事故。

(10) 坍塌

建筑物、构筑物、堆置物等倒塌以及土石塌方引起的事故。

(11) 冒顶片帮

这类事故指矿山、地下开采、掘进及其他坑道作业发生的坍塌事故。

(12) 透水

矿山、地下开采或其他坑道作业时，意外水源带来的伤亡事故。

(13) 放炮

施工时由于放炮作业造成的伤亡事故。

(14) 火药爆炸

火药与炸药在生产、运输、储藏的过程中发生的爆炸事故。

(15) 瓦斯爆炸

可燃性气体瓦斯、煤尘与空气混合形成了浓度达到燃烧极限的混合物，接触火源而引起的化学性爆炸事故。

(16) 锅炉爆炸

各种锅炉的物理性爆炸事故。

(17) 容器爆炸

盛装气体或液体，承载一定压力的密闭设备发生的爆炸事故。

(18) 其他爆炸

不属于瓦斯爆炸、锅炉爆炸和容器爆炸的爆炸。

(19) 中毒和窒息

中毒指人接触有毒物质，出现的各种生理现象的总称；窒息指因为氧气缺乏，发生的晕倒甚至死亡的事故。

(20) 其他伤害

凡不属于上述伤害的事故均称为其他伤害。

三、事故分级

根据生产安全事故（以下简称事故）造成的人员伤亡或者直接经济损失，事故一般分为以下等级。

(1) 特别重大事故

指造成30人以上死亡，或者100人以上重伤（包括急性工业中毒，下同），或者1亿元以上直接经济损失的事故。

(2) 重大事故

指造成10人以上30人以下死亡，或者50人以上100人以下重伤，或者5 000万元以上1亿元以下直接经济损失的事故。

(3) 较大事故

指造成 3 人以上 10 人以下死亡，或者 10 人以上 50 人以下重伤，或者 1 000 万元以上 5 000 万元以下直接经济损失的事故。

(4) 一般事故

指造成 3 人以下死亡，或者 10 人以下重伤，或者 1 000 万元以下直接经济损失的事故。

该分法所称的“以上”包括本数，所称的“以下”不包括本数。

第二节　安全生产事故应急救援管理

一、应急救援管理概述

随着我国经济的飞速发展，工业化程度的不断提高，安全生产事故的发生无论从频率上还是严重程度上都呈现不断上升的势头。特别是经济损失巨大，后果特别严重，社会影响十分恶劣的群死群伤特大事故更是屡见不鲜。根据风险控制原理，风险大小是由事故发生的可能性及其后果严重程度决定的，一个事故发生的可能性越大，后果越严重，则该事故的风险就越大。因此，事故灾难风险控制的根本途径有两条：第一条就是通过事故预防，来防止事故的发生或降低事故发生的可能性，从而达到降低事故风险的目的。然而，由于受技术发展水平、人的不安全行为以及自然客观条件（乃至自然灾害）等因素影响，要将事故发生的可能性降至零，即做到绝对安全，是不现实的。事实上，无论事故发生的频率降至多低，事故发生的可能性依然存在，而且有些事故一旦发生，后果将是灾难性的，如印度博帕尔事件、切尔诺贝利核电站泄漏等。那么，如何降低这些概率虽小、后果却非常严重的重大事故风险呢？无疑，应急管理成为第二条重要的风险控制途径。

应急管理是指为了有效应对可能出现的重大事故或紧急情况，降低其可能造成的后果和影响，而进行的一系列有计划、有组织的管理，涵盖事故发生前、中、后的各个阶段。应急管理与事故预防是相辅相成的，事故预防以“不发生事故”为目标，应急管理则是以“发生事故后，尽量降低损失”为目标，两者共同构成了风险控制的完整过程。因而，应急管理与事故预防一样，是风险控制的一个必不可少的关键环节，它可以有效地降低事故灾难所造成的影响和后果。

应急管理是一个动态的过程，包括预防、准备、响应和恢复四个阶段，如图 1—1 所示。尽管在实际情况中，这些阶段往往是交叉的，但每一阶段都有自己明确的目标，而且每一阶段又是构筑在前一阶段的基础之上。因而，预防、准备、响应和恢复的相互关联，构成了重大事故应急管理的循环过程。

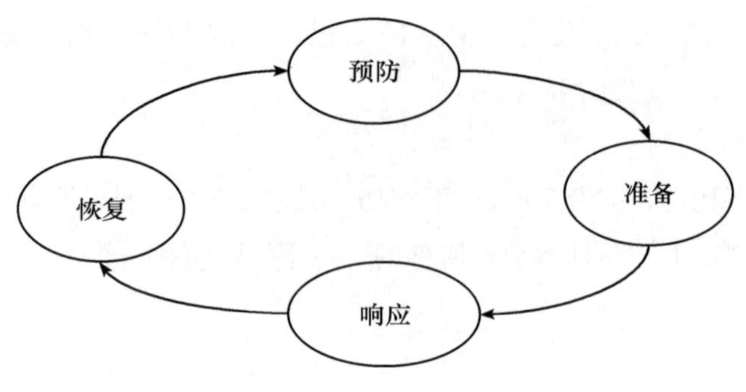

图 1—1　应急管理过程

(1) 预防

在应急管理中，预防有两层含义：一是事故的预防工作，即通过安全管理和安全技术等手段，尽可能地防止事故的发生，实现本质安全；二是在假定事故必然发生的前提下，通过预先采取一定的预防措施，达到降低或减缓事故的影响或后果的严重程度，如加大建筑物的安全距离、工厂选址的安全规划、减少危险物品的存量、设置防护墙以及开展员工和公众应急自救知识教育等。从长远看，低成本、高效率的预防措施是减少事故损失的关键。由于应急管理的对象是重大事故或紧急情况，其前提是假定重大事故的发生是不可避免的，因此，应急管理中的预防更侧重于第二层含义。

(2) 准备

应急准备是应急管理过程中一个极其关键的过程。它是针对可能发生的事故，为迅速有效地开展应急行动而预先所做的各种准备，包括应急体系的建立、有关部门和人员职责的落实、预案的编制、应急队伍的建设、应急设备（施）与物资的准备和维护、预案的演习、与外部应急力量的衔接等，其目标是保持重大事故应急救援所需的应急能力。

(3) 响应

应急响应是在事故发生后立即采取的应急与救援行动，包括事故的报警与通报、人员的紧急疏散、急救与医疗、消防和工程抢险措施、信息收集与应急决策、外部求援等。其目标是尽可能地抢救受伤人员，保护可能受威胁的人群，尽可能控制并消除事故。

(4) 恢复

恢复工作应在事故发生后立即进行。它首先使事故影响区域恢复到相对安全的基本状态，然后逐步恢复到正常状态。要求立即进行的恢复工作包括事故损失评估、原因调查、清理废墟等。在短期恢复工作中，应注意避免出现新的紧急情况。长期恢复包括厂区重建，受影响区域的重新规划和发展。在长期恢复工作中，应吸取事故和应急救援的经验教训，开展进一步的预防工作和减灾行动。

二、安全生产应急救援体系结构

应急救援体系总的目标是：控制事态发展，保障生命财产安全，恢复正常状况，这三个总体目标也可以用减灾、防灾、救灾和灾后恢复来表示。由于事故灾害种类繁多，情况复杂，突发性强，覆盖面大，应急救援活动又涉及从高层管理到基层人员各个层次，从公安、医疗到环保、交通等不同领域，这都给应急救援日常管理和应急救援指挥带来了许多困难。解决这些问题的唯一途径是建立起科学、完善的应急救援体系和实施规范有序的标准化运作程序。

一个完整的应急救援体系应由组织体制、运作机制、法制基础和应急保障系统四部分构成，如图 1—2 所示。

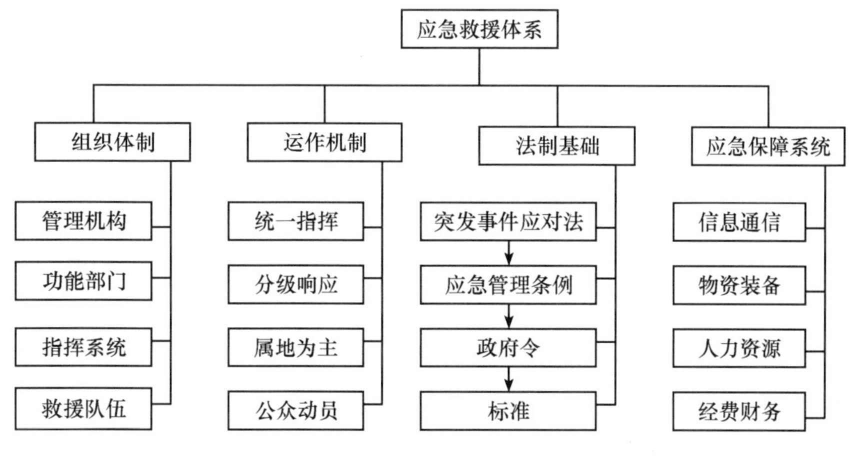

图 1—2　应急救援体系基本框架结构

应急救援体系组织体制中的管理机构是指负责应急日常事务管理的部门；而功能部门则包括与应急活动有关的各类组织机构，如公安、医疗、通信等单位；指挥系统包括场外指挥系统和现场指挥系统，场外指挥系统主要进行紧急事件应急行动中的信息协调，提供应急对策、处理应急后方支持及其他管理职责，而现场指挥系统则偏重于紧急事件现场的应急救援指挥和管理工作，它的职责主要是在紧急事件应急中负责在现场制定和实施正确、有效的现场应急对策，确保应急救援任务的顺利完成。最后的救援队伍则由专业救援人员和志愿人员组成。

应急救援活动一般分为应急准备、初级反应、扩大应急和应急恢复四个阶段。应急运作机制是全国安全生产应急救援体系的重要保障，其与这些应急活动都密切相关。应急运作机制应始终贯穿于这些应急活动中，涉及应急救援的运行机制众多，但关键的、最主要的还是由统一指挥、分级响应、属地为主和公众动员这四个基本机制组成。

法制建设是应急体系的基础和保障，也是开展各项应急活动的依据，与应急有关的法规可分为四个层次：一是由立法机关通过的法律，如紧急状态法、公民知情权法和紧急动员法等；二是由政府颁布的规章如应急救援管理条例等；三是包括预案在内的以政府令形式颁布的政府法令、规定等；四是与应急救援活动直接有关的标准或管理办法。

列于应急保障系统第一位的是信息与通信系统，构筑集中管理的信息通信平台是应急体系的最重要基础建设，应急信息通信系统要保证所有预警、报警、警报、报告、指挥等活动的信息交流快速、顺畅、准确，以及信息资源共享；物资与装备不但要保证有足够的资源，而且还一定要实现快速、及时供应到位；人力资源保障包括专业队伍的加强和志愿人员以及其他有关人员的培训教育；应急财务保障应建立专项应急科目，如应急基金等，以保障应急管理运行和应急反应中各项活动的开支。

三、安全生产应急救援组织体制

组织体制是应急救援体系的基础之一。一般而言，应急救援组织体制包括管理机构、功能部门、指挥系统和救援队伍。管理机构是指维持应急日常管理的负责部门；功能部门包括与应急活动有关的各类组织机构，如公安、医疗等单位；指挥系统包括应急预案启动后，负责应急救援活动的场外与现场指挥系统；救援队伍由专业救援人员和志愿人员组成。

根据《全国安全生产应急救援体系总体规划方案》（安监管办字［2004］163号），通过建立和完善应急救援的领导决策层、管理与协调指挥系统以及应急救援队伍，形成完整的全国安全生产应急救援组织体系，如图1—3所示。

1. 领导决策层

按照统一领导、分级管理的原则，全国安全生产应急救援领导决策层由国务院安委会及其办公室、国务院有关部门、地方各级人民政府组成。

（1）国务院安委会

国务院安委会统一领导全国安全生产应急救援工作。负责研究部署、指导协调全国安全生产应急救援工作；研究提出全国安全生产应急救援工作的重大方针政策；负责应急救援重大事项的决策，对涉及多个部门或领域、跨多个地区的影响特别恶劣事故灾难的应急救援实施协调指挥；必要时协调总参谋部和武警总部调集部队参加安全生产事故应急救援；建立与协调自然灾害、公共卫生和社会安全突发事件应急救援机构之间的联系，并相互配合。

（2）国务院安委会办公室

国务院安委会办公室承办国务院安委会的具体事务。负责研究提出安全生产应急管理

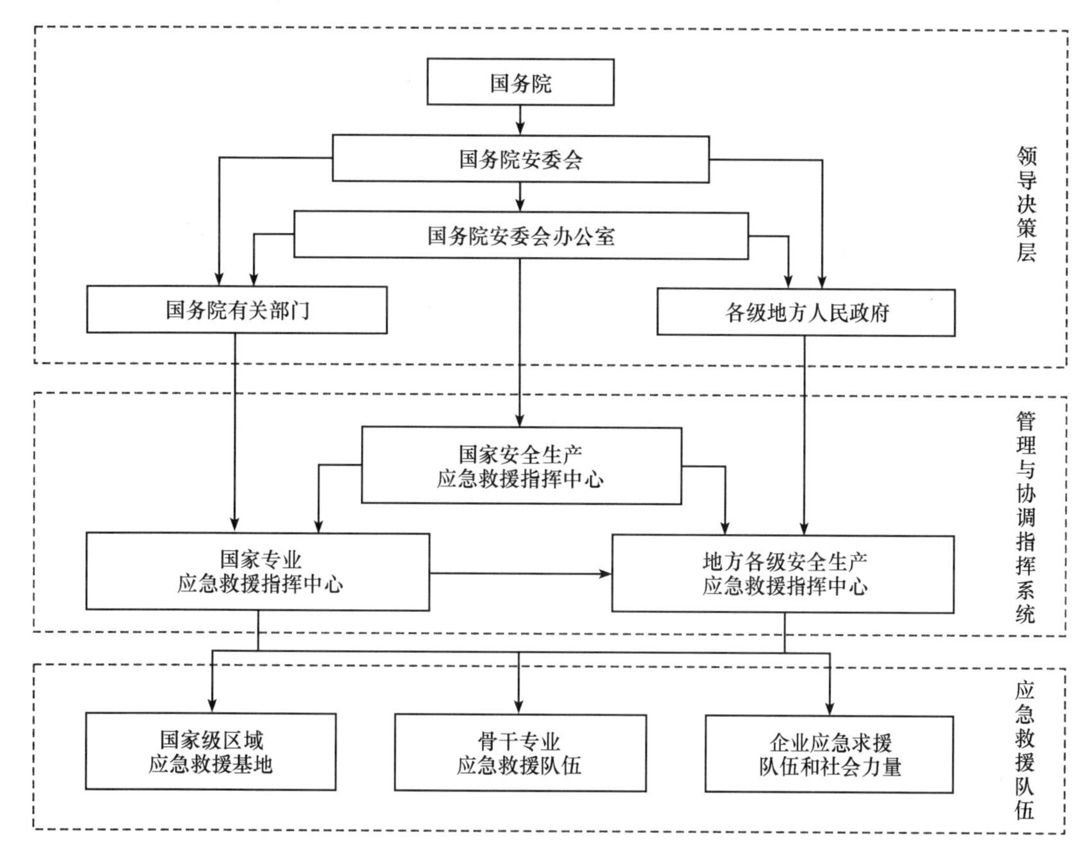

图 1—3　全国安全生产应急救援组织体系示意图

和应急救援工作的重大方针政策和措施；负责全国安全生产应急管理工作，统一规划全国安全生产应急救援体系建设，监督检查、指导协调国务院有关部门和各省（自治区、直辖市）人民政府安全生产应急管理和应急救援工作，协调指挥安全生产事故灾难应急救援；督促、检查安委会决定事项的贯彻落实情况。

(3) 国务院有关部门

国务院有关部门在各自的职责范围内领导有关行业或领域的安全生产应急管理和应急救援工作，监督检查、指导协调有关行业或领域的安全生产应急救援工作，负责本部门所属的安全生产应急救援协调指挥机构、队伍的行政和业务管理，协调指挥本行业或领域应急救援队伍和资源参加重特大安全生产事故应急救援。

(4) 地方各级人民政府

地方各级人民政府统一领导本地安全生产应急救援工作，按照分级管理的原则统一指挥本地安全生产事故应急救援。

2. 管理与协调指挥系统

全国安全生产应急管理与协调指挥系统拟由国家安全生产应急救援指挥中心、有关专业安全生产应急管理与协调指挥机构以及地方各级安全生产应急管理与协调指挥机构组成，如图1—4所示。

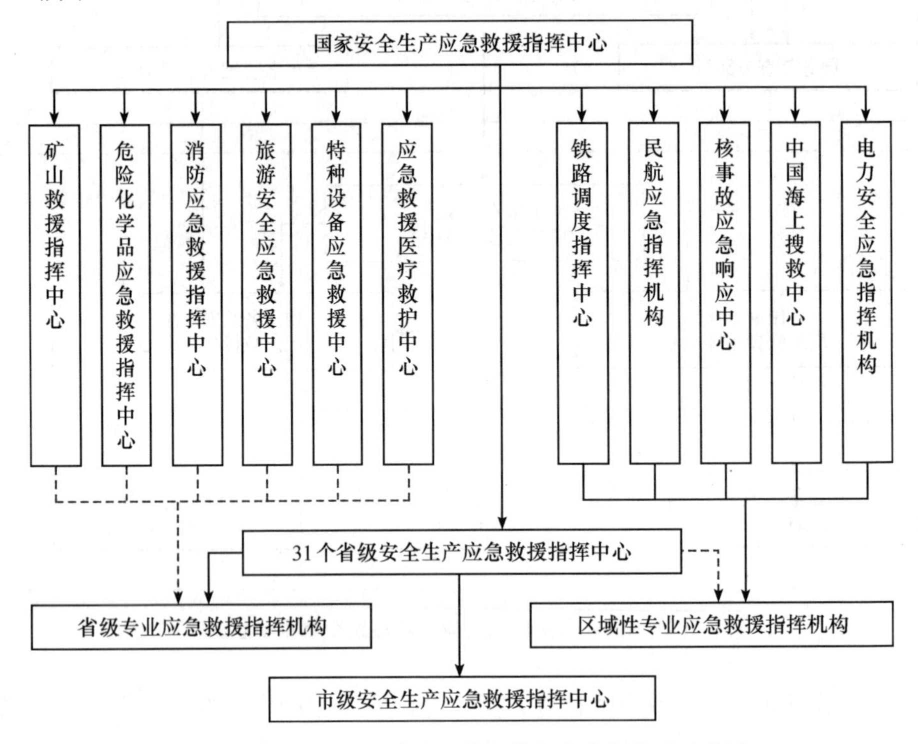

图1—4 全国安全生产应急救援协调与指挥体系示意图

(1) 国家安全生产应急救援指挥中心

国家安全生产应急救援指挥中心，由国务院安委会办公室领导、国家安全监管总局管理，负责全国安全生产应急管理和事故灾难应急救援协调指挥，参与制定并组织实施安全生产应急救援管理制度和有关规定；负责安全生产应急救援体系建设，指导和协调有关部门及地方安全生产应急救援工作；组织编制、管理和实施国家安全生产应急预案；负责全国安全生产应急救援资源综合监督管理和信息统计工作，掌握各类应急资源的状况，负责全国安全生产应急救援重大信息的接收、处理和上报工作；组织指导培训和联合演练，保证安全生产应急救援体系的整体战斗力；指导、协调特大安全生产事故的应急救援工作，根据需求，及时协调调度相关的应急救援队伍和资源实施增援和支持；负责国家投资形成的安全生产应急救援资产的监督管理。

(2) 专业安全生产应急救援管理与协调指挥系统

依托国务院有关部门现有的应急救援调度指挥系统，建立完善矿山、危险化学品、消防、铁路、民航、核工业、海上搜救、电力、旅游、特种设备10个国家级专业安全生产应急管理与协调指挥机构，负责本行业或领域安全生产应急管理工作，负责相应的国家专项应急预案的组织实施，调动指挥所属应急救援队伍和资源参加事故抢救。依托国家矿山医疗救护中心建立国家安全生产应急救援医疗救护中心，负责组织协调全国安全生产应急救援医疗救护工作，组织协调全国有关专业医疗机构和各类事故灾难医疗救治专家进行应急救援医疗抢救。

各省（自治区、直辖市）根据本地安全生产应急救援工作的特点和需要，相应建立矿山、危险化学品、消防、旅游、特种设备等专业安全生产应急管理与协调指挥机构，是本省（自治区、直辖市）安全生产应急管理与协调指挥系统的组成部分，也是相应的专业安全生产应急管理与协调指挥系统的组成部分，同时接受相应的国家级专业安全生产应急管理与协调指挥机构的指导。国务院有关部门根据本行业或领域安全生产应急救援工作的特点和需要，建立海上搜救、铁路、民航、核工业、电力等区域性专业应急管理与协调指挥机构，是本行业或领域专业安全生产应急救援管理与协调指挥系统的组成部分，同时接受所在省（自治区、直辖市）安全生产应急管理与协调指挥机构的指导，也是所在省（自治区、直辖市）安全生产应急救援管理与协调指挥系统的组成部分。

1）矿山应急管理与协调指挥系统由国家安全生产监督管理总局建立的矿山救援指挥中心和28个省（自治区、直辖市，西藏、上海、天津、香港、澳门、台湾除外）安全生产监督管理部门（或煤矿安全监察机构）建立的矿山应急救援指挥机构、重点市、县矿山救援指挥机构组成。

2）危险化学品事故应急救援管理与协调指挥系统由国家安全监管局建立的危险化学品事故应急救援指挥中心和各省（自治区、直辖市）安全生产监督管理部门建立的危险化学品事故应急救援指挥机构（可与省级安全生产应急救援指挥中心统一建设）、重点市、县危险化学品事故救援指挥机构组成。

3）消防应急管理与协调指挥系统由公安部设立的国家消防应急救援指挥中心和县级以上地方人民政府公安部门设立的消防应急救援指挥机构共同构成。

4）铁路事故应急管理与协调指挥系统由铁道部设立的国家铁路调度指挥中心与各铁路局、铁路分局、铁路沿线站段的铁路行车调度机构构成。

5）国家民航总局设立的国家民航应急指挥机构，北京、上海、广州、成都、沈阳、西安和乌鲁木齐7个地区民航管理局设立的区域搜寻救援协调中心和全国各机场设立的应急救援指挥中心，形成全国民航三级搜寻救援管理与协调指挥系统。

6）国防科工委设立的国家核应急响应中心，广东、浙江、江苏3个核电站所在省和北京、四川、甘肃、内蒙古、辽宁、陕西6个核设施集中的省市建立的核应急指挥中心，核电站营运单位设立的核应急响应中心，构成三级核应急管理与协调指挥系统。

7）交通部设立的中国海上搜救中心，与辽宁、河北、天津、山东、江苏、上海、浙江、福建、广东、广西、海南11个沿海省（自治区、直辖市）设立的区域海上搜救指挥中心和在武汉设立的长江水上搜救指挥中心，形成全国水上搜救管理与协调指挥系统。

8）国家电力监管委员会设立电力安全应急指挥机构，在电网企业和各级电力调度机构的基础上建立全国电力安全应急管理与协调指挥组织体系。

9）国家旅游局建立中国旅游应急救援指挥中心、31个省（自治区、直辖市，香港、澳门、台湾除外）设立省级旅游应急救援中心，194个优秀旅游城市设立旅游应急救援中心，形成全国旅游安全应急救援管理与协调指挥系统。

10）国家质检总局建立特种设备应急管理与协调指挥机构，与地方各级质检部门的应急管理与协调指挥机构、监测检验机构构成全国特种设备事故应急管理与协调指挥系统，与国家安全生产应急救援指挥中心建立通信网络联系，实现应急救援信息共享、统一协调指挥。

11）国家安全监管局在国家矿山医疗救护中心的基础上设立国家安全生产应急救援医疗救护中心，和依托31个省级卫生部门的医疗救治中心和特殊行业（领域）的安全生产应急救援医疗救护中心，形成全国安全生产应急救援医疗救护管理与协调调度系统，掌握和协调专业的医疗救护资源，配合安全生产应急救援，开展医院前的现场急救。既是全国安全生产应急救援体系的组成部分，也是全国医疗卫生救治体系中的一个专业医疗救护体系，接受卫生部的指导。

（3）地方安全生产应急管理与协调指挥系统

全国31个省（自治区、直辖市，香港、澳门、台湾除外）建立安全生产应急救援指挥中心，在本省（自治区、直辖市）人民政府及其安全生产委员会的领导下负责本地安全生产应急管理和事故灾难应急救援协调指挥工作。

各省（自治区、直辖市）根据本地实际情况和安全生产应急救援工作的需要，建立有关专业安全生产应急管理与协调指挥机构，或依托国务院有关部门设立在本地的区域性专业应急管理与协调指挥机构，负责本地相关行业或领域的安全生产应急管理与协调指挥工作。

在全国各市（地）规划建立市（地）级安全生产应急管理与协调指挥机构，在当地政府的领导下负责本地安全生产应急救援工作，组织协调指挥本地安全生产事故的应急救援。

市（地）级专业安全生产应急管理与协调指挥机构的设立，以及县级地方政府安全生产应急管理与协调指挥机构的设立，由各地根据实际情况确定。

（4）指挥决策专家支持系统

各级安全生产监督管理部门、各级（各专业）安全生产应急管理与协调指挥机构设立

事故灾难应急救援专家委员会（组），建立应急救援辅助决策平台，为应急管理和事故抢救指挥决策提供技术咨询和支持，形成安全生产应急救援指挥决策支持系统。

3. 应急救援队伍

根据矿山、危险化学品、消防、铁路、民航、核工业、水上交通、旅游等行业或领域的特点、危险源分布情况，以各级政府部门、各类企业现有的专（兼）职应急救援队伍为依托，通过整合资源、调整区域布局、补充人员和装备，形成重点和一般相结合，基本覆盖主要危险行业和危险区域，战斗力强、能够协调配合行动的全国安全生产应急救援队伍体系。主要包括以下三个层次。

一是各类企业严格按照有关法律、法规的规定和标准建立专业应急救援队伍，或按规定与有关专业救援队伍签订救援服务协议，保证企业自救能力。鼓励企业应急救援队伍扩展专业领域，向周边企业和社会提供救援服务。企业应急救援队伍是安全生产应急救援队伍体系的基础。

二是根据有关行业或领域安全生产应急救援需要，依托有关企业现有的专业应急救援队伍进行加强、补充、提高，形成骨干救援队伍，保证本行业或领域重特大事故应急救援和跨地区实施救援的需要。

三是依托国务院有关部门和有关大中型企业现有的专业应急救援队伍进行重点加强和完善，建立国家安全生产应急救援指挥中心管理指挥的国家级综合性区域应急救援基地、国家级专业应急救援指挥中心管理指挥的专业区域应急救援基地，保证特别重大安全生产事故灾难应急救援和实施跨省（自治区、直辖市）应急救援的需要。

电力、特种设备等行业或领域的事故灾难，应充分发挥本行业（领域）的专家作用，依靠有关专业救援队伍、企业兼职救援队伍和社会力量开展应急救援。通过事故所属专业安全生产应急管理与协调指挥机构同相关安全生产应急管理与协调指挥机构建立的业务和通信网络联系，调集相关专业队伍实施救援。

各级各类应急救援队伍承担所属企业（单位）以及有关管理部门划定区域内的安全生产事故灾难应急救援工作，并接受当地政府和上级安全生产应急管理与协调指挥机构的协调指挥。

四、应急响应机制

根据安全生产事故灾难的可控性、严重程度和影响范围，实行分级响应。国家级安全生产应急救援接警响应程序如图 1—5 所示。

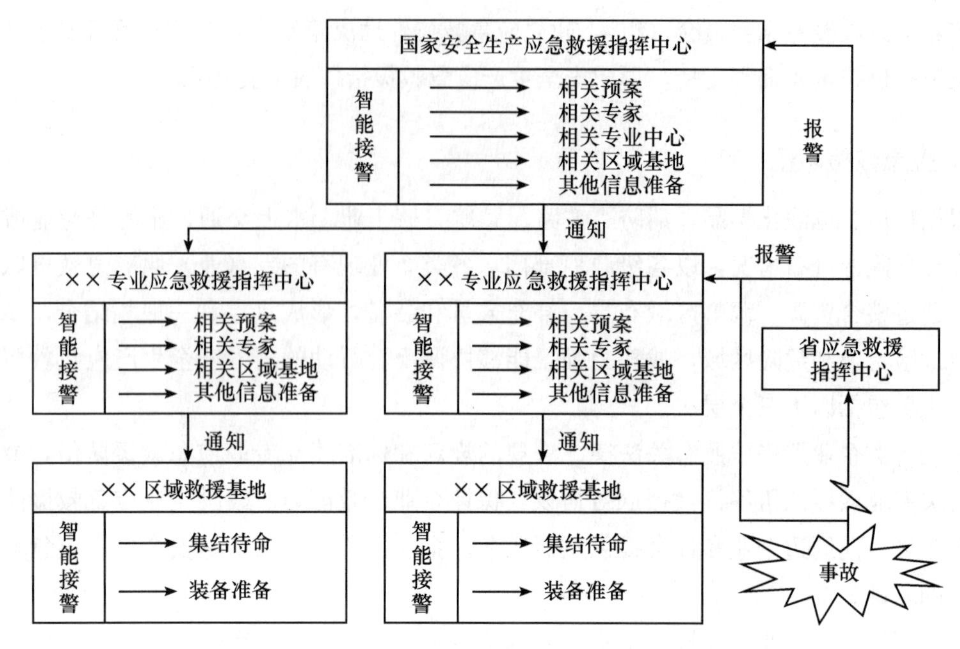

图 1—5　国家级安全生产应急救援接警响应程序

1. 报警与接警

事故发生后，企业和属地政府首先组织实施救援并按照分级响应的原则报上级安全生产应急管理与协调指挥机构。

重大以上安全生产事故发生后，当地（市、区、县）政府应急管理与协调指挥机构应立即组织应急救援队伍开展事故救援工作，并立即向省级安全生产应急救援指挥中心报告。

省级安全生产应急救援指挥中心接到特大安全生产事故的险情报告后，立即组织救援并上报国家安全生产应急救援指挥中心和有关国家级专业应急救援指挥中心。

国家安全生产应急救援指挥中心和国家级专业应急救援指挥中心接到事故险情报告后通过智能接警系统立即响应，根据事故的性质、地点和规模，按照相关预案，通知相关的国家级专业应急救援指挥中心、相关专家和区域救援基地进入应急待命状态，开通信息网络系统，随时响应省级应急中心发出的支援请求，建立并开通与事故现场的通信联络与图像实时传送。

事故险情和支援请求的报告原则上按照分级响应的原则逐级上报，必要时，在逐级上报的同时可以越级上报。

2. 协调与指挥

应急救援指挥坚持条块结合、属地为主的原则，由地方政府负责，根据事故灾难的可控性、严重程度和影响范围按照预案由相应的地方政府组成现场应急救援指挥部，由地方政府负责人担任总指挥，统一指挥应急救援行动。

某一地区或某一专业领域可以独立完成的应急救援任务，由地方或专业应急指挥机构负责组织；发生专业性较强的事故，由国家级专业应急救援指挥中心协同地方政府指挥，国家安全生产应急救援指挥中心跟踪事故的发展，协调有关资源配合救援；发生跨地区、跨领域的事故，由国家安全生产应急救援指挥中心协调调度相关专业和地方应急管理与协调指挥机构调集相关专业应急救援队伍增援，现场的救援指挥仍由地方政府负责，有关专业应急救援指挥中心配合。

各级地方政府安全生产应急管理与协调指挥机构根据抢险救灾的需要有权调动辖区内的各类应急救援队伍实施救援，各类应急救援队伍必须服从指挥。需要调动辖区以外的应急救援队伍报请上级安全生产应急管理与协调指挥机构协调。

按照分级响应的原则，省级安全生产应急救援指挥中心响应后，调集、指挥辖区内各类相关应急救援队伍和资源开展救援工作，同时报告国家安全生产应急救援指挥中心并随时报告事态发展情况；专业安全生产应急救援指挥中心响应后，调集、指挥本专业安全生产应急救援队伍和资源开展救援工作，同时报告国家安全生产应急救援指挥中心并随时报告事态发展情况；国家安全生产应急救援指挥中心接到报告后进入戒备状态，跟踪事态发展，通知其他有关专业、地方安全生产应急救援指挥中心进入戒备状态，随时准备响应。根据应急救援的需要和请求，国家安全生产应急救援指挥中心协调指挥专业或地方安全生产应急救援指挥中心调集、指挥有关专业和有关地方的安全生产应急救援队伍和资源进行增援。

3. 经费保障机制

安全生产应急救援工作是重要的社会管理职能，属于公益性事业，关系到国家财产和人民生命安全，有关应急救援的经费按事权划分应由中央政府、地方政府、企业和社会保险共同承担。

国家安全生产应急救援指挥中心和矿山、危险化学品、消防、民航、铁路、核工业、水上搜救、电力、特种设备、旅游、医疗救护等专业应急管理与协调指挥机构、事业单位的建设投资从国家正常基建或国债投资中解决，运行维护经费由中央财政负担，列入国家财政预算。

地方各级政府安全生产应急管理与协调指挥机构、事业单位的建设投资按照地方为主、国家适当补助的原则解决，其运行维护经费由地方财政负担，列入地方财政预算。

企业依法设立的应急救援机构和队伍，其建设投资和运行维护经费原则上由企业自行解决；同时承担省内应急救援任务的队伍的建设投资和运行经费由省政府给予补助；同时承担跨省任务的区域应急救援队伍的建设投资和运行经费由中央财政给予补助。

在应急救援过程中，各级应急管理与协调指挥机构调动应急救援队伍和物资必须依法给予补偿，资金来源首先由事故责任单位承担，参加保险的由保险机构依照有关规定承担；按照以上方法无法解决的，由当地政府财政部门视具体情况给予一定的补助。

政府采取强制性行为（如强制搬迁等）造成的损害，政府应给予补偿，政府征用个人或集体财物（如交通工具、救援装备等），政府应给予补偿。无过错的危险事故造成的损害，按照国家有关规定予以适当补偿。

第三节　安全生产事故应急救援预案

一、事故应急预案及其内容

1. 事故应急预案及其作用

制定事故应急预案是贯彻落实“安全第一、预防为主、综合治理”方针，提高应对风险和防范事故的能力，保证职工安全健康和公众生命安全，最大限度地减少财产损失、环境损害和社会影响的重要措施。

事故应急预案在应急系统中起着关键作用，它明确了在突发事故发生之前、发生过程中以及结束之后，谁负责做什么、何时做，以及相应的策略和资源准备等。它是针对可能发生的重大事故及其影响和后果的严重程度，为应急准备和应急响应的各个方面所预先作出的详细安排，是开展及时、有序和有效事故应急救援工作的行动指南。

应急预案在应急救援中的突出重要作用和地位体现在：

（1）应急预案明确了应急救援的范围和体系，使应急准备和应急管理不再是无据可依、无章可循，尤其是培训和演习工作的开展。

（2）制定应急预案有利于作出及时的应急响应，降低生产安全事故后果。

（3）作为各类生产安全事故的应急基础。通过编制基本应急预案，可保证应急预案足够的灵活性，对那些事先无法预料的突发事故或事故，也可以起到基本的应急指导作用，成为开展应急救援的“底线”。在此基础上，可以针对特定危害编制专项应急预案，有针对性地制定应急措施，进行专项应急准备和演习。

（4）当发生超过应急能力的重大生产安全事故时，便于与上级应急部门进行协调。

（5）有利于提高风险防范意识。

2. 事故应急预案的基本要求

应急预案的基本要求如下。

(1) 科学性

生产安全事故的应急工作是一项科学性很强的工作，制定预案也必须以科学的态度，在全面调查研究的基础上，开展科学分析和论证，制定出严密、统一、完整的应急反应方案。

(2) 实用性

应急预案应符合生产安全事故现场和当地的客观情况，具有适用性、实用性和针对性，便于操作。

(3) 权威性

救援工作是一项紧急状态下的应急性工作，所制定的应急救援预案应明确救援工作的管理体系、救援行动的组织指挥权限和各级救援组织的职责和任务等一系列的行政性管理规定，保证救援工作的统一指挥。应急救援预案还应经上级部门批准后才能实施，保证预案具有一定的权威性和法律保障。

3. 事故应急预案的种类

(1) 按照责任主体分类

从行政层面上，根据可能发生的生产安全事故造成的后果的影响范围、地点及应急方式，建立我国事故应急救援体系，可将应急预案分为如下 5 个级别。

1）企业级应急预案。这类事件的有害影响局限在一个单位的界区之内，并且可被现场的操作者遏制和控制在该区域内。这类事故可能需要投入整个单位的力量来控制，但其影响预期不会扩大到社区或公共区。

2）县/区级应急预案。这类事件所涉及的影响可能扩大到公共区（社区），但可被该县（市、区）或社区的力量，加上所涉及的工厂或工业部门的力量所控制。

3）市/地级应急预案。这类事件影响范围大，后果严重，或是发生在两个县或县级市管辖区边界上的事故，应急救援需动用地区的力量。

4）省级应急预案。对可能发生的特大火灾、爆炸、毒物泄漏事故、特大危险品运输事故以及属省级特大事故隐患、省级重大危险源应建立省级应急预案。它可能是一种规模极大的灾难事故，或可能是一种需要用事故发生的城市或地区所没有的特殊技术和设备进行处理的特殊事故。这类事故需用全省范围内的力量来控制。

5）国家级应急预案。对生产安全事故的事故后果超过省、直辖市、自治区边界或事故应急处理能力，以及列为国家级事故隐患、重大危险源的设施或场所或《国家生产安全事故应急预案》明确划分的特别重大和重大的安全生产事件，需要国家统一协调、指导和响应的突发事故，应制定国家级应急预案。

(2) 按功能与目标分类

应急预案从功能与目标上可以划分为四种类型：综合预案、专项预案、现场预案和单项应急救援方案。

一般来说，综合预案是总体、全面的预案，以场外指挥与集中指挥为主，侧重在应急救援活动的组织协调。一般大型企业或行业集团，下属很多分公司，比较适于编制这类预案，可以做到统一指挥和对资源利用的最大化。

专项预案主要针对某种特有和具体的事故灾难风险（灾害种类），如地震、重大工业事故、流域重大水体污染事故等，采取综合性与专业性的减灾、防灾、救灾和灾后恢复行动。

现场预案则是以现场设施或活动为具体目标所制定和实施的应急预案，如针对某一重大工业危险源、特大工程项目的施工现场或拟组织的一项大规模公众集聚活动。现场预案编制要有针对性，内容具体、细致、严密。

单项应急救援方案，主要针对一些单项、突发的紧急情况所设计的具体行动计划。一般是针对有些临时性的工程或活动，这些活动不是日常生产过程中的活动，也不是规律性的活动，但这类作业活动由于其临时性或发生的概率很小，潜在的危机常常被忽视。

3. 事故应急预案的主要内容

无论是何种应急预案，都是由基本预案和应急标准化操作程序组成。

(1) 基本预案

基本预案也称“领导预案”，是应急反应组织结构和政策方针的综述，还包括应急行动的总体思路和法律依据，指定和确认各部门在应急预案中的责任与行动内容。其主要内容包括最高行政领导承诺、发布令、基本方针政策、主要分工职责、任务与目标、基本应急程序等。基本预案一般是对公众发布的文件。

基本预案可以使政府和企业高层领导从总体上把握本行政区域或行业系统针对突发事故应急的有关情况，了解应急准备状况，同时也为制定其他应急预案如标准化操作程序、应急功能设置等提供框架和指导。基本预案包括以下 12 项内容。

1）预案发布令。组织或机构第一负责人应为预案签署发布令，援引国家、地方、上级部门相应法律和规章的规定，宣布应急预案生效。其目的是要明确实施应急预案的合法授权，保证应急预案的权威性。

在预案发布令中，组织或机构第一负责人应表明其对应急管理和应急救援工作的支持，并督促各应急部门完善内部应急响应机制，制定标准操作程序，积极参与培训、演习和预案的编制与更新等。

2）应急机构署名页。在应急预案中，可以包括各有关内部应急部门和外部机构及其负责人的署名页，表明各应急部门和机构对应急预案编制的参与和认同，以及履行承担职责的承诺。

3）术语和定义。应列出应急预案中需要明确的术语和定义的解释和说明，以便使各应急人员准确地把握应急有关事项，避免产生歧义和因理解不一致而导致应急时混乱等现象。

4）相关法律和法规。我国政府近年来相继颁布了一系列法律法规，对突发公共事件、行业特大生产安全事故、重大危险源等制定应急预案作了明确规定和要求，要求县级以上各级人民政府或生产经营单位制定相应的重大事故应急救援预案。

在基本预案中，应列出明确要求制定应急预案的国家、地方及上级部门的法律法规和规定，有关重大事故应急的文件、技术规范和指南性材料及国际公约，作为制定应急预案的根据和指南，使应急预案更具有权威性。

5）方针与原则。列出应急预案所针对的事故（或紧急情况）类型、适用的范围和救援的任务，以及应急管理和应急救援的方针和指导原则。

方针与原则应体现应急救援的优先原则。如保护人员安全优先，防止和控制事故蔓延优先，保护环境优先。此外，方针与原则还应体现事故损失控制、高效协调，以及持续改进的思想，同时还要符合行业或企业实际。

6）危险分析与环境综述。列出应急工作所面临的潜在重大危险及后果预测，给出区域的地理、气象、人文等有关环境信息。

影响救援的不利条件包括突发事故发生时间，发生当天的气象条件（温度、湿度、风向、降水），临时停水、停电、周围环境，邻近区域同时发生事故，季节性的风向、风速、气温、雨量，企业人员分布及周边居民情况。

7）应急资源。应对应急资源做出相应的管理规定，并列出应急资源装备的总体情况，包括：应急力量的组成、应急能力；各种重要应急设施（备）、物资的准备情况；上级救援机构或相邻可用的应急资源。

8）机构与职责。应列出所有应急部门在突发事故应急救援中承担职责的负责人。在基本预案中只要描述出主要职责即可，详细的职责及行动在标准化操作程序中会进一步描述。所有部门和人员的职责应覆盖所有的应急功能。

9）教育、培训与演练。为全面提高应急能力，应对应急人员培训、公众教育、应急和演习作出相应的规定，包括内容、计划、组织与准备、效果评估、要求等。

应急人员的培训内容包括：如何识别危险，如何采取必要的应急措施，如何启动紧急警报系统，如何进行事件信息的接报与报告，如何安全疏散人群等。

公众教育的基本内容包括：潜在的重大危险，突发事故的性质与应急特点，事故警报与通知的规定，基本防护知识，撤离的组织、方法和程序，在事故危险区域内行动时必须遵守的规则，自救与互救的基本常识。

应急演习的具体形式既可以是桌面演习，也可以是实战模拟演习。按演习的规模可以分为单项演习、组合演习和全面演习。

10）与其他应急预案的关系。列出本预案可能用到的其他应急预案（包括当地政府预案及签订互助协议机构的应急预案），明确本预案与其他应急预案的关系，如本预案与其他预案发生冲突时，应如何解决。

11）互助协议。列出不同政府组织、政府部门之间、相邻企业之间或专业救援机构等签署的正式互助协议，明确可提供的互助力量（消防、医疗、检测）、物资、设备、技术等。

12）预案管理。应明确负责组织应急预案的制定、修改及更新的部门，应急预案的审查和批准程序，预案的发放、应急预案的定期评审和更新。

(2) 应急标准化操作程序

应急标准化操作程序主要是针对每一个应急活动执行部门，在进行某几项或某一项具体应急活动时所规定的操作标准。这种操作标准包括一个操作指令检查表和对检查表的说明，一旦应急预案启动，相关人员可按照操作指令检查表，逐项落实行动。应急标准化操作程序是编制应急预案中最重要和最具可操作性的文件，回答的是在应急活动中谁来做、如何做和怎样做等一系列问题。事故的应急活动需要多个部门参加，应急活动是由多种功能组成的，所以每一个部门或功能在应急响应中的行动和具体执行的步骤要有一个程序来指导。事故发生是千变万化的，会出现不同的情况，但应急的程序有一定规律，标准化的内容和格式可保证在错综复杂的事故中不会造成混乱。一些救援的成功多是因为制定了有效的应急预案，才使事故发生时可以做到迅速报警，通信系统及时地传达有效信息，各个应急响应部门职责明确、分工清晰，做到忙而不乱，在复杂的救援活动中井然有序。

标准中应明确应急功能、应急活动中的各自职责，明确具体负责部门和负责人，还应明确在应急活动中具体的活动内容、具体的操作步骤，并应按照不同的应急活动过程来描述。

应急标准操作程序的目的和作用决定了标准操作程序的基本要求。一般来说，作为一个标准操作程序其基本要求如下。

1）可操作性。标准操作程序就是为应急组织或人员提供详细、具体的应急指导，必须具有可操作性。标准操作程序应明确标准操作程序的目的，执行任务的主体、时间、地点，具体的应急行动、行动步骤和行动标准等，使应急组织或个人参照标准操作程序都可以有效、高速地开展应急工作，而不会因受到紧急情况的干扰导致手足无措，甚至出现失误。

2）协调一致性。在应急救援过程中会有不同的应急组织或应急人员参与，并承担不同的应急职责和任务，开展各自的应急行动，因此标准操作程序在应急功能、应急职责及与其他人员配合方面，必须要考虑相互之间的接口，应与基本预案的要求、应急功能设置的规定、特殊风险预案的应急内容、支持附件提供的信息资料以及其他标准操作程序协调一致，不应该有矛盾或逻辑错误。如果应急活动可能扩展到外部时，在相关标准操作程序中应留有与外部应急救援组织机构的接口。

3）针对性。应急救援活动由于事故发生的种类、地点和环境、时间、事故演变过程的差异，而呈现出复杂性，标准操作程序是依据特殊风险管理部分对特殊风险的状况描述和管理要求，结合应急组织或个人的应急职责和任务而编制相应的程序。每个标准操作程序必须紧紧围绕各程序中应急主体的应急功能和任务来描述应急行动的具体实施内容和步骤，要有针对性。

4）连续性。应急救援活动包括应急准备、初期响应、应急扩大、应急恢复等阶段，是连续的过程。为了指导应急组织或人员能在整个应急过程中发挥其应急作用，标准操作程序必须具有连续性。同时，随着事态的发展，参与应急的组织和人员会发生较大变化，因此还应注意标准操作程序中应急功能的连续性。

5）层次性。标准操作程序可以结合应急组织的组织机构和应急职能的设置，分成不同的应急层次。如针对某公司可以有部门级应急标准操作程序、班组级应急标准操作程序，甚至到个人的应急标准操作程序。

二、事故应急预案的编制

1. 应急预案编制的核心要素

在编制预案时，一个重要问题是预案应包括哪些基本内容，才能满足应急活动的需求。因为应急预案是整个应急管理工作的具体反映，它的内容不仅限于事故或事件发生过程中的应急响应和救援措施，还应包括事故发生前的各种应急准备和事故发生后的紧急恢复，以及预案的管理与更新等。因此，完整的应急预案编制应包括以下基本要素，即六个一级关键要素，包括：方针与原则、应急策划、应急准备、应急响应、现场恢复、预案管理与评审改进。

六个一级要素之间既具有一定的独立性，又紧密联系，从应急的方针、策划、准备、响应、恢复到预案的管理与评审改进，形成了一个有机联系并持续改进的应急管理体系。根据一级要素中所包括的任务和功能，应急策划、应急准备和应急响应三个一级关键要素，可进一步划分成若干个二级要素。所有这些要素构成了事故应急预案的核心要素，这些要素是应急预案编制应当涉及的基本方面，见表1—1。在实际编制时，根据事故的风险和实际情况的需要，也为便于预案内容的组织，可根据自身实际，将要素进行合并、增加、重新排列或适当的删减等。这些要素在应急过程中也可视为应急功能。

表 1—1 生产安全事故应急预案核心要素

生产安全事故应急预案核心要素	1. 方针与原则	
	2. 应急策划	2.1 危险分析 2.2 资源分析 2.3 法律法规要求
	3. 应急准备	3.1 机构与职责 3.2 应急资源 3.3 教育、训练和演习 3.4 互助协议
	4. 应急响应	4.1 接警与通知 4.2 指挥与控制 4.3 警报和紧急公告 4.4 通信 4.5 事态监测与评估 4.6 警戒与治安 4.7 人群疏散与安置 4.8 医疗与卫生 4.9 公共关系 4.10 应急人员安全 4.11 消防与抢险 4.12 现场处置
	5. 现场恢复	
	6. 预案管理与评审改进	

（1）方针与原则

无论是何级或何类型的应急救援体系，首先必须有明确的方针和原则。该方针与原则反映了应急救援工作的优先方向、政策、范围和总体目标。应急的策划和准备、应急策略的制定和现场应急救援及恢复，都应当围绕该方针和原则开展。

突发事故应急救援工作是在预防为主的前提下，贯彻统一指挥、分级负责、区域为主、单位自救和社会救援相结合的原则，其中预防工作是应急救援工作的基础。除了平时做好事故的预防工作，避免或减少事故的发生外，还要落实救援工作的各项准备措施，做到预先有准备，一旦发生事故就能及时实施救援。

（2）应急策划

应急预案最重要的特点是要有针对性和可操作性。因而，应急策划必须明确预案的对象和可用的应急资源情况，即在全面系统地认识和评价所针对的潜在事故类型的基础上，识别出重要的潜在事故及其性质、区域、分布及事故后果，同时，根据危险分析的结果，分析评估应急救援力量和资源情况，为所需的应急资源准备提供建设性意见。在进行应急策划时，应当列出国家、地方相关的法律法规，作为制定预案和应急工作授权的依据。因此，应急策划包括危险分析、资源分析（应急能力评估）、法律法规要求三个二级要素。

(3) 应急准备

主要针对可能发生的事故，应做好的各项准备工作。能否成功地在应急救援中发挥作用，取决于应急准备的充分与否。应急准备是基于应急策划的结果，包括：明确所需的应急组织及其职责权限、应急队伍的建设和人员培训、应急物资的准备、预案的演习、公众的应急知识培训和签订必要的互助协议等。

(4) 应急响应

应急响应能力的体现，应包括在应急救援过程中需要明确并实施的核心功能和任务。这些核心功能具有一定的独立性，又互相联系，构成应急响应的有机整体，共同完成应急救援目的。

应急响应的核心功能和任务包括：接警与通知、指挥与控制、警报和紧急公告、通信、事态监测与评估、警戒与治安、人群疏散与安置、医疗与卫生、公共关系、应急人员安全、消防和抢险、现场处置等。

当然，根据事故风险性质以及应急主体的不同，需要的核心应急功能也可有一些差异。

(5) 现场恢复

现场恢复是事故发生后期的处理。比如泄漏物的污染问题处理、环境污染评估、伤员的救助、后期的保险索赔、生产秩序的恢复等一系列问题。

(6) 预案管理与评审改进

应在事故后（或演练后）对于预案不符合和不适宜的部分进行不断地修改和完善，使其更加适合实际应急工作的需要，但预案的修改和更新要有一定的程序和相关评审指标。

2. 应急预案的编制步骤

(1) 成立应急预案编制小组

应急预案本身的作用，最重要的是在应急过程中的实用性和可操作性。应急预案的编制是一个复杂的过程，由于应急预案的内容涉及诸多领域，包括多个组织和技术方面。组织应急预案的编制工作，首先要成立应急预案编制小组，由专人或小组负责应急管理计划的编制。

(2) 授权、任务和进度

1）应急管理承诺。明确应急管理的各项承诺；通过授权，使应急预案编制小组能自主采取编制计划所需的措施，以此打造团队精神。该小组应由最高管理者或者主要管理者直接领导。

小组成员和小组领导之间的权力应予以明确，但应保证充分的交流机会，保持必要的沟通。

2）发布任务书。最高管理者或主要管理者应发布任务书，来明确对应急管理所做出的承诺。这些声明如下：

①确定编制应急预案的目的，指明将涉及的范围（包括整个组织）。

②确定应急预案编制小组的权力和结构。

3）时间进度和预算。应明确工作时间进度表和预案编制的最终期限，明确任务的优先顺序，情况发生变化时可以对时间进度进行修改。

（3）危险分析和应急能力评估

1）初始评估。应急方应根据实际情况，通过实施初始评估，对可能发生的危险和突发事件紧急情况下的反应能力进行掌握，掌握有关的信息。初始评估工作应由应急预案编制小组中的专业人员进行，并与相关部门及重要岗位工作人员交流。

2）危险分析。制定应急预案主要是针对可能发生的重特大事故、导致严重后果的一些事件，采取相应的应急响应流程和处置措施。要了解可能导致重特大事故的情况，首先要对这些情况进行分析，进而提出有针对性的措施。

3）脆弱性分析。当潜在的危险成为现实时，生命、财产和环境易受伤害或破坏。在危险识别的基础上进一步评价事故风险的脆弱性，即每一紧急情况发生的可能性和潜在后果。可通过量化的指标，对可能性进行赋值、估算后果，并评估资源。

风险分析主要是考虑危险发生的可能性，以及这种情况发生的可能性大小。还要评估事故发生时可能造成的后果，如对人员伤害及财产损失、环境的影响等做出判断。

（4）编制应急预案

编制应急预案必须在考虑应急主体的现状、需求和事故风险分析结果的基础上，大量收集和参阅已有的应急资料，以便尽可能地减少工作量。

编写过程如下：

1）确定目标和行动的优先顺序。

2）确定具体的目标和重要事项，列出完成任务的清单、工作人员清单和时间表。明确脆弱性分析中发现的问题和资源不足的解决方法。

3）编写计划。分配计划编制小组每个成员相应的编写内容，确定最合适的格式。对具体的目标明确时间期限，同时为完成任务提供足够和必要的时间。

4）为各项活动制定时间进度表，如初稿、评审、第二稿。

（5）应急预案管理

应急预案是应急救援行动的指南性文件，为保证应急预案的有效性和与实际情况的符

合性，必须对预案实施有效的管理，包括预案的发放登记、修改和修订等。

三、事故应急预案的演习

1. 事故应急预案演习的目的和要求

(1) 应急预案演习的目的

应急预案演习目的是通过培训、评估、改进等手段提高保护人民群众生命财产安全和环境的综合应急能力，检验应急预案的各部分或整体是否能有效地付诸实施，验证应急预案对可能出现的各种紧急情况的适应性，找出应急准备工作中可能需要改进的地方，确保建立和保持可靠的通信渠道及应急人员的协同性，确保所有应急组织都熟悉并能够履行他们的职责，找出需要改善的潜在问题。

(2) 应急预案演习的要求

应急预案演习类型有多种，不同类型的应急预案演习虽有不同特点，但在策划演习内容、演习情景、演习频次、演习评价方法等方面的共同性要求包括：

1）应急预案演习必须遵守相关法律、法规、标准和应急预案规定。

2）领导重视、科学计划。开展应急预案演习工作必须得到有关领导的重视，给予财政等相应支持，必要时有关领导应参与演习过程并扮演与其职责相当的角色。应急预案演习必须事先确定演习目标，演习策划人员应对演习内容、情景等事项进行精心策划。

3）结合实际、突出重点。应急预案演习应结合当地可能发生的危险源特点、潜在事故类型、可能发生事故的地点和气象条件，以及应急准备工作的实际情况进行。演习应重点解决应急过程中组织指挥和协同配合问题，解决应急准备工作的不足，以提高应急行动的整体效能。

4）周密组织、统一指挥。演习策划人员必须制定并落实保证演习达到目标的具体措施，各项演习活动应在统一指挥下实施，参与人员要严守演习现场规则，确保演习过程的安全。演习不得影响生产经营单位的安全正常运行，不得使各类人员承受不必要的风险。

5）由浅入深、分步实施。应急演习应遵循由下而上、先分后合、分步实施的原则，综合性的应急预案演习应以若干次分练为基础。

6）讲究实效、注重质量的要求。应急预案演习指导机构应精干，工作程序要简明，各类演习文件要实用，避免一切形式主义的安排，以实效为检验演习质量的唯一标准。

7）应急预案演习原则上应避免惊动公众，如必须卷入有限数量的公众，则应在公众教育得到普及、条件比较成熟时择机进行。

2. 事故应急预案演习的种类

每一次演习并不要求全部展示上述所有目标的符合情况，也不要求所有应急组织全面参与演习的各类活动，但为检验和评价事故应急能力，应在一段时间内对应急演习目标进行全面的演练。

(1) 根据演习的规模分类

1）单项演习。这是为了熟练掌握应急操作或完成某种特定任务所需技能而进行的演习。此类演习如通信联络程序演习、人员集中清点、应急装备物（物资）到位演习、医疗救护行动演习等。

2）组合演习。这是为了检查或提高应急组织之间及其与外部组织之间的相互协调性而进行的演习。此类演习如应急药物发放与周边群众撤离演习、扑灭火灾与堵漏、关闭阀门演习等。

3）综合演习。这是应急预案内规定的所有任务单位或其中绝大多数单位参加的、为全面检查预案可执行性而进行的演习。此类演习较前两类演习更为复杂，需要更长的准备时间。

(2) 根据演习的形式分类

1）桌面演习。指由应急组织的代表或关键岗位人员参加的，按照应急预案及其标准运作程序，讨论紧急事件时应采取行动的演习活动。桌面演习的主要特点是对演习情景进行口头演习，一般是在会议室内举行非正式的活动。主要作用是在没有压力的情况下，演习人员在检查和解决应急预案中问题的同时，获得一些建设性的讨论结果。主要目的是在友好、较小压力的情况下，锻炼演习人员解决问题的能力，以及解决应急组织相互协作和职责划分的问题。

桌面演习只需展示有限的应急响应和内部协调活动，应急响应人员主要来自本地应急组织，事后一般采取口头评论形式收集演习人员的建议，并提交一份简短的书面报告，总结演习活动和提出有关改进应急响应工作的建议。桌面演习成本较低，主要用于为功能演习和全面演习做准备。

2）功能演习。指针对某项应急响应功能或其中某些应急响应活动举行的演习活动。功能演习一般在应急指挥中心举行，并可同时开展现场演习，调用有限的应急设备，主要目的是针对应急响应功能，检验应急响应人员以及应急管理体系的策划和响应能力。例如，指挥和控制功能的演习，目的是检测、评价多个政府部门在一定压力情况下集权式的应急运行和及时响应能力，演习地点主要集中在若干个应急指挥中心或现场指挥所举行，并开展有限的现场活动，调用有限的外部资源。外部资源的调用范围和规模应能满足响应模拟紧急事件时的指挥和控制要求。又如针对交通运输活动的演习，目的是检验地方应急响应官员建立现场指挥所，协调现场应急响应人员和交通运载工具的能力。

功能演习比桌面演习规模要大，需动员更多的应急响应人员和组织。必要时，还可要求国家级应急响应机构参与演习过程，为演习方案设计、协调和评估工作提供技术支持，因而协调工作的难度也随着更多应急响应组织的参与而增大。功能演习所需的评估人员一般为4～12人，具体数量依据演习地点、社区规模、现有资源和演习功能的数量而定。演习完成后，除采取口头评论形式外，还应向地方提交有关演习活动的书面汇报，提出改进建议。

3）全面演习。指针对应急预案中全部或大部分应急响应功能，检验、评价应急组织应急运行能力的演习活动。全面演习一般要求持续几个小时，采取交互式进行，演习过程要求尽量真实，调用更多的应急响应人员和资源，并开展人员、设备及其他资源，以展示相互协调应急响应能力。

与功能演习类似，全面演习也少不了负责应急运行、协调和政策拟订人员的参与，以及国家级应急组织人员在演习方案设计、协调和评估工作中提供的技术支持。但全面演习过程中，这些人员或组织的演示范围要比功能演习更广。全面演习一般需10～50名评价人员。演习完成后，除采取口头评论、书面汇报外，还应提交正式的书面报告。

3. 事故应急预案演习实施的要点

所有计划和制定演习的目标是它的实施。实施是提供开始、发展和结束训练的指南和技术，它可以确定一些我们面临的问题和解决办法。对于各类演习来说，在实施中都有各自的程序和特点。

（1）桌面演习的实施

桌面演习的复杂性、范围和真实程度变化很大。实际桌面演习只有两种：基本桌面演习和高级桌面演习。基本桌面演习有较多的时间，进行的方式包括介绍目的、范围和管理规章，然后是由演习控制者介绍场景叙述。场景是讨论计划条款和程序的起点，应该详细包括特定位置、严重程度和其他相关问题。演习控制者必须控制讨论流向以确保达到演习目标。在所有目标达到后，基本桌面演习结束。如果没有在允许时间内达到所有目标，演习控制者要决定延迟继续演习或简单结束演习。

高级桌面演习使用与基本桌面演习相同的技术，可是高级桌面演习把引起一系列问题的另外要素加入到场景叙述的基本问题中。高级桌面演习以简单场景叙述开始，可是，当讨论继续时，演习控制者会介绍一系列相关问题或事件，要求参加者讨论每个问题的解决办法。桌面演习的一些重要特点是：

1）高级桌面演习要求编制和使用事件顺序单。

2）通过信息把事件介绍给参加者。

3）介绍所有参加者的信息，进行自由公开讨论或由特定人员指导。如果信息指向某人，该人要概括出反应或解决办法，引发其他参加者讨论。

4）演习控制者负责检测讨论导向，使所有信息在预定时间内介绍，信息被介绍的顺序可能要改变，以符合交谈连贯背景。

关于基本桌面演习的一般意见也可用于高级桌面演习。当所有问题的解决令演习控制者满意时，演习就完成了。

高级桌面演习要求准备地图、显示、胶片、相片等，以协助进行演习。由于在教室环境和非现场内进行演习，显示材料极有价值。

（2）功能演习和全面演习

进行功能演习和全面演习使用的方法基本上是相同的，只是在范围和复杂程度上有所区别。两种类型都具有最高的真实度，它们都包括许多反应任务的实际效果，演习都在与真实紧急事件发生场所相同的地方进行，不同于定向和桌面演习的方式。

桌面演习与功能/全面演习的重要区别是前者会宣布开始的日期和时间，后者有时不通知参加者确切的功能/全面演习的时间表。这种“非注意”型演习是合适的，演习目标是检测报警和通知程序，没有突然性，就不可能知道参加者是否向非预期通知做出反应。

重要的是在非注意演习中，参加者应在开始前准备演习目标和细节。演习的成功依赖于参加者清楚了解他们的期望。这可在演习介绍中完成，有时在演习前一星期进行。演习介绍应该包括如下信息：

1）演习时间的长短。

2）参加者范围。

3）安全措施。

4）报告/记录程序。

演习的细节不应该让参加者知晓，防止他们特意准备。管理细节如厕所位置、午饭时间等应该书面给出。

开始功能/全面演习的方法可能随演习目标而变化。可是由于功能演习和全面演习的大多数把测试通知/报警系统作为目标，他们一般当演习控制者介绍最初模拟开始，才发现紧急状况。不像桌面演习，在开始演习前的预定时间，参加者集结在一个预定位置。功能/全面演习的参加者一直到首次信息发布后才做出反应。换句话，他们会继续正常活动直到他们接到演习开始的通知。例如，消防反应人员可能不做出反应直到听到消防报警。为避免混乱和恐慌，所有演习信息特别是最初报警应该以说明开始和结束——“这是……演习”。如果使用报警系统，应该用公共发布系统来宣布演习。根据演习的目标和范围，有几种介绍开始演习信息的方法。如果演习不包括真实应急中最初的反应活动，在最初信息或问题之后，演习控制者会使用场景叙述来报告参加者演习的目前状态。

为得到最高真实程度，要求演习参加者正常执行反应任务。例如，执行需要使用消防带的消防任务是不实际的，因为消防水会引起破坏，可是，参加者应该被要求布置消防带和其他任务，但不能放水。

一旦开始演习，演习控制者有责任保证演习在计划内以平稳速度进行。演习控制者面临的另一个问题是，在功能演习及全面演习中，在实际应急中对于很长时间的任务，必须在压缩后的演习时间表内完成。例如，一般要花几个小时或更长，来控制一个大型建筑火灾，在演习时这要减少到几分钟内完成。在最初反应活动完成后，控制者应该停止演习，简单向所有参加者说明假定几个小时后，火被扑灭。

功能演习及全面演习中，一般当所有演习目标达到时（设定演习科目按预期计划完成）或当计划时期到期才结束。因为日程设定有问题或其他原因重新安排演习是不实际的，因而演习控制者必须保证演习在日程安排表内或在演习前做必要的调整。

4. 事故应急预案演习的总结与评价

(1) 应急预案演习的评价

演习评价是指观察和记录演习活动、比较演习人员表现与演习目标要求并提出演习发现的过程。演习评价目的是确定演习是否达到演习目标要求，检验各应急组织指挥人员及应急响应人员完成任务的能力。要全面、正确地评价演习效果，必须在演习覆盖区域的关键地点和各参演应急组织的关键岗位上，派驻公正的评价人员。评价人员的作用主要是观察演习的进程，记录演习人员采取的每一项关键行动及其实施时间，访谈演习人员，要求参与演习的应急组织提供文字材料，评价参与演习的应急组织和演习人员的表现并反馈演习发现。

演习发现是指通过演习评价过程，发现应急救援体系、应急预案、应急执行程序或应急组织中存在的问题。按对人员生命安全的影响程度将演练发现划分为三个等级，从高到低分别为不足项、整改项和改进项。

1）不足项：不足项是指演习过程中观察或识别出的，可能使应急准备工作不完备，从而导致在紧急事件发生时不能确保应急组织采取合理应对措施保护人员安全。不足项应在规定的时间内予以纠正。演习发现确定为不足项时，策划小组负责人应对该不足项详细说明，并给出应采取的纠正措施和完成时限。根据美国联邦应急管理署研究成果，最后可能导致不足项的应急预案编制要素包括：职责分配、应急资源、警报、通报方法与程序、通信、事态评估、公共教育和信息、保护措施、应急响应人员安全和紧急医疗服务。

2）整改项：整改项是指演习过程中观察或识别出的，单独并不可能对公众安全健康造成不良影响的不完备。整改项应在下次演习时予以纠正。

在以下两种情况下，整改项可列为不足项：

①某个应急组织中存在两个以上整改项，共同作用可妨碍为公众生命安全健康提供足够的保护。

②某个应急组织在多次（两次以上）演习过程中，反复出现前次演习识别出的整改项。

3）改进项：改进项是指应急准备过程中应予以改善的问题。改进项不同于不足项和整改项，一般不会对人员生命安全健康产生严重影响，因此，不必要求对其予以纠正。

（2）应急预案演习总结与追踪

演习结束后，进行总结与讲评是全面评价演习是否达到演习目标、应急准备水平以及是否需要改进的一个重要步骤，也是演习人员进行自我评价的机会。演习总结与讲评可以通过访谈、汇报、协商、自我评价、公开会议和通报等形式完成。演习总结应包括如下内容：

1）演习背景。

2）参与演习的部门和单位。

3）演习方案和演习目标。

4）演习情景与演习方案。

5）演习过程的全面评价。

6）演习过程发现的问题和整改措施。

7）对应急预案和有关程序的改进建议。

8）对应急设备、设施维护与更新的建议。

9）对应急组织、应急响应人员能力和培训的建议。

追踪是指策划小组在演习总结与讲评过程结束之后，安排人员督促相关应急组织继续解决其中尚待解决的问题或事项的活动。为确保参与演习的应急组织能从演习中取得最大益处，策划小组应对演习发现的问题进行充分研究，确定导致该问题的根本原因、纠正方法和纠正措施完成时间，并指定专人负责对演习中发现的不足项和整改项的纠正过程实施追踪，监督检查纠正措施进展情况。

第四节　本章习题集

一、填空题

1. 在生产过程中，事故是指造成________、________、________、________或其他损失的意外事件。

2. 根据《企业职工伤亡事故分类》，事故分为________类。

3. 根据生产安全事故造成的人员伤亡或者直接经济损失，事故一般可以分为________、________、________和________四个等级。

4. ________是指为了有效应对可能出现的重大事故或紧急情况，降低其可能造成的后果和影响，而进行的一系列有计划、有组织的管理，涵盖在事故发生前、中、后的各个过程。

5. 应急管理是一个动态的过程，包括________、________、________和________四个阶段。

6. ________是在事故发生后立即采取的应急与救援行动，包括事故的报警与通报、人员的紧急疏散、急救与医疗、消防和工程抢险措施、信息收集与应急决策、外部求援等。

7. 应急救援活动一般划分为________、________、________和________四个阶段。

8. 应急救援组织体系包括________、________、________和________。

9. 国家安全生产应急救援指挥中心由________领导、________管理，负责全国安全生产应急管理和事故灾难应急救援协调指挥，参与制定并组织实施安全生产应急救援管理制度和有关规定。

10. 各级各类应急救援队伍承担所属企业（单位）以及有关管理部门划定区域内的安全生产事故灾难应急救援工作，并接受________和________的协调指挥。

11. 重大以上安全生产事故发生后，当地（市、区、县）政府应急管理与协调指挥机构应立即组织应急救援队伍开展事故救援工作，并立即向________报告。

12. 应急救援指挥坚持________的原则，由地方政府负责，根据事故灾难的可控性、严重程度和影响范围按照预案由相应的地方政府组成现场应急救援指挥部，由地方政府负责人担任总指挥，统一指挥应急救援行动。

13. 企业依法设立的应急救援机构和队伍，其建设投资和运行维护经费原则上由________解决。

14. 制定事故应急预案是贯彻落实“________”方针，提高应对风险和防范事故的能力，保证职工安全健康和公众生命安全，最大限度地减少财产损失、环境损害和社会影响的重要措施。

15. 应急预案应符合生产安全事故现场和当地的客观情况，具有________、________和________，便于操作。

16. 应急预案从功能与目标上可以划分为四种类型：________、________、________和________。

17. 无论是何种应急预案，都是由________和________组成。

18. 应急人员的培训内容包括：如何________、如何________、如何________、如何

________、如何________等。

19. 应急预案的管理应明确负责组织应急预案的制定、修改及更新的部门，应急预案的审查和批准程序，预案的发放、应急预案的定期________。

20. 应急标准化操作程序主要是针对________部门，在进行某几项或某一项具体应急活动时所规定的操作标准。

21. 应急救援活动由于事故发生的种类、地点和环境、时间、事故演变过程的差异，而呈现出复杂性，________是依据特殊风险管理部分对特殊风险的状况描述和管理要求，结合应急组织或个人的应急职责和任务而编制相应的程序。

22. 完整的应急预案编制应包括以下一些基本要素，即分为六个一级关键要素，包括：________、________、________、________、________、________。

23. 突发事件应急救援工作是在预防为主的前提下，贯彻________、________、________、________的原则。

24. 应急预案是应急救援行动的________，为保证应急预案的有效性和与实际情况的符合性，必须对预案实施有效的管理，包括预案的________、________等。

25. 应急演习应遵循________、________、________的原则，综合性的应急演习应以若干次分练为基础。

26. ________指由应急组织的代表或关键岗位人员参加的，按照应急预案及其标准运作程序，讨论突发事件时应采取行动的演习活动。

27. ________指针对某项应急响应功能或其中某些应急响应活动举行的演习活动。

28. ________指针对应急预案中全部或大部分应急响应功能，检验、评价应急组织应急运行能力的演习活动。

29. ________是指观察和记录演习活动、比较演习人员表现与演习目标要求并提出演习发现的过程。演习评价目的是确定演习是否达到演习目标要求，检验各应急组织指挥人员及应急响应人员完成任务的能力。

30. 应急预案演习结束后，进行总结与讲评是全面评价演习是否达到________、________以及________的一个重要步骤，也是演习人员进行自我评价的机会。

二、单项选择题

1. 在生产过程中，事故是指造成人员伤亡、职业病、财产损失或其他损失的________。

A. 预谋事件　B. 重大事件　C. 意外事件　D. 社会事件

2. 各类事故的发生具有________，从更广泛的意义上讲，世界上没有绝对的安全。

A. 普遍性　B. 通用性　C. 可预防性　D. 绝对性

3. 根据《企业职工伤亡事故分类》(GB 6441—1986)，事故分为________类。

A. 10　　B. 20　　C. 30　　D. 40

4. 根据生产安全事故造成的人员伤亡或者直接经济损失，事故一般分为________个等级。

A. 1　　B. 2　　C. 3　　D. 4

5. ________是指造成10人以上30人以下死亡，或者50人以上100人以下重伤，或者5 000万元以上1亿元以下直接经济损失的事故。

A. 特别重大事故　　B. 重大事故

C. 一般事故　　D. 严重事故

6. 应急管理是指为了有效应对可能出现的重大事故或紧急情况，降低其可能造成的后果和影响，而进行的一系列有计划、有组织的管理，涵盖在事故发生前、中、后的________。

A. 某一过程　　B. 过程当中　　C. 前面过程　　D. 各个过程

7. ________是针对可能发生的事故，为迅速有效地开展应急行动而预先所做的各种准备，包括应急体系的建立、有关部门和人员职责的落实、预案的编制、应急队伍的建设、应急设备（施）与物资的准备和维护、预案的演习、与外部应急力量的衔接等，其目标是保持重大事故应急救援所需的应急能力。

A. 应急预防　　B. 应急准备　　C. 应急响应　　D. 应急恢复

8. 应急体系组织体制中的________包括与应急活动有关的各类组织机构，如公安、医疗、通信等单位。

A. 管理机构　　B. 功能部门　　C. 指挥机构　　D. 救援队伍

9. 在应急救援组织体系中，________负责研究提出安全生产应急管理和应急救援工作的重大方针政策和措施。

A. 国务院安委会　　B. 国务院安委会办公室

C. 国家安全生产监督管理总局　　D. 省、市人民政府

10. ________是安全生产应急救援队伍体系的基础。

A. 国家安全生产应急救援指挥中心　　B. 综合性区域应急救援基地

C. 专业区域应急救援基地　　D. 企业应急救援队伍

11. 重大以上安全生产事故发生后，当地（市、区、县）政府应急管理与协调指挥机构应立即组织应急救援队伍开展事故救援工作，并立即向________报告。

A. 国务院安委会　　B. 国务院安委会办公室

C. 省级安全生产应急救援指挥中心　　D. 市级安全生产应急救援指挥中心

12. 电力、特种设备等行业或领域的事故灾难，充分发挥本行业（领域）的________作

用，依靠有关专业救援队伍、企业兼职救援队伍和社会力量开展应急救援。

A. 管理部门　B. 专业机构　C. 专家　D. 技术人员

13. 应急救援指挥坚持条块结合、属地为主的原则，由地方政府负责，根据事故灾难的可控性、严重程度和影响范围按照预案由相应的地方政府组成现场应急救援指挥部，由________担任总指挥，统一指挥应急救援行动。

A. 地方政府负责人　B. 地方政府安全生产负责人

C. 企业负责人　D. 地方专家负责人

14. 安全生产应急救援工作是重要的社会管理职能，属于公益性事业，关系到国家财产和人民生命安全，有关应急救援的经费按事权划分应由中央政府、地方政府、企业和________共同承担。

A. 领导　B. 社会捐款　C. 企业保险　D. 社会保险

15. 企业依法设立的应急救援机构和队伍，其建设投资和运行维护经费原则上由________解决。

A. 国家行政部门　B. 安全监管部门

C. 企业自行　D. 社会保险

16. ________主要针对某种特有和具体的事故灾难风险（灾害种类），如地震、重大工业事故、流域重大水体污染事故等，采取综合性与专业性的减灾、防灾、救灾和灾后恢复行动。

A. 综合预案　B. 专项预案　C. 现场预案　D. 单项应急救援方案

17. 无论是哪一种应急预案，都是由________组成。

A. 基本预案　B. 应急标准化操作程序

C. 综合预案　D. 基本预案和应急标准化操作程序共同

18. 组织或机构________应为预案签署发布令，援引国家、地方、上级部门相应法律和规章的规定，宣布应急预案生效。

A. 相关负责人　B. 主要负责人　C. 第一负责人　D. 安全负责人

19. ________就是为应急组织或人员提供详细、具体的应急指导，必须具有可操作性。

A. 基本预案　B. 应急标准化操作程序

C. 综合预案　D. 基本预案和应急标准化操作程序共同

20. 无论是何级或何类型的应急救援体系，首先必须有明确的________，作为开展应急救援工作的纲领。

A. 方针　B. 原则　C. 方针和原则　D. 目标

21. 应急预案初始评估工作应由应急预案编制小组中的________进行，并与相关部门及重要岗位工作人员交流。

A. 企业领导　　B. 管理人员　　C. 班组长　　D. 专业人员

22. ________是为了熟练掌握应急操作或完成某种特定任务所需技能而进行的演习。

A. 单项演习　　B. 组合演习　　C. 综合演习　　D. 全面演习

23. ________的主要特点是对演习情景进行口头演习，一般是在会议室内举行非正式的活动。

A. 桌面演习　　B. 功能演习　　C. 全面演习　　D. 综合演习

24. ________一般在应急指挥中心举行，并可同时开展现场演习，调用有限的应急设备，主要目的是针对应急响应功能，检验应急响应人员以及应急管理体系的策划和响应能力。

A. 桌面演习　　B. 功能演习　　C. 全面演习　　D. 综合演习

25. 全面演习一般需________名以上评价人员。演习完成后，除采取口头评论、书面汇报外，还应提交正式的书面报告。

A. 10　　B. 20　　C. 30　　D. 40

26. 桌上演习与功能/全面演习的重要区别是前者________。

A. 不会宣布开始的日期和时间　　B. 会宣布开始的日期和时间

C. 偶尔宣布开始的日期和时间　　D. 经常宣布开始的日期和时间

27. 为得到最高真实程度，要求演习参加者________反应任务。

A. 模拟执行　　B. 电脑操作执行　　C. 实际不执行　　D. 正常执行

28. ________目的是确定演习是否达到演习目标要求，检验各应急组织指挥人员及应急响应人员完成任务的能力。

A. 演习评价　　B. 演习模拟　　C. 演习完成　　D. 演习测试

29. ________是指演习过程中观察或识别出的，可能使应急准备工作不完备，从而导致在紧急事件发生时不能确保应急组织采取合理应对措施保护人员安全。

A. 不足项　　B. 整改项　　C. 改进项　　D. 不合格项

30. 应急演习原则上应________。

A. 避免惊动公众　　B. 故意惊动公众

C. 可以惊动公众　　D. 严禁惊动公众

三、判断题

1. 在生产过程中发生的事故或与生产过程有关的事故，称为生产事故。（　　）

2. 各类事故的发生具有普遍性，但是从更广泛的意义上讲，可以通过预防达到绝对的安全。（　　）

3. 事故的发生、发展都是有规律的，只要按照科学的方法和严谨的态度进行分析并积极做好有关预防工作，事故是完全可以预防的。（ ）

4. 重大事故是指造成 3 人以上 10 人以下死亡，或者 10 人以上 50 人以下重伤，或者 1 000 万元以上 5 000 万元以下直接经济损失的事故。（ ）

5. 应急管理与事故预防一样，是风险控制的一个必不可少的关键环节，它可以有效地降低事故灾难所造成的影响和后果。（ ）

6. 应急评价是在事故发生后立即采取的应急与救援行动，包括事故的报警与通报、人员的紧急疏散、急救与医疗、消防和工程抢险措施、信息收集与应急决策、外部求援等。（ ）

7. 一个完整的应急救援体系应由组织体制、运作机制、法制基础和应急演习系统四部分构成。（ ）

8. 按照统一领导、分级管理的原则，全国安全生产应急救援领导决策层由国务院安委会及其办公室、国务院有关部门、企业组成。（ ）

9. 国家安全生产应急救援指挥中心由国家安全监管总局领导，负责全国安全生产应急管理和事故灾难应急救援协调指挥，参与制定并组织实施安全生产应急救援管理制度和有关规定。（ ）

10. 消防应急管理与协调指挥系统由国家安全生产监督管理局设立的国家消防应急救援指挥中心和县级以上地方人民政府安全生产监督管理部门设立的消防应急救援指挥机构共同构成。（ ）

11. 各级各类应急救援队伍承担所属企业（单位）以及有关管理部门划定区域内的安全生产事故灾难应急救援工作，并接受当地政府和上级安全生产应急管理与协调指挥机构的协调指挥。（ ）

12. 重大以上安全生产事故发生后，当地（市、区、县）政府应急管理与协调指挥机构应立即组织应急救援队伍开展事故救援工作，并立即向国家安全生产应急救援指挥中心报告。（ ）

13. 事故险情和支援请求的报告原则上按照分级响应必须逐级上报，严禁越级上报。（ ）

14. 安全生产应急救援工作是重要的社会管理职能，属于公益性事业，关系到国家财产和人民生命安全，有关应急救援的经费按事权划分应由中央政府、地方政府、企业和社会保险共同承担。（ ）

15. 企业依法设立的应急救援机构和队伍，其建设投资和运行维护经费原则上由国家专项资金解决。（ ）

16. 生产安全事故的应急工作是一项科学性很强的工作，制定预案也必须以科学的态

度，在全面调查研究的基础上，开展科学分析和论证，制定出严密、统一、完整的应急反应方案，使预案真正具有科学性。（　　）

17. 应急预案从功能与目标上可以划分为四种类型：综合预案、专项预案、现场预案和单项应急救援方案。（　　）

18. 在预案发布令中，组织或机构安全管理人员应表明其对应急管理和应急救援工作的支持，并督促各应急部门完善内部应急响应机制，制定标准操作程序，积极参与培训、演习和预案的编制与更新等。（　　）

19. 在应急救援过程中会有不同的应急组织或应急人员参与，并承担不同的应急职责和任务，开展各自的应急行动，因此标准操作程序在应急功能、应急职责及与其他人员配合方面，必须要考虑相互之间的接口。（　　）

20. 完整的应急预案编制应包括以下一些基本要素，即六个一级关键要素，包括：方针与原则、应急策划、应急准备、应急响应、现场恢复、预案管理与评审改进。（　　）

21. 无论是何级或何类型的应急救援体系，首先必须有明确的方针和原则，作为开展应急救援工作的纲领。（　　）

22. 根据突发事故风险性质以及应急主体的不同，需要的应急响应核心功能不能有一点差异。（　　）

23. 编制应急预案必须在考虑应急主体的现状、需求和事故风险分析结果的基础上，大量收集和参阅已有的应急资料，以便尽可能地减少工作量。（　　）

24. 应急演习应遵循由上而下、先分后合、分步实施的原则，综合性的应急演习应以若干次分练为基础。（　　）

25. 桌面演习是指由应急组织的代表或关键岗位人员参加的，按照应急预案及其标准运作程序，讨论紧急事件时应采取行动的演习活动。（　　）

26. 功能演习比桌面演习规模要小，需动员较少的应急响应人员和组织。必要时，可要求国家级应急响应机构参与演习过程，为演习方案设计、协调和评估工作提供技术支持。（　　）

27. 实际桌面演习只有两种：基本桌面演习和高级桌面演习。（　　）

28. 与功能/全面演习的不同，桌面演习不会宣布开始的日期和时间，而功能/全面演习会通知参加者确切的功能/全面演习的时间表。（　　）

29. 功能演习及全面演习中，一般当所有演习目标达到时（事件顺序单预期行动完成）或当计划时期到期才结束。（　　）

30. 演习发现是指通过演习评价过程，发现应急救援体系、应急预案、应急执行程序或应急组织中存在的问题。（　　）

四、简答题

1. 什么是事故？事故有哪些特征？

2. 事故是如何分类的？

3. 事故如何分级？

4. 简述重大事故应急管理过程。

5. 应急救援队伍有哪几个层次？

6. 重大事故发生后，应急救援机构如何报警与接警？

7. 国家对安全生产应急救援工作的经费保障是如何规定的？

8. 事故应急预案的作用有哪些？

9. 事故应急预案有哪些基本要求？

10. 事故应急预案有哪些种类？

11. 事故应急预案的基本内容有哪些？

12. 什么是应急标准化操作程序？

13. 应急预案编制的核心要素有哪些？

14. 简述应急预案编制的步骤。

15. 根据形式，应急预案演习可以分为哪几类？

16. 如何进行应急预案演习的评价？

17. 如何进行应急预案演习总结与追踪？

五、本章习题参考答案

1. 填空题

(1) 人员伤亡　伤害　职业病　财产损失；(2) 20；(3) 特别重大事故　重大事故　较大事故　一般事故；(4) 应急管理；(5) 预防　准备　响应　恢复；(6) 应急响应；(7) 应急准备　初级反应　扩大应急　应急恢复；(8) 管理机构　功能部门　指挥系统　救援队伍；(9) 国务院安委会办公室　国家安全生产监督管理总局；(10) 当地政府　上级安全生产应急管理与协调指挥机构；(11) 省级安全生产应急救援指挥中心；(12) 条块结合、属地为主；(13) 企业自行；(14) 安全第一、预防为主、综合治理；(15) 适用性　实用性　针对性；(16) 综合预案　专项预案　现场预案　单项应急救援方案；(17) 基本预案　应急标准化操作程序；(18) 识别危险　采取必要的应急措施　启动紧急警报系统　进行事件信息的接报与报告　安全疏散人群；(19) 评审和更新；

(20) 每一个应急活动执行；(21) 标准操作程序；(22) 方针与原则　应急策划　应急准备　应急响应　现场恢复　预案管理与评审改进；(23) 统一指挥　分级负责　区域为主　单位自救和社会救援相结合；(24) 指南性文件　发放登记　修改和修订；(25) 由下而上　先分后合　分步实施；(26) 应急预案桌面演习；(27) 应急预案功能演习；(28) 应急预案全面演习；(29) 应急预案演习评价；(30) 演习目标　应急准备水平　是否需要改进。

2. 单项选择题

(1) C；(2) A；(3) B；(4) D；(5) B；(6) D；(7) B；(8) B；(9) B；(10) D；(11) C；(12) C；(13) A；(14) D；(15) C；(16) B；(17) D；(18) C；(19) B；(20) C；(21) D；(22) A；(23) A；(24) B；(25) A；(26) B；(27) D；(28) A；(29) A；(30) A。

3. 判断题

(1) √；(2) ×；(3) √；(4) ×；(5) √；(6) ×；(7) ×；(8) ×；(9) ×；(10) ×；(11) √；(12) ×；(13) ×；(14) √；(15) ×；(16) √；(17) √；(18) ×；(19) √；(20) √；(21) √；(22) ×；(23) √；(24) ×；(25) √；(26) ×；(27) √；(28) ×；(29) √；(30) √。

4. 简答题

答案略。

第二章　现场应急救护知识与技能

第一节　现场应急救护概述

一、现场急救原则、步骤和注意事项

生产现场急救，是指在劳动生产过程中和工作场所发生的各种伤害事故、急性中毒、外伤和突发危重伤病员等情况，没有医务人员时，为了防止病情恶化，减小病人痛苦和预防休克等所应采取的一种初步紧急救护措施，又称院前急救。

1. 急救时应遵循的原则

生产现场急救总的任务是采取及时有效的急救措施和技术，最大限度地减小伤病员的疾苦，降低致残率，减小死亡率，为医院抢救打好基础。因此，急救时应遵循以下原则。

（1）先复苏后固定原则。遇有心跳、呼吸骤停又有骨折者，应首先用口对口呼吸和胸外按压等技术使心、肺、脑复苏，直至心跳、呼吸恢复后，再进行骨折固定处理。

（2）先止血后包扎原则。遇伤员有大出血又有创口时，首先立即用指压、止血带或药物等方法止血，接着再消毒，并对创口进行包扎。

（3）先重后轻原则。同时遇有垂危的和较轻的伤病员时，应优先抢救危重者，后抢救较轻的伤病员。

（4）先救护后搬运原则。发现伤病员时，应先救后送。在送伤病员到医院途中，不要停止抢救措施，继续观察伤病变化，减小颠簸，注意保暖，确保伤员能快速平安地抵达最近医院。

（5）急救与呼救并重原则。在遇有成批伤病员、现场还有其他参与急救的人员时，要紧张而镇定地分工合作，急救和呼救可同时进行，以较快地争取到急救外援。

（6）搬运与急救一致性原则。在运送危重伤病员时，应与急救工作协调一致，争取时间，在途中应继续进行抢救工作，减小伤病员不应有的痛苦和死亡，安全到达目的地。

2. 现场急救的基本步骤

当各种事故和急性中毒发生后，参与生产现场救护的人员要沉着、冷静，切忌惊慌失措。时间就是生命，应尽快对中毒或受伤病人进行认真仔细的检查，确定病情。检查内容

包括意识、呼吸、脉搏、血压、瞳孔是否正常，有无出血、休克、外伤、烧伤，是否伴有其他损伤等。

总体来说，事故现场急救应按照紧急呼救、判断伤情和救护三大步骤进行。

（1）紧急呼救。当事故发生，发现了危重伤员，经过现场评估和病情判断后需要立即救护，同时立即向专业急救医疗服务（EMS）机构或附近担负院外急救任务的医疗部门、社区卫生单位报告，常用的急救电话为120或999。由急救机构立即派出专业救护人员、救护车至现场抢救。

（2）判断伤情。在现场巡视后对伤员进行最初评估。发现伤员，尤其是处在情况复杂现场的伤员，救护人员需要首先确认并立即处理威胁生命的情况，检查伤员的意识、气道、呼吸、循环体征等。

（3）救护。灾害事故现场一般都很混乱，组织指挥特别重要，应快速组成临时现场救护小组，统一指挥，加强灾害事故现场一线救护，这是保证抢救成功的关键措施之一。

灾害事故发生后，应避免慌乱，尽可能缩短伤后至抢救的时间，强调提高基本治疗技术是做好灾害事故现场救护的最重要的问题。要善于应用现有的先进科技手段，体现“立体救护、快速反应”的救护原则，提高救护的成功率。

现场救护原则是先救命后治伤，先重伤后轻伤，先抢后救，抢中有救，尽快脱离事故现场，先分类再运送。医护人员以救为主，其他人员以抢为主，各负其责，相互配合，以免延误抢救时机。现场救护人员应注意自身防护。

3. 现场急救应注意的事项

现场急救关键把握好“急”与“救”这两个字。“急”就是在救援行动上要充分体现快速反应、快速抢救，此时此刻真正体现出“时间就是生命”。必须有可行的措施来保证能以最快速度、最短时间让伤员得到医学救护。“救”指对伤病员的救援措施和手段要正确有效，处置有方，表现出精湛的救护技术和良好的精神风范，以及随机应变的工作能力。实践证明，应急救援成功的关键往往在于现场急救，而现场急救是否成功很大程度上又取决于现场急救的组织与实施。

现场急救时应注意事项主要有：

（1）避免直接接触伤者的体液。

（2）使用防护手套，并用防水胶布贴住自己损伤的皮肤。

（3）急救前和急救后都要洗手，并且救护伤员的眼、口、鼻或者任何皮肤损伤处，一旦被溅上伤者的血液，应尽快用肥皂和水清洗，并去医院进行处理。

（4）进行口对口人工呼吸时，尽量使用人工呼吸面罩。

二、现场急救区的划分和紧急呼救

1. 现场急救区的划分

通常，现场伤员急救的标记有四类：

（1）第Ⅰ急救标记（红色）：病伤严重，危及生命者。

（2）第Ⅱ急救标记（黄色）：严重但即刻不危及生命者。

（3）第Ⅲ急救标记（绿色）：受伤较轻，可行走者。

（4）第Ⅳ急救标记（黑色）：可稍后运送。

分类卡由急救系统统一印制。背面有扼要的病情说明，随伤员携带。此卡应常挂在伤员左胸的衣服上。如没有现成的分类卡，可临时用硬纸片自制。

现场有大批伤病员时，最简单、有效的急救应有以下四个标记，以便有条不紊地进行急救。

（1）收容区：伤病员集中区，在此区挂上分类标签，并进行必要的紧急复苏等抢救工作。

（2）急救区：用以接受第Ⅰ优先和第Ⅱ优先者，在此做进一步抢救工作，如对休克、呼吸与心搏骤停者等进行心肺复苏。

（3）后送区：这个区内接受能自己行走或较轻的伤病员。

（4）太平区：停放已死亡者。

2. 现场紧急呼救

紧急呼救主要有以下三个步骤。

（1）救护启动。救护启动称为呼救系统开始。呼救系统的畅通，在国际上被列为抢救危重伤员的“生命链”中的“第一环”。有效的呼救系统，对保障危重伤员获得及时救治至关重要。

应用无线电和电话呼救。通常在急救中心配备有经过专门训练的话务员，能够对呼救迅速作出适当的应答，并能把电话接到合适的急救机构。城市呼救网络系统的“通信指挥中心”，应当接收所有的医疗（包括灾难等意外伤害事故）急救电话，根据伤员所处的位置和病情，指定就近的急救站去救护伤员。这样可以大大节省时间，提高效率，便于伤员救护和转运。

（2）呼救电话须知。紧急事故发生时，须报警呼救，最常使用的是呼救电话。使用呼救电话时必须用最精炼、准确、清楚的语言说明伤员目前的情况及严重程度、伤员的人数及存在的危险、需要何类急救等。如果不清楚身处位置的话，不要惊慌，因为救护医疗服务系统控制室可以通过全球卫星定位系统追踪正确位置。

一般应简要清楚地说明以下几点。

1）报告人的电话号码与姓名，伤员姓名、性别、年龄和联系电话。

2）伤员所在的确切位置，尽可能指出附近街道的交汇处或其他显著标志。

3）伤员目前最危重的情况，如昏倒、呼吸困难、大出血等。

4）灾害事故、突发事件时，说明伤害性质、严重程度、伤员的人数。

5）现场所采取的救护措施。

注意，不要先放下话筒，要等救护医疗服务系统（EMS）调度人员先挂断电话。

（3）单人及多人呼救。在专业急救人员尚未到达时，如果有多人在现场，应有一名救护人员留在伤员身边开展救护，其他人通知医疗急救部门机构。要分配好救护人员各自的工作，分秒必争、组织有序地实施伤员的寻找、脱险、医疗救护工作。

在伤员心脏骤停的情况下，为挽救生命，抓住“救命的黄金时刻”，应立即进行心肺复苏，然后迅速拨打电话。如有手机在身，则在进行1～2 min心肺复苏后，在抢救间隙打电话。

对任何年龄的外伤或呼吸暂停患者，打电话呼救前接受1 min的心肺复苏是非常必要的。

三、现场伤员评估和分类

1. 现场伤员评估

伤病者的意识、呼吸、瞳孔等表象，是判断伤势轻重的重要标志。

（1）意识。先判断伤员神志是否清醒。在呼唤、轻拍、推动时，伤员会睁眼或有肢体运动等其他反应，表明伤员有意识。如伤员对上述刺激无反应，则表明意识丧失，已陷入危重状态。伤员突然倒地，然后呼之不应，情况多为严重。

（2）气道。呼吸必要的条件是保持气道畅通。如伤员有反应但不能说话、不能咳嗽、憋气，可能存在气道梗阻，必须立即检查和清除。如进行侧卧位和清除口腔异物等。

（3）呼吸。正常人呼吸12～18次/min，危重伤员呼吸变快、变浅乃至不规则，呈叹息状。在气道畅通后，对无反应的伤员进行呼吸检查，如伤员呼吸停止，应保持气道通畅，立即施行人工呼吸。

（4）循环体征。在检查伤员意识、气道、呼吸之后，应对伤员的循环体征进行检查。

可以通过检查循环体征如呼吸、咳嗽、运动、皮肤颜色、脉搏情况来进行判断。

成人正常心跳60～80次/min。呼吸停止，心跳随之停止；或者心跳停止，呼吸也随之停止。心跳呼吸几乎同时停止也是常见的。心跳反应在手腕处的桡动脉、颈部的颈动脉较易触到。

心律失常以及严重的创伤、大失血等危及生命时，心跳或加快超过100次/min，或减慢至40～50次/min，或不规则，忽快忽慢，忽强忽弱，均为心脏呼救的信号，都应引起重视。

如伤员面色苍白或青紫，口唇、指甲发绀，皮肤发冷等，可以知道皮肤循环和氧代谢情况不佳。

（5）瞳孔反应。眼睛的瞳孔又称“瞳仁”，位于黑眼球中央。正常时双眼的瞳孔是等大圆形的，遇到强光能迅速缩小，很快又回到原状。用手电筒突然照射一下瞳孔即可观察到瞳孔的反应。当伤员脑部受伤、脑出血、严重药物中毒时，瞳孔可能缩小为针尖大小，也可能扩大到黑眼球边缘，对光线不起反应或反应迟钝。有时因为出现脑水肿或脑疝，使双眼瞳孔一大一小。瞳孔的变化表示脑病变的严重性。

当完成现场评估后，再对伤员的头部、颈部、胸部、腹部、盆腔、脊柱、四肢进行检查，看有无开放性损伤、骨折畸形、触痛、肿胀等体征，有助于对伤员的病情判断。

还要注意伤员的总体情况，如表情淡漠不语、冷汗口渴、呼吸急促、肢体不能活动等现象为病情危重的表现；对外伤伤员应观察神志不清程度、呼吸次数和强弱，脉搏次数和强弱；注意检查有无活动性出血，如有应立即止血。严重的胸腹部损伤容易引起休克、昏迷甚至死亡。

2. 现场伤员分类

灾害发生后，伤员数量大，伤情复杂，重危伤员多。急救和后运工作常出现四大矛盾：急救技术力量不足与伤员需要抢救的矛盾；急救物资短缺与需要量的矛盾；重伤员与轻伤员都需要急救的矛盾；轻、重伤员都需后运的矛盾。解决这些矛盾的办法就是对伤病员进行分类。伤员分类是生产现场急救工作的重要组成部分，做好伤员分类工作，可以保证充分地发挥人力、物力的作用，使需要急救的轻、重伤员各得所需，使急救和后运工作有条不紊地进行。

生产现场急救分类的重要意义集中在一个目标，即提高效率。将现场有限的人力、物力和时间，用在抢救有存活希望的伤员身上，提高伤员的存活率，降低死亡率。

（1）现场伤员分类的要求如下。

1）分类工作是在特殊困难和紧急的情况下进行的，一边抢救一边分类的。

2）分类应派经过训练、经验丰富、有组织能力的技术人员承担。

3）分类应依先危后重，再轻后小（伤势小）的原则进行。

4）分类应快速、准确、无误。

（2）现场伤员分类的判断。现场伤员分类是以决定优先急救对象为前提的，首先根据伤情来判定。

1）呼吸是否停止，用看、听、感来判定。

①看：通过观察胸廓的起伏，或用棉花、羽毛贴在伤病者的鼻翼上，看有无摆动。如吸气胸廓上提，呼气下降或棉、毛有摆动即是呼吸未停。反之，即呼吸已停。

②听：侧头用耳尽量接近伤病者的鼻部，去听是否有气体交换。

③感：在听的同时，用脸感觉有无气流呼出。如听到有气体交换或气流感，说明尚有呼吸。

2）脉搏是否停止，用触、看、摸、量来检查。

①触：触桡动脉有无脉搏跳动，感受其强弱。

②看：看头部、胸腹、脊柱、四肢，有无损伤、大出血、骨折等，这些都是重点判定项目。

③摸：摸颈动脉有无脉搏跳动，感受其强弱。

④量：量收缩压是否小于 12 kPa（90 mmHg）。

判定一个伤员要在 1～2 min 内完成。通过以上方法对伤员进行简单地分类，便于采取针对性急救措施。

3. 停止心肺复苏的时机

当心脏停止跳动时，人体的血液循环也就终止了，所以需要我们在胸部进行心脏按压以推动血液循环，又称为人工循环。人体心脏位于胸骨与胸椎之间，向下按压胸骨时，胸腔内压力会增大，进而就会促使血液流动，同时压挤心脏，向外泵血；在放松压力后，静脉血回流心脏，就可使心脏充盈血液。如此反复进行下去，就可使心脏有节奏地、被动地收缩和舒张，以此来维持血液循环。有效的胸外心脏按压可达到正常心跳时心脏排出血量的 25%～30%，可以保证人体最低的基本血液循环需要。

停止心肺复苏的时机，一是急救医生接到 120 电话后赶到现场，二是伤病者已经恢复了心跳和呼吸。对于在施工现场发生的意外，如电击伤、高处坠落伤、机械事故等导致心跳呼吸停止的情况，至少抢救 30 min 以上，以最大限度地提高抢救的成功率。

此外，在心肺复苏中出现如下征兆者可考虑终止心肺复苏工作。

（1）脑死亡。全脑功能丧失，不能恢复，又称不可逆昏迷。发生脑死亡即意味着生命终止，即使有心跳，也不会长久维持。即使能维持一段时间也毫无意义。所以一旦出现脑死亡即可终止抢救，以免消耗不必要的人力、物力和财力。出现下列情况可判断脑死亡：①深度昏迷，对疼痛刺激无任何反应，无自主活动；②自主呼吸停止；③瞳孔固定；④脑干反射消失，包括瞳孔对光反射，吞咽反射，头眼反射（即娃娃眼现象，将病人头部向双侧转动，眼球相对保持原来位置不动，若眼球随头部同步转动，即为反射阳性，但颈脊髓损伤者禁忌此项检查），眼前庭反射（头前屈 30°，用冰水 20～50 mL，10 s 内注入外耳道，应出现快速向灌注侧反方向的眼球震颤，双耳依次检查未见眼球震颤为反射消失）等；⑤具备上述条件至少观察 24 h 无变化方可作出判定。

（2）经过正规的心肺复苏 20～30 min 后，仍无自主呼吸，瞳孔散大，对光反射消失，标志着生物学死亡，可终止抢救。

（3）心脏停跳 12 min 以上而没有进行任何复苏治疗者，几乎无一存活，但在低温环境中（如冰库、水库、雪地、冷水淹溺）及年轻的创伤病人虽停跳超过 12 min 仍应积极抢救。

（4）心跳呼吸停止 30 min 以上，肛温接近室温，出现尸斑，可停止抢救。

第二节　应急处置与急救

一、外伤应急处置与急救

1. 摔伤应急处置与急救

摔伤主要造成的危害，轻则皮破流血，重者骨折，还有可能伤及内脏。因此，发生人员摔伤后，一定要立刻急救，并要注意急救方式。

（1）颅脑外伤的处置与急救

摔伤容易伤到头部，造成脑震荡、颅脑外伤。当摔伤后，如果头部受到打击，会出现短暂的意识不清，在几分钟内醒来后，只能自述头晕、恶心的感受，不能回忆起刚刚发生的事情，记忆力下降。经过医生检查无其他异常，一般情况下，属于脑震荡。这种情况下，休息几天，对症处理即可。如果摔伤后发生神志不清，伴有呕吐，耳鼻流血（或流出血性液体），或者开始是清醒的，后来不清醒了，这就可能发生了严重的脑外伤。

颅脑外伤的应急处置方法如下。

1）最重要的是保持伤者头部的稳定，不可随便搬动。可将伤者头部稍微垫高一些。伤者头部伤口经过包扎止血后，要及时送到有条件的医院（做 CT 检查和进行颅脑手术）进一步检查治疗。

2）如果伤者一侧的耳内有液体流出，急救人员应将其头侧向这一面，使液体流出，切勿用棉球等物塞住耳孔。

3）急救人员在搬运伤者时，为了避免振动，可以在伤者头部两侧放上沙袋或枕头，将头部固定住。

（2）骨折的种类特征

摔伤容易发生骨折，尤其是以四肢骨折最为多见。骨折之后，除了骨骼的断裂，附近的软组织也会受影响，导致肿胀及出血，断骨的尖端也可能伤害周围的肌肉、神经、血管及内脏。

骨折的种类主要有：

1）闭合性骨折。骨折部位外皮完好，如骨骼粉碎或肌肉与血管受创，受伤部位可能出现大面积的瘀血或肿胀。

2）开放性骨折。皮肤因骨折而破裂，伤口深入骨折处或骨骼外露，增加感染机会。

3）青枝骨折。只见于儿童的不完全骨折。“青枝”一词是借用来的，喻指在植物的青嫩枝条中，常常会见到折而不断的情况。

4）复杂性骨折。可以是开放性骨折，骨折同时使肌腱拉伤或破裂，神经挫伤或断裂，大血管受压或破裂，甚至伤及内脏。

（3）骨折的共同症状

发生骨折后，伤处疼痛、肿胀、变形或缩短；有瘀血；肢体可形成假关节，但不能正常活动，甚至失去活动能力。

骨折的共同症状主要有：

1）伤处触痛，在移动伤者时可听到“骨擦音”。

2）复杂骨折的症状，伤者的伤肢末端可能极其疼痛，出现皮肤苍白或指甲发绀的症状。

3）如果发生骨盆或大腿骨骨折，又有多处骨折，伤者可能出现休克症状。

（4）对骨折伤势的评估

评估伤势时，应避免伤员不必要的移动。首先初步检查伤者的意识、呼吸、脉搏，处理出血和休克。检查伤者头、胸、腹以及处理严重创伤后，再确定是否有其他受伤部位，最后检查四肢受伤部位，查看形状、位置及外观是否与没有受伤的一边不同，检查手指和脚趾的感觉，活动能力及范围，以及血液循环的情况。

（5）骨折的现场处置方法

骨折固定的材料：可利用各种材料制成夹板，如木板、树棍、硬纸板等，以及用三角巾、毛巾等进行健肢固定。硬质的夹板长度应超过骨折断端的上下 2 个关节，下肢骨折的夹板应超过 3 个关节。

人员骨折的现场处置方法如下。

1）用双手稳定及承托伤者的受伤部位，限制骨折处的活动，在空隙处放软垫，妥善固定。

2）如伤者的上肢受伤，急救人员可用绷带把伤肢固定于躯干；下肢受伤，则可将伤肢固定于健肢。也可用绷带替代品包扎、固定伤肢。

3）可能的话，应抬高伤肢，减轻肿胀。

4）如伤肢被扭曲，不能与另一侧肢体靠拢，可用牵引法，将伤肢轻轻沿骨骼轴心拉直，若牵引时引起伤者的剧痛，或皮肤变白，应立即停止。

5）完成包扎后，急救人员应立即检查伤者的伤肢末端的感觉、活动能力和血液循环。

开放性骨折的处置方法如下。

1）急救人员应先戴上胶皮手套，如伤者的伤口中已有脏东西，尽量不去触及伤口，不可用水冲洗，不要上药。

2）对已裸露在伤口外边的骨折断端，不要试图将其复位。应在伤口上覆盖灭菌纱布，然后适度包扎，再将骨折处用夹板固定。

3）经过包扎固定后，要呼叫救护车将伤者送往医院。

2. 现场人体外伤的应急与处置

(1) 头部外伤的应急处置与急救

人员在生产生活中，发生跌倒、撞击、坠落，或交通事故、塌方、爆炸等意外时，头部易受到伤害。严重的头部外伤，死亡率高，造成肢体瘫痪、智力下降的后遗症也较常见。

1）头部外伤的主要症状：①受伤后可有短暂意识不清，几分钟就苏醒，自述头晕，记忆力下降。②头皮出血较多，但意识清楚，无其他不适。③头部受伤后伤病者逐渐变得意识模糊，嗜睡，甚至昏迷；或者受伤当时失去意识，很快清醒，回到家里又发生昏迷。昏迷时两侧瞳孔扩大或缩小，或者两侧瞳孔不一样大。④眼睛周围青紫，鼻孔或耳朵流出血样液体。⑤受伤后有头痛、恶心、呕吐等症状出现。⑥出现抽搐或不会说话，言语不清楚、肢体瘫痪等现象。如果有上述③～⑥项之一，为病情严重的表现。

2）头部外伤的急救方法：①对神志不清的病人应保持其呼吸道的通畅。采取去枕平卧位。因为头部外伤有可能伤到颈椎，凡是能使颈部活动的操作都要谨慎进行。②如有血样液体从耳、鼻中流出，可能是颅底骨折造成了脑脊液外漏。此时病人采取侧卧的体位，并将头部适当垫高一些，流血的一侧朝下，使流出的液体顺位流出。严禁用水冲洗和用棉花堵塞耳、鼻。③严重头部外伤应做头颅 CT 扫描和 X 射线检查以确诊。因此，凡是严重头部外伤均要尽快到医院检查治疗，防止误诊误治。送医院途中，用衣物等固定病人头部的两侧，尽可能避免头部摇晃和振动。

(2) 眼睛外伤的应急处置与急救

眼睛是非常娇嫩的、构造十分精密的视觉器官。当眼睛遭受车祸、塌方、爆竹伤等外力打击，自身保护装置被破坏，或者由于针、刀、弹片、碎屑等进入眼内而损伤内部结构。这些机械性眼外伤导致视力下降或失明的现象屡见不鲜。应把眼睛受到的任何伤害都当作急症来处理。

1）眼睛外伤的症状：①拳头、石块、球类、车祸、爆炸等伤及眼部，眼结膜出血，眼眶周围肿胀、青紫，眼睁不开。严重者造成角膜损伤，眼内容物脱出，表现为视物不清，视力下降或失明。有的眼外伤当时无事，过几天、几个月、几年后才出现与眼外伤密切相关的视力减退。②因灰尘、沙土、金属屑入眼，眼睛被磨痛，有异物感，流泪、怕光、不敢睁眼。③锐器刺伤眼球，损伤眼组织，导致视力下降或失明。

2）眼睛外伤的急救方法：①眼外伤导致的眼出血不要压迫止血，不要用水冲洗和揉眼，应尽快送院进行专科治疗。②眼睛表面的异物，可将眼睑翻开，在看见异物的情况下，用干净手帕、棉签蘸上清洁水清除，再滴抗生素眼药水防止感染。清除异物前不要揉眼，可用眼药水冲洗。③眼睛周围肿胀、眼眶周围青紫，可采用冷敷的方法消除。在眼部衬一层干燥毛巾，然后放冰袋冷敷，每次 15 min。④送医院途中病人半卧位，用消毒纱布遮盖双眼。

（3）胸部创伤的处置与急救

胸部外伤在平时较常见。胸部创伤后常导致呼吸、循环功能障碍，伤情危急，死亡率较高。因此，对胸部创伤伤员都应按重伤员处理。大多数胸伤通过比较简单的处理就可排除危险，需开胸手术或较复杂的处理者是少数。一些比较简单而又危及伤员生命的胸部创伤，如开放性气胸胸壁创口的封闭，张力性气胸的减压等，在现场即可进行处理。

胸部伤分闭合性伤和开放性伤两大类，后者按胸膜屏障完整性是否被破坏，又分为穿透性伤和非穿透性伤。

1）闭合伤。常发生在平时由钝性撞伤或挤压等原因引起，可产生胸壁挫伤、肋骨骨折(伴有或不伴有连枷胸)、气胸、血胸、肺挫伤、支气管破裂、膈肌破裂、主动脉破裂、心脏挫伤或室间隔穿孔、主动脉瓣或房室瓣膜或心脏游离壁破裂。其次，在战时，爆震伤也不少见，常造成肺损伤。

2）开放伤。由锐器如刀、剑、锐棍棒等引起，战时则以火器伤最多见。穿透伤随伤道的不同，可出现肺、心脏或大血管以及腹部脏器等不同的合并损伤，造成血胸、气胸、血气胸，肺、支管裂伤、食管和膈肌穿透伤以及心脏或大血管穿透伤、心包堵塞等严重创伤。

常见胸部外伤及处理如下。

1）血胸。诊断要点是：有胸部外伤史，又有胸膜腔内积液的体征，血胸的诊断应无困难；但在闭合性损伤而且出血量不大时，可能不易诊断。最可靠的诊断方法是进行胸腔穿刺术。在现场急救中重要的是确定是否有继续出血及大概的出血量。特别是有大量持续出血存在，病人休克逐渐加深，必须给予及时的抗休克治疗。

现场急救要点：①胸腔少量出血，病人一般情况好，症状轻微，有伤口者给予包扎后即可转送医院，途中严密观察心率、血压的变化。②胸腔大量进行性出血，症状较重，出现休克者在抗休克的情况下立即转送医院。

2）气胸。任何原因导致空气进入胸膜腔均造成气胸。胸部穿入性损伤，气管、支气管、食管破裂以及骨折端戳破胸膜、肺组织时，均可并发气胸。根据胸膜空气通道的情况，气胸可分为闭合性、开放性和张力性三种。空气进入胸膜腔后，空气通道已经闭合，称为闭合性气胸；空气通道继续畅通，空气仍可进出胸膜腔，称为开放性气胸；空气能进入胸膜腔，但不易排出，胸膜腔内气体不断增加，压力逐步上升，则称为张力性气胸。

诊断要点：①有胸部外伤史。②闭合性气胸气体少量时，病员仅略感胸闷；气胸气体大量时，则有胸闷、气急。③如胸壁有伤口，并有空气进出响声，可肯定为开放性气胸。④胸部闭合性损伤，伤处皮下有气肿时，多有气胸存在，如广泛发生皮下气肿，往往为张力性气胸。⑤肺组织裂伤，伤员有咯血。

现场急救：①闭合性气胸气体量不多，症状轻者在观察下送往医院；肺压缩超过30%，症状较重者应行胸腔穿刺抽气后送往医院。②开放性气胸胸壁有穿入性伤口，应立即用厚实敷料封盖包扎，然后送往医院。③张力性气胸，应立即于胸膜腔内插入排气针排气，或进行胸腔闭式引流，情况许可后送往医院。

（4）腹部外伤的处置与急救

腹部外伤多见于火器伤、刀刺伤、灾害（如地震、车祸）等。根据腹膜与外界是否相通，分为开放性和闭合性损伤两类。腹部外伤，不论是开放性还是不开放性都能引起出血、内脏损伤、休克或感染，甚至死亡。因此，加强现场对腹部伤的急救和安全快速运送伤员到达手术地，对提高腹部伤的治愈率、降低死亡率有重要意义。

腹部外伤判断方法：①伤者常有恶心、呕吐和吐血的情况，应首先注意观察其变化。②伤者有时腹部无破口，也会有腹部内脏的破裂出血，如胃、胰、肝、脾、肠以及肾、膀胱等，医学上叫内出血。如微量出血则症状不明显，如伤者大量出血，腹部膨胀，很快出现恶心、呕吐、疼痛，有时大小便会带血。伤者出现面色苍白，脉搏快、弱，血压下降，甚至出现休克，可能有腹内其他脏器损伤。③腹部轻微损伤时，表现为腹痛，腹壁紧张，压痛或有肿胀、血肿和出血。

腹部外伤的急救方法如下。

1）保持气道通畅，使呼吸正常。

2）若伤者肠子露在腹外，不要立即把肠子送回腹腔，应将上面的泥土等用清水或用1%盐水冲干净，清除污物，用无菌或干净白布、手巾覆盖，以免加重感染，或用饭碗、盆扣住外露肠管，再进行保护性包扎。如腹壁伤口过大，大部分肠管脱出，又压迫肠系膜血管时，可清除污物后将肠送入腹腔，覆盖伤口包扎。

3）伤者屈膝仰卧，安静休息，绝对禁食。

4）如有出血时应立即止血。

5）心跳呼吸骤停者，应口对口呼吸和胸外按压心脏复苏同时进行。

6）速请医生来急救或速送至附近医院抢救。有条件时给氧、输血、输液。

二、人体骨折的应急处置与急救

1. 上下肢骨折后的应急处置与急救

(1) 上臂骨折的判断与急救

上臂骨折判断：上臂只有一根骨头，名叫“肱骨”。人在跌倒时手或肘着地，暴力直接冲击在上臂上面，或者人在投掷时用力过大过猛，都有可能使肱骨承受不住而发生断裂。

上臂骨折主要症状：①上臂肿、痛，出现畸形。②病人不敢活动上臂。③按伤处，马上引起疼痛。

上臂骨折的固定：①用一块夹板，捆绑住上臂。②用大三角巾把手臂兜住，使伤肢悬吊在颈部。③再用另一块三角巾，把上臂和身子固定在一起，这样，伤肢就不能做任何方向的活动了。

上臂骨折的急救措施如下。

1）边牵引，边放好伤肢的位置。牵引的做法是：一手握住前臂近肘弯处，另一手握住伤者的手腕。握前臂的一手，慢慢地一点点用力，往下方拉（假如伤者站着）。拉时，必须顺着伤肢原来的位置呈一直线，切不可猛然拉动。握住伤者手腕的一手，要逐渐把前臂一点点地弯曲，使伤者的前臂弯成直角（于是前臂就垂直于上臂），并使上臂渐渐向身子靠拢，伤者的伤肢手心紧贴胸壁。这么做伤肢不会痛，还能放在合适的位置上（医生称这种姿势为“功能位”）。以后固定包扎时要一直保持这种姿势。

2）用夹板固定伤肢。夹板，是长条薄木片，一共两块，把伤肢夹在中间，使伤肢不活动。夹板最好有长短多种，按病人上臂长度来选用。为了贴住伤处不痛，每块夹板贴住伤肢的一面，最好放上棉花垫或旧布块（紧急时，干毛巾也可以），外用绷带或布条缠好。没有夹板，树枝、木棍、雨伞等都可代用。

用于肱骨骨折的夹板，应一长一短（宽约 8 cm，一块长约 46 cm；另一块稍短些，从腋窝到肘弯的长度）。短的一块，一端顶上裹一块棉花垫或毛巾，夹在腋窝内，顶住腋窝，另一端在肘弯之上，板面贴住上臂的内面。长的一块贴在伤肢外侧。再用两块三角巾折叠成条，将两板缚住，结头朝外。

3）另找一块三角巾（布条、绳子都可代用）兜住前臂，吊在颈项上。手掌应贴胸，比肘高 7 cm 左右较好。

为了避免伤肢随便移动，再找一块三角巾，把伤肢和胸壁一起捆住，接头打在腋窝前面。

没有木板，也可用三角巾做固定。先用一块棉垫（可用毛巾代替）塞在伤肢腋窝下，并准备两块三角巾，一块先兜住前臂和手腕，做悬吊在颈项之用。但这时不要悬吊丁结，只放在前臂即可。

另一块三角巾叠成 35 cm 左右的宽条，宽条中点放在受伤的上臂上方，正好从肩部往下，把两头绕过胸背，绕到对方腋窝下打结。这块三角巾的包扎要包得紧些，目的是使伤肢固定牢靠，使之不左右移动。

4）最后，把原先悬吊前臂的三角巾悬挂在颈上，打结固定。

（2）前臂骨折的判断与急救

前臂有桡骨和尺骨，它们虽能单独骨折，但两骨同时骨折的情况较为常见。发生前臂骨折，多因受到外力的直接冲击，或跌倒时手掌着地所致。

前臂骨折的判断方法：前臂不能活动，又肿又痛；如果断骨错位，还能出现小胳臂扭转、折成角度等畸形。

前臂骨折的急救方法如下。

1）牵引方法：一手握住伤者的上臂，顺着前臂的方向往上拉；另一手拉住伤者的手，也顺着前臂的方向向下拉。拉时要缓慢而轻，逐渐加力，使两头断骨离开，前臂伸直之后可以固定。

2）夹板固定方法：用宽约 8 cm，长约 46 cm 的薄木片两块，两板各裹上棉花（同上臂骨折一样）。一块放在前臂的手心面，一块夹在前臂手背面，两块夹板把整个前臂夹住（包括手在内），两块三角巾折成宽条（或用布条也行），把夹板捆住。接着一手捏住上臂，另一手握住两块夹板，轻轻将前臂放平（即肘弯弯曲），手心贴胸，手应略高于肘。用宽三角巾把前臂悬挂在颈项上。

如果一时找不到木片，可用书报代替。找几张报纸或几本杂志，用这些书或报围住前臂，一头从肘弯以内起，另一头包到手指，用三角巾把它捆好，再用大三角巾把前臂悬吊在颈上（手心朝胸），注意点和用夹板固定法一样。

（3）手腕手指骨折的判断与急救

常见的腕部骨折从侧面看，整个手腕不是平直的，而成锅铲状畸形；此外，还有肿、痛、腕关节不能活动。牵引和固定的方法，和前臂骨折一样。

手指骨折容易出现畸形和畸状活动。稍一移动伤指，可以听到“骨擦音”，还有肿痛。

（4）大腿骨折的判断与急救

大腿骨又称股骨，在生产和生活中由于跌伤、暴力打击，或者受车辆撞击等，都会导致股骨骨折。

大腿骨折的判断方法：①下肢不能活动。②骨折的地方很痛，一动更痛得受不了。③可能出现畸形，折成一个角度，腿往外扭转。④伤肢和健肢对比缩短，这是大腿骨折的一个特点。⑤有时还可能有伤口，成开放骨折。⑥重伤病人可同时有休克出现。

大腿骨折急救要点如下。

1）牵引方法。要移动伤腿，必须先牵引。牵引手法为一手先托住伤腿足跟，另一手拉住足背，顺着大腿方向（这是指伤者仰卧时的方向）牵拉伤腿，用力要大，但须缓慢，一点点地加力。这样去活动伤肢，伤者就不会感到疼痛，也不会误伤断骨附近的神经、血管。如果要提起伤腿，除了一人牵引，还需要有另一人在大腿下面和小腿肚处托住，然后再提起。

2）夹板固定。先将伤腿伸直，并和健肢并拢，两肢并在一起。找4～7块三角巾（叠成宽条）或宽布条（围巾、毛巾也可以），一条放在心口处，一条放在大腿根，一条放在膝盖，一条在小腿。三角巾都要摊平，压在身子下面，两头在身子两旁外露。

找两块窄长木板条（一块较短），每块木板的一头用棉花垫（毛巾或叠好的布块）包住。长的一块塞入腋窝，短的一块塞入胯下。两块木板，正好夹住大腿的内外两面。没有两块木板夹，只要有长的一块也可以，但需多一块三角巾，把双足捆绑在一起。用几块棉花垫，塞在肢体旁和脚脖子处，以免突出的骨块相碰产生疼痛。接着，分别给每块三角巾的两头打结，以固定夹板。

3）搬运方法。找三个人，并排单腿跪地，跪在伤者同一边的身旁。一人托头和上背；一人托腰和臀部；另一人托住大腿和小腿。一齐起立，一齐放下，将伤者仰放在担架上，然后抬送至医院。

（5）小腿骨折的判断与急救

小腿骨有两根，为胫骨和腓骨，两骨同时折断比较常见。外力打击，从高处跌下时脚着地，或者脚着地后猛力一扭，都会导致小腿骨折。

小腿骨折的判断方法：①脚往外扭。②受伤后的小腿比好的小腿缩短。③伤处肿、痛、不能活动。

小腿骨折急救的要点如下。

1）牵引方法与大腿骨折相同。

2）夹板固定的做法，找一块长木板条，一面垫上棉花或衣服，外缠布条，用来贴在伤腿的外方或下方，夹板的一头到大腿上部，另一头到足跟。用四条三角巾分别放在大腿，膝盖上、下方，脚脖子上方，连腿带夹板一齐扎紧。固定时注意固定带放置的位置，一在脚脖子，另在膝关节的上下各放一条；再在大腿根处放一条，一共四条。夹板外面要用布块或软毯裹住。

3）如用两块夹板夹住伤肢的内外两面（板和腿之间，一定要垫好棉片或布块），这种固定方法更牢靠，更结实。

4）病人不能自己行走，应该仰卧在担架上，运送至医院。

2. 脊椎骨折后的处置与急救

脊椎管内有脊髓，如有损伤常引起截瘫。判断是否为脊柱骨折，主要看人员是否有如下经历：①从高空摔下，臀或四肢先着地。②重物从高空直接砸压在头或肩部。③暴力直接冲击在脊柱上。④正处于弯腰弓背时受到挤压力。⑤背腰部的脊椎有压痛、肿胀，或有隆起、畸形。⑥双下肢麻木，活动无力或不能活动。

通过询问病人与检查，如果有前4条中的一条，再加第⑤、第⑥条即考虑有脊椎骨折的可能性，应按照脊柱骨折要求进行急救。

脊柱骨折时急救方法如下。

1）如伤者仍被瓦砾、土方等压住时，不要硬拉强拽暴露在外面的肢体，以防加重血管、脊髓、骨折的损伤，应立即将压在伤者身上的东西搬掉。脊柱骨折时常伴有颈、腰椎骨折。

2）颈椎骨折时要用衣物、枕头挤在伤者头颈两侧，使其固定不动。

3）如腰椎脊柱骨折，使伤者平卧在硬板上，身体两侧用枕头、砖头、衣物塞紧，固定脊柱为正直位；搬运时需三人同时工作，具体做法是三人都蹲在伤者的一侧，一人托背，一人托腰臀，一人托下肢，协同动作，将病人仰卧位放在硬板担架上，腰部用衣褥垫起。

4）身体创口部分进行包扎，冲洗创口，止血，包扎。

需要注意的事项有：

1）完全或不完全骨折损伤，均应在现场做好固定且防止并发症，特别要采取最快方式送往医院，在护送途中应严密观察。

2）疑似脊柱骨折、脊髓损伤时立即按脊柱骨折要求急救。

3）运送中用硬板床、担架、门板，不能用软床。禁止1人抱、背，几人抬等方式，防止加重脊柱、脊髓损伤。

4）搬运时让伤者两下肢靠拢，两上肢贴于腰侧，并保持伤者的体位为直线。胸、腰、腹部损伤时，在搬运中，腰部要垫小枕头或衣物。

3. 肋骨骨折后的处置与急救

肋骨骨折在许多伤害中是常见的一种骨折，要观察伤者是否有下列症状：①神志是否清醒，口鼻内有无血、泥沙、痰等异物堵塞。②前后胸有无破口。③是否呼吸困难。④是否有血胸和气胸。

判断肋骨骨折的方法如下。

1）简单肋骨骨折。只有肋骨骨折，胸部无伤口，局部有疼痛，呼吸急促，皮肤有血肿。

2）多发性肋骨骨折。多发性肋骨骨折，吸气时胸廓下陷。胸部多有创口，剧痛，呼吸困难。这种骨折常并发血胸和气胸，抢救不及时会很快死亡。

肋骨骨折的抢救方法如下。

1）如果是简单肋骨骨折，急救应做的处理是固定胸部。准备宽 7～8 cm、长约病人胸围 3/4 的橡皮膏三四条，请病人尽量呼气，呼到不能再呼时憋住。急救者迅速将橡皮膏从下胸粘起，将一条橡皮膏从健侧（即非骨折的一边）后背肩胛骨下方粘住一头，将橡皮膏拉紧，顺着胸廓转到健侧乳头附近。这时，可让病人呼吸几口气，再次尽力呼气后憋住，而后将下一条橡皮膏自下而上地粘贴，下一条橡皮膏应压住上一条橡皮膏 2～3 cm。这样，健肺吸气时不致过分膨大，伤侧的肋骨也不致有太大活动。橡皮膏经过 2～3 周之后可以去掉。

2）多发性骨折用宽布或宽胶布围绕胸腔半径固定住即可，防止再受伤害，并速请医生处理。

3）有条件时吸氧。

4）遇气胸时，急救处理后速送医院。

4. 关节脱位的处置与急救

关节不在原来的位置，脱出关节位置之外，这就是关节脱位。

脱位的关节可能受损，韧带可能不稳定，周围肌肉也有可能受伤撕裂，很可能同时出血。出血刺激附近的肌肉，肌肉会收缩起来，伤者会有疼痛。

判断关节脱位的方法：①受过外伤。②从关节外形能看出畸形。有时候能摸到脱出的关节头，或者空虚的关节腔；伤肢也可能变长或缩短。③关节不能正常活动，或者只能活动一点点，甚至出现特殊姿势。④伤处肿、痛。

关节脱位的复位方法如下。

1）下颌关节脱位（掉下巴）的复位方法有两种：一是伤者坐好，头和背紧靠着墙。头放正、直立。面向伤者，先找出下颧骨喙突。喙突，是下颌骨垂直部位顶端靠前的一个突起，位于颧骨的下方（稍靠外）。正常人开口或闭口，都能在这个部位感到它的活动。急救者的双手拇指分别在两侧的喙突前面，其余四指指头分别放在下颌骨下缘左右侧。拇指适当用力向后推压（并带点稍稍向下的力）；同时，其余四指用力将下巴往上托起，脱位就能复入原位。二是伤者坐下、头后仰，靠在墙上，全身放松。急救者站在伤者面前，两手拇指用手帕或纱布缠裹，伸入伤者嘴内放在下面最后的臼齿（大牙）上；其余四指在外托住下颌角和下颌下缘。拇指下压，并有向后推的力量。就在下压、后推的同时，四指配合向上托，整个手的活动成为一个向下、向后、向上的弧形（半圆形）动作，听到“咯吧”一声，复位成功。复位后，用三角巾或绷带将下巴连关节兜住，吃饭时可摘下。需一周左右，即可痊愈，在这期间不可大笑，不能咬嚼硬物，以免形成习惯性脱位。

2）小儿桡骨小头半脱位。5岁以下的孩子，如果大人向上拉他的手（如提孩子走上石阶）或行走时跌倒、穿衣不慎，都能使韧带撕裂，桡骨小头从关节囊滑出，这就构成了桡骨小头脱位。

判断方法：①有牵拉或跌倒的意外。②伤肢不能活动，也不让别人去触碰。③孩子往往上肢微屈，前臂略转向前。只要前臂一转动，就会疼痛。

急救时，用一手握住孩子的手腕，另一手拇指向后、向内压迫桡骨小头，逐渐屈曲肘弯，将前臂略做牵引，并做前后旋转，这里可听到轻微的弹响，疼痛也随之消失，说明整复成功。整复后，用布条将肘挂在伤者胸前，3天后可以去掉。

三、踩踏和挤压伤的应急与处置

1. 踩踏伤的应急处置与急救

（1）踩踏伤的发生因素

1）踩踏致伤通常发生于空间有限、人群相对集中的公共场所，如足球场等体育场馆、灯会等娱乐活动场所、室内通道或楼梯、影院、酒吧、夜总会、宗教朝圣的仪式上、彩票销售点、超载的车辆、航行的轮船中等。这些场所本身都隐藏着潜在的危险因素，极易造成人群骚动，秩序混乱，人流拥挤，一旦有人跌倒，容易被其他人踩踏致伤。例如，2004年元宵节，北京密云举办灯会，因人流拥挤导致踩踏事故，造成37人死亡。再如2010年11月29日，新疆阿克苏市第五小学学生下楼至楼梯口时发生拥挤，导致发生踩踏事件，造成123名学生入院救治。其中1人因脏器严重受损报病危，有6人重伤，另有34人为轻伤。

2）踩踏事件易发地形包括拱形桥、楼梯拐角、光线不良的狭窄通道、复杂地形等。

3）踩踏伤大多源于事故或突发事件，不管是自然灾害还是事故灾难，往往造成大批的人员伤亡。在现场，人们一个叠一个跌倒挤压受伤，跌倒的人无力站起来而加重损伤。有时人群像叠罗汉一样，有数层高，被压在最下面的人伤亡最严重。

（2）踩踏伤的伤害特点

踩踏伤的伤情与受到踩踏用力的部位有关。实际上，踩踏伤造成的内伤比外伤多。很多伤员表面并无伤口，但是内伤很重，发生昏迷、呼吸困难、窒息等严重情况，生命危在旦夕。

1）胸部受到踩压，伤者发生窒息，空气不能由肺内排出，胸腔压力骤然升高，引起上半身毛细血管扩张破裂，造成头面部、颈部、肩部、上胸部皮肤点状出血，如同玫瑰疹子一样。胸部受踩踏后，可合并肋骨骨折、气胸、血胸、心脏或肺挫伤，导致呼吸突然停止死亡。

2）头面部受到踩踏，颈部皮肤大片紫红斑，肩部、上胸部针尖大小皮下出血点，皮下瘀斑，可能引起眼结膜出血，耳鼻出血、耳鸣或鼓膜穿孔引起耳聋，还可能引起视力减退、失明。

（3）踩踏伤的预防与避险

1）组织大型集会时，组织者要做好应急准备，制定紧急应对措施，必要时限制人流，杜绝踩踏事件发生。

2）中小学校因学生集中流动且年龄小，遇上易发因素就极易发生踩踏事件，所以应该利用各种形式，有针对性地进行宣传教育，杜绝类似事件的发生。

3）公共场所如果发生人群骚动，秩序混乱，应有人立即组织疏散引导，组成“人墙”，有序疏散，并维持秩序。

4）已被裹挟到拥挤的人群中时，切记应与大多数人的前进方向保持一致，不要试图超过别人，更不要逆行，避免被绊倒。在人流中行走脚下要敏感些，千万不能被绊倒，遇到台阶或楼梯时，尽量抓住扶手，防止跌倒，避免自己成为踩踏事件的诱发因素。

5）发生火灾、地震等灾难时不能盲目地随人流奔跑逃生，以免被挤压踩踏致伤。在人群中，遇到混乱局面，个人应尽量避开人群，向人流少或不同的方向疏散。此时，可用两肘撑开平放在胸前，形成一定的空间，以此保护胸部的肺、心脏不遭挤压。

6）如果被推倒或已被挤压在地，又无法站起来，一旦人群从身上踩踏而过，是最危险的。这时应设法靠近墙壁，身体蜷成球状，双手在颈后抱住后脑勺，双肘撑地，使胸部稍稍离开地面，即使肘部磨破出血，也不改变姿势。如有可能，最好抓住一件牢靠的物体。面对混乱的场面，良好的心理素质是顺利逃生的重要因素，争取做到遇事不慌，否则大家都争先恐后往外逃的话，可能会加剧危险，甚至出现谁都逃不出来的严重后果。

7）发现前面有人跌倒，应马上停下脚步，同时大声呼救，尽快让后面的人知道前面发生什么事情，否则后面的人群继续向前拥挤，非常容易发生拥挤踩踏事故。同时，要及时采取保护已倒下人的措施：由一人或几人迅速组成保护区或“人墙”，围住跌倒的人，使其立即站起来，以免踩踏致伤。

8）当带着孩子遭遇拥挤的人群，最好抱起孩子，避免在混乱中受伤。在历次的踩踏事件中，儿童妇女被伤害的比例都很高。

（4）踩踏伤现场急救原则

1）发生踩踏的群体伤害，应立即向“120”急救中心报告并向政府部门报告，以便展开有效的现场急救。

2）要保证现场环境安全，在维持好秩序的情况下开展急救。因为在踩踏伤的现场，人压人，人挤人，要想救人存在极大的困难。出现大量人员伤亡时，应先救重伤员。

3）现场急救时，一般不应随便移动伤员，而是就地评估伤势进行现场急救。但是在踩踏事件现场，人群挤压在一起，不利于评估伤势和进行急救。因此，要首先解除挤压，即要把压在上面的伤员移开。这时，就要注意在移动伤员的过程中一定要防止伤员的伤势加重。搬运时，对于疑似颈椎损伤的伤者，应注意保持头颈与躯体的中立位，不要使颈部扭曲和屈曲。

4）对于踩踏伤来说，最重要的是窒息和呼吸停止的急救。其具体做法是：把伤员从危险中解救到相对安全的地方后，立即检查有无意识反应，即大声叫喊并拍打伤者肩膀，同时观察有无呼吸。如果无意识反应，说明伤势严重。这时，首先要帮助伤者开放呼吸道，并且使空气流通，有条件的话，可给予及时的吸氧。如果既无意识反应又无呼吸，说明已死亡，应立即进行现场心肺复苏。先进行胸外心脏按压，然后进行口对口人工呼吸，坚持做下去，直到交给医务人员为止。

5）对于存活的伤员，初步检查伤势，进行止血、包扎、固定。胸部外伤导致呼吸困难或反常呼吸的伤者，往往是多处多段肋骨骨折。此时，可用毛巾、三角巾等包扎胸部进行临时固定，尽快送往医院处理。

2. 挤压伤的应急处置与急救

挤压伤是由挤压造成的直接损伤，是指人体肌肉丰富的部位如四肢、躯干遭受重物长时间的挤压而造成的以肌肉伤为主的软组织损伤。遭受挤压后，通常受压的肌肉组织会大量变性、坏死、组织间隙渗出、水肿，表现为局部肿胀、感觉麻木、运动障碍。挤压伤可以引起以肌红蛋白尿、肌红蛋白血症、高血钾症和急性肾衰竭为特征的挤压综合征。挤压综合征救治不及时、不适当，可能导致突然死亡。

挤压伤的发生，主要是由于自然灾害（例如地震）、工矿生产事故、建筑物倒塌等情况导致的损伤。

（1）挤压伤发生因素

1）地震、塌方、车祸、爆炸等事故灾难造成的埋压、挤压、爆炸冲击均可造成挤压伤。

2）手、足被砖石、门窗、机器等暴力挤压而受伤。

3）人群自身拥挤、踩踏造成伤害。

4）长时间固定体位，如无意识的伤员长时间躺卧在硬地上。

（2）挤压伤的伤害特点

1）心脏骤停。发生意外灾难时，四肢或身体被重物挤压的时间很长（1～6 h或以上）。

比如地震伤员被压埋在废墟下，肢体尤其是下肢被砖瓦等压迫，起到止血带的作用，当被救出时，肢体的压迫一旦解除，血液迅速进入已经没有生命的组织，同时，血液带走了坏死肌肉富含的钾离子，从而造成高血钾，引起心律失常甚至心脏骤停。

2）伤肢组织坏死。被压肢体可能是开放性损伤甚至骨折，也可能没有伤口，表面多有压痕和皮肤擦伤。初期伤肢间歇麻木和异样感觉，之后肢体严重肿胀，肢体深部广泛剧烈地疼痛，逐渐加重，并向手足端放射。皮肤紧张、发亮，触诊较硬。受压部位或其远端可能出现片状红斑、皮下瘀血，皮肤颜色发青、发黑或发紫，有水泡形成，压痛明显。指（趾）甲下血肿呈黑紫色。远端脉搏减弱或消失，肢体活动受限。

3）内出血与内脏损伤。挤压伤常常伤及内脏，造成胸部外伤导致肋骨骨折、血气胸、肺损伤，腹部外伤导致胃出血及肝脾破裂大量内出血。

4）休克。挤压伤强烈的神经刺激、广泛的组织破坏以及大量的失血，可能迅速产生休克，而且不断加重。休克表现为四肢湿冷、头晕、心慌、血压降低、神志淡漠逐渐昏迷、呼吸加快等，特点是病情重、变化快。部分伤员因早期可能不表现休克，或休克期短而未被发现容易延误救治。

（3）预防挤压伤和挤压综合征

1）应尽量缩短解救时间，尽快解除肢体和身体的压迫。

2）当肢体受压时间超过 1 h 时，解除压迫前应先准备好预防措施：在受压肢体的近端扎止血带，防止血液对坏死组织的再灌注。

3）对营救出的伤员进行初步检查，对检查出内出血、休克的伤员，要优先处理。很多伤员被成功地从事故现场的废墟下或毁损的车辆中营救出来后，表面看上去，情况还不错，伤情看上去比明显有外伤的伤员症状要轻，所以往往不被重视，直到他们突然血压下降并发生休克时才被发现，他们是比骨折更危重的由重压造成肝脾等内脏受伤而导致内出血的伤者。

4）为预防挤压综合征，伤员可服用碱性饮料。对于不能饮水者，可用5%碳酸氢钠静脉点滴代替。

（4）挤压伤现场急救

1）尽快解除事故现场中压迫的重物，解除压迫后，立即采取伤肢制动，以减少组织分解毒素的吸收及减轻疼痛，尤其对尚能行动的伤员要说明立即进行活动的危险性。如果致压物难以移除，应对伤者现场补液，以稀释毒素，预防休克，对于没有输液条件的，可让患者饮用碱性饮料，以保护肾脏功能。

2）被困者一旦从废墟中被解救出来，首先要进行生命体征的检查，以及检查有无开放性外伤，并应根据现场条件进行初步处理。在检查时，先大声呼喊、拍打双肩，评估伤者的意识反应，观察伤者呼吸情况，气道是否通畅、有无呼吸、呼吸有无异常，通过脉搏评估血液循环，确定是否有休克的征兆，及早检查出内出血。

3）要让伤肢尽量暴露在凉爽空气中，或用冷水或冰块冷敷受伤部位，以降低组织代谢，减少毒素吸收。伤肢禁止抬高、按摩和热敷。对于皮肤肿胀明显、张力过大的伤者，应在有条件时切开减张，防止肌肉组织坏死。

4）对于被挤压的肢体有开放性伤口出血者，应进行止血，但禁忌加压包扎和使用止血带进行止血。对于肢体肿胀严重者，注意外固定的松紧度。在转运过程中，应减少肢体活动，不管有无骨折都要用夹板固定。

5）对于挤压伤的伤者，应例行检查是否有小便排出。及早发现肌红蛋白尿（尿液呈茶褐色、红棕色）。凡受挤压超过 1 h 的伤员，一律要饮用碱性饮料，既可利尿，又可碱化尿液，避免肌红蛋白在肾小管中沉积。对于不能进食者，可用 5%碳酸氢钠 150 mL 静脉点滴。

6）挤压综合征是肢体受挤压后逐渐形成的，因此要密切观察，及时送医院，不要因为受伤当时无伤口就忽视其严重性。挤压伤综合征的治疗是复杂的，既要妥善处理好受伤肢体，又要积极治疗急性肾衰竭，两者相互结合才可能奏效。

7）密切观察伤者有无呼吸困难、脉搏微弱、血压下降的病情变化，积极防治休克，及时送医院救治。

四、爆炸伤的应急与处置

爆炸伤指由于爆炸造成的人体损伤，广义上的爆炸分化学性爆炸和物理性爆炸两类。前者主要是由炸药类化学物引起，后者由如锅炉、氧气瓶、煤气罐、高压锅等超高压气体引起。另外，局部空气中有较高浓度的粉尘，在一定条件下也能引起爆炸。

1. 爆炸伤的危害

爆炸瞬间产生的巨大能量借空气迅速向周围传播，形成高压冲击波，不仅可使爆炸作用范围内的人发生严重损伤，而且可使地面和建筑物等也受到巨大破坏，继而造成砸伤、压埋伤。

爆炸伤的特点是程度重、范围广泛且有方向性，兼有高温、钝器或锐器损伤的特点。离爆炸中心越近者，爆炸伤也越重。位于爆炸中心和其附近的人，肢体离断并被抛掷很远，严重烧伤，常被烧焦；离爆炸中心稍远的人，主要是冲击波损伤，其特点是外轻内重，体表常仅见波浪状的挫伤和表皮剥脱，体内多发性内脏破裂、出血和骨折等，重者可见挫裂伤和撕脱伤，甚至体腔破裂。冲击波还可能将人体抛掷很远，落地时再造成坠落伤。

2. 爆炸伤的表现

根据爆炸的性质不同，其造成的伤害形式也多样，其中严重的多发伤占较大的比例。爆炸伤又可以分为爆震伤、爆烧伤、爆碎伤、有毒有害气体中毒、烧伤以及心理创伤等。

爆震伤又称为冲击伤，发生在距爆炸中心 0.5～1.0 m 范围内，是爆炸伤害中最为严重的一种损伤。爆震伤的受伤原理：爆炸物在爆炸的瞬间产生高速高压，形成冲击波，作用于人体形成冲击伤。冲击波比正常大气压大若干倍，作用于人体会造成全身多个器官损伤，同时又因高速气流形成的动压，使人跌倒受伤，甚至造成肢体断离。

常见的爆震伤：①听器冲击伤，发生率为 3.1%～55%，伤后感觉耳鸣、耳聋、耳痛、头痛、眩晕。②肺冲击伤，发生率为 8.2%～47%，伤后出现胸闷、胸痛、咯血、呼吸困难、窒息。③腹部冲击伤，伤后表现腹痛、恶心、呕吐、肝脾破裂大出血导致休克。④颅脑冲击伤，伤后神志不清或嗜睡、失眠、记忆力下降，伴有剧烈头痛、呕吐、呼吸不规则。

爆烧伤实质上是烧伤和冲击伤的复合伤，发生在距爆炸中心 1～2 m 范围内，由爆炸时产生的高温气体和火焰造成。严重程度取决于烧伤的程度。

爆碎伤是指爆炸物爆炸后直接作用于人体或由于人体靠近爆炸中心，造成人体组织破裂、内脏破裂、肢体破裂、血肉横飞，失去完整形态。甚至还有一些是由于爆炸物穿透体腔，形成穿通伤，导致大出血、严重骨折。

有毒有害气体中毒是指爆炸后的烟雾及有害气体会造成人体中毒。常见的有毒有害气体为一氧化碳、二氧化碳、氮氧化合物等。

心理创伤是指爆炸伤害通常导致伤亡人数众多，现场的惨状易对人群造成很大心理创伤。

3. 爆炸伤的现场急救原则

（1）爆炸伤多为突发事件，伤亡人数众多。事件发生后，需要迅速报警，并且拨打紧急救助电话，对伤员进行救治，同时维持现场的秩序。

（2）医疗急救对短时间发生大量伤员的现场急救原则是：先救命、后治伤，先救重伤、后救轻伤，先救有救治希望的。有效地利用急救资源，尽快将重伤员送医院进行手术、输血等确定性的治疗。

（3）将伤者尽快转移到安全区，需要注意，如果伤者面色苍白、脉搏细弱，四肢发凉，烧伤面积在 30%以上，判断已处在休克时，不要用冷水冲洗。对于呼吸道烧伤易发生窒息，要高度警惕。注意清除呼吸道的异物，保持呼吸道通畅。一旦发生窒息或呼吸停止，立即进行心肺复苏，并尽快送往医院进一步治疗。还要注意：不要给感觉口渴伤员喝水，可用湿布或棉球湿润口唇；烧伤创面上切忌使用紫药水、消毒药膏甚至酱油等涂抹，以免掩盖烧伤的程度，不利于治疗；搬运伤员时动作应轻柔，行进要平稳，并随时观察伤员情况，对途中发生呼吸、心跳停止者，应就地抢救。

（4）爆炸伤伤口的处理原则：尽量保存皮损、肢体，包括离断的肢体，为后期修复、愈合打下基础，最大限度地避免伤残和减轻伤残。颅脑外伤有耳鼻流血者不要堵塞，胸部有伤口随呼吸出现血样泡沫时，应尽快封住伤口。腹部内脏流出时不要将其送回去，而要用湿的消毒无菌的敷料覆盖后用碗等容器罩住保护，免受挤压，尽快送医院处理。

（5）爆炸现场尤其要注意防护有毒有害气体。防护好眼睛、呼吸道和皮肤等有毒有害气体进入的途径，穿戴护目镜、头盔、口罩、手套、靴子、防护服等，有条件的救援队员应穿戴专业的防护装备，如带供氧装置的防护服。脱离现场后脱去染毒服装，及时进行洗消，包括冲洗眼睛、全身淋浴。对已发生气体中毒的人员，应快速转移到安全的地点进行急救。如果判断呼吸停止，立即进行心肺复苏。已经意识不清的伤者，要注意保持呼吸道的通畅，可以采用仰头提颏法开放呼吸道，但如果是坠落伤或头背部受伤，则要注意保护颈椎，谨慎使用这个手法。

五、急性中毒人员的应急与救护

某种物质进入人体后，通过生物化学或生物物理作用，使组织产生功能紊乱或结构损害，引起机体病变称为中毒。能导致中毒的物质称为毒物，但毒物的概念是相对的，治疗药物在过极量时可产生毒性作用，而某些毒物在小剂量时有一定治疗作用。一般把较小剂量就能危害人体的物质称为毒物。一定毒物在短时间内突然进入机体，产生一系列的病理生理变化，甚至危及生命称为急性中毒。

毒物的吸收途径有：①消化道吸收。口服、灌肠、灌胃等最常见，主要通过小肠吸收。②呼吸道吸收。吸入物呈气态、雾状，如一氧化碳、硫化氢、雾状农药等。③皮肤、黏膜吸收。皮肤可吸收有机磷（喷洒农药）、乙醚等，黏膜可吸收砷化合物。④血液直接吸收。注射、毒蛇、狂犬咬伤等。

1. 急救原则与要点

急性中毒者病情急，损害严重，需要紧急处理。因此，急性中毒的急救原则应突出以下四个字，即“快”“稳”“准”“动”。“快”即迅速，分秒必争；“稳”即沉着、镇静、果断；“准”即判断准确，不要采用错误方法急救；“动”即动态观察，判断出现的症状，所用措施是否对症。

一般应从以下四个方面进行分析判断。

（1）根据事故现场的情况。应该根据事故的性质、程度、毒物的种类和毒性等现场情

况，分析可能致伤致病原因。

（2）根据伤病员的临床表现。迅速准确地对病人进行检查与询问，根据伤病员临床症状和体征来分析判断。

（3）根据现场可能的检查、化验和监测资料。有条件时可通过如流动的X射线检查及常规化验服务车进行检查、化验；通过空测仪器设备对空气毒物浓度及氧含量进行监测分析，为现场诊断提供依据。

（4）做好与其他疾病的鉴别。在原因不明、诊断不清的情况下，应认真做好与其他疾病的鉴别，特别是急性化学中毒与其他内科疾患及其他类毒物中毒的鉴别，以免误诊，造成抢救的延误和失效。

2. 现场急救的一般救治原则

（1）立即解除致病原因，脱离事故现场。

（2）置神志不清的病员于侧卧位，防止气道梗阻，缺氧者给予氧气吸入，呼吸停止者立即施行人工呼吸；心跳停止者立即施行胸外心脏按压。

（3）皮肤烧伤应尽快清洁创面，并用清洁或已消毒的纱布保护好创面，酸、碱及其他化学物质烧伤者用大量流动清水和足够时间（一般 20 min）进行冲洗后再进一步处置，禁止在创面上涂敷消炎粉、油膏类；眼睛灼伤后要优先彻底冲洗。

（4）如严重中毒应立即在现场实施病因治疗及相应对症，支持治疗；一般中毒病员要平坐或平卧休息，密切观察监护，随时注意病情的变化。

（5）骨折，特别是脊柱骨折时，在没有正确的固定的情况下，除止血外应尽量少动伤员，以免加重损伤。

（6）切勿随意给伤病员饮食，以免呕吐物误入气管内。

（7）置患者于空气新鲜、安全清静的环境中。

（8）防止休克，特别是要注意保护心肝脑肺肾等重要器官功能。

3. 急性中毒人员现场救治要点

（1）将患者移离中毒现场，至空气新鲜场所给予吸氧，脱除污染的衣物，用流动清水及时冲洗皮肤，对于可能引起化学性烧伤或能经皮肤吸收中毒的毒物更要充分冲洗，时间一般不少于 20 min，并考虑选择适当中和剂中和处理；眼睛有毒物溅入或引起灼伤时要优先迅速冲洗。

（2）保护呼吸道通畅，防止梗阻。密切观察患者意识、瞳孔、血压、呼吸、脉搏等生命体征，发现异常立即处理。

（3）中止毒物的继续吸收。皮肤污染时要用足够的水冲洗或用中和液冲洗，经口食入而中毒的，如毒物为非腐蚀性者，立即用催吐或洗胃以及导泻的办法使毒物尽快排出体外。但腐蚀性毒物中毒时，一般不提倡用催吐与洗胃的方法。

（4）尽快排出或中和已吸收入人体内的毒物，解除或对抗毒物毒性。通过输液、利尿、加快代谢、排毒剂和解毒剂清除已吸收人体内的毒物。排毒剂主要指综合剂，解毒剂指能解除毒作用的特效药物。

（5）对症治疗，支持治疗。保护重要器官功能，维持酸碱平衡，防止水电解质紊乱，防止继发感染以及并发症和后遗症。

4. 急性中毒人员现场救治注意事项

（1）急性化学中毒现场救治非常重要，处理恰当可阻断或减轻中毒病变的发展；反之，则可能加重或诱发严重病变。一些刺激性气体中毒，如早期安静休息，常可避免肺水肿发生，如休息不当活动太多，精神紧张往往促使肺水肿的发生。“亲神经”毒物中毒早期必须要限制进入水量，尤其是静脉输液，如在潜伏期或中毒早期输液过多过快，可能促使发生严重脑水肿。

（2）中毒病情有时较重较快，故需密切观察，详细记录，并随时掌握主要临床表现，及时采取救治措施。治疗中还应预防继发或并发性病变，如中毒性脑病进展期应防止呼吸中抑制及脑疝形成；昏迷期应防止继发感染；恢复期患者体力精神状态都未恢复时，应防止发生其他意外（如跌伤）。

（3）抢救过程中维持水电解质和酸碱平衡非常重要，准确地记录出入水量，调整输液总量及电解质量，使机体环境保持稳定。

（4）可引起急性中毒的毒物成千上万，多种多样，有些毒物不但缺乏临床资料，即使毒理资料也缺乏，同时由于个体差异，吸入量不同或有毒物含有杂质，使中毒患者的临床表现差异较大，变化较多，在这种情况下，必须根据病情进行对症治疗。

（5）一些药物如排毒剂及解毒剂这些特殊药物，在现场急救时应抓紧时机，尽量应用，否则当毒物已造成严重器质性病变时，其疗效将明显降低；同时随病情进展，一些继发性或并发性病变可能转为主要矛盾，使特效药无法发挥作用；剂量过大，可能产生副作用，故必须结合具体情况随时调整剂量。

（6）在急性化学中毒的现场救治中，使用一些中医中药针灸等治疗方法，简单易行，方便有效，常收到意想不到的效果。

第三节　常见现场急救基本技术

1. 心肺复苏技术

急救现场对伤员进行心肺复苏非常重要。据报道，5 min内开始院外急救实施心肺复苏，8 min内进一步生命支持，存活率最高可达43%。复苏（生命支持）每延迟1 min，存活率下降3%；除颤每延迟1 min，存活率下降4%。心、肺、脑复苏简称CPR（Cardio Pulmonary Resuscitation），是当呼吸终止及心跳停顿时，合并使用人工呼吸及心外按摩来进行急救的一种技术。

（1）心肺复苏实施要领

实施心肺复苏时，首先要判断伤员呼吸、心跳，一旦判定呼吸、心跳停止，立即去除病因，进行心肺复苏。

1）开放气道。用最短的时间，先将伤员衣领口、领带、围巾等解开，戴上手套迅速清除伤员口鼻内的污泥、土块、痰、呕吐物等异物，以利于呼吸道畅通，再将气道打开。

①仰头举颌法：

a. 救护人员用一只手置于伤员的前额并稍加用力使头后仰，另一只手的食指、中指置于下颏将下颌骨上提。

b. 救护人员手指不要深压颏下软组织，以免阻塞气道。

②仰头抬颈法：

a. 救护人员用一只手放在伤员前额，向下稍加用力使头后仰，另一只手置于颈部并将颈部上托。

b. 无颈部外伤者可用此法。

③双下颌上提法：

a. 救护人员双手手指放在伤员下颌角，向上或向后方提起下颌。

b. 头保持正中位，不能使头后仰，不可左右扭动。

c. 此法适用于疑似颈椎外伤的伤员。

④手钩异物：

a. 如伤员无意识，救护人员用一只手的拇指和其他四指，握住伤员舌和下颌后掰开伤员嘴并上提下颌。

b. 救护人员另一只手的食指沿伤员口角内插入。

c. 用钩取动作，抠出固体异物。

2）口对口人工呼吸。口对口人工呼吸的主要步骤为：

①急救者将压前额手的拇、食指捏闭伤员的鼻孔，另一只手托下颌。

②将伤员口张开，急救者深呼吸，用口紧贴并包住伤员口部吹气。

③看伤员胸部起伏方为有效。

④脱离伤员口部，放松捏鼻孔的拇指、食指，看胸廓复原。

⑤感到伤员口鼻部有气呼出。

⑥连续吹气两次，使伤员肺部充分换气。

3）心脏复苏。首先判定心跳是否停止，可以摸伤员的颈动脉有无搏动，如无搏动，立即进行闭胸心脏按压。实施心肺复苏的主要步骤如下。

①用一只手的掌根按在伤员胸骨中下 1/3 段交界处。

②另一只手压在该手的手背上，双手手指均应翘起，不能平压在胸壁。

③双肘关节伸直，利用体重和肩臂力量垂直向下按压，使胸骨下陷 4 cm。

④略停顿后在原位放松，但手掌根不能离开心脏定位点。

⑤连续进行 15 次心脏按压，再口对口吹气两次，如此反复。

(2) 心肺复苏的注意事项

1）进行人工呼吸注意事项。

①人工呼吸一定要在气道开放的情况下进行。

②向伤员肺内吹气不能太急太多，仅需胸廓隆起即可，吹气量不能过大，以免引起胃扩张。

③吹气时间以占一次呼吸周期的 1/3 为宜。

2）闭胸心脏按压注意事项。

①防止并发症。复苏并发症有急性胃扩张、肋骨或胸骨骨折、肋骨软骨分离、气胸、血胸、肺损伤、肝破裂、冠状动脉刺破（心脏内注射时）、心包压塞、胃内返流物误吸或吸入性肺炎等，故要求判断准确，监测严密，处理及时，操作正规。

②闭胸心脏按压与放松时间比例和按压频率。过去认为按压时间占每一按压和放松周期的 1/3，放松占 2/3，试验研究证明，当心脏按压及放松时间各占 1/2 时，心脏射血最多，获得最大血液动力学效应。而且主张按压频率由 60～80 次/min 增加到 80～100 次/min 时，可使血压短期上升到 8～9 kPa（60～70 mmHg），有利于心脏复跳。

③闭胸心脏按压用力要均匀，不可过猛。按压和放松所需时间相等。

a. 每次按压后必须完全解除压力，胸部回到正常位置。

b. 心脏按压节律、频率不可忽快、忽慢，保持正确的按压位置。

c. 心脏按压时，观察伤员反应及面色的改变。

3）在心肺复苏中出现如下征象者可考虑终止心肺复苏工作。

①脑死亡。全脑功能丧失，不能恢复，又称不可逆昏迷。发生脑死亡即意味着生命终止，即使有心跳，也不会长久维持。即使能维持一段时间也毫无意义。所以一旦出现脑死亡即可终止抢救，以免消耗不必要的人力、物力和财力。出现下列情况可判断脑死亡：

a. 深度昏迷，对疼痛刺激无任何反应，无自主活动。

b. 自主呼吸停止。

c. 瞳孔固定。

d. 脑干反射消失，包括瞳孔对光反射，吞咽反射，头眼反射（即娃娃眼现象，将病人头部向双侧转动，眼球相对保持原来位置不动，若眼球随头部同步转动，即为反射阳性，但颈脊髓损伤者禁忌此项检查），眼前庭反射（头前屈 30°，用冰水 20～50 mL，10 s 内注入外耳道，应出现快速向灌注侧反方向的眼球震颤，双耳依次检查未见眼球震颤为反射消失）等。

e. 具备上述条件至少观察 24 h 无变化方可作出判定。

②经过正规的心肺复苏 20～30 min 后，仍无自主呼吸，瞳孔散大，对光反射消失，标志着生物学死亡，可终止抢救。

③心脏停跳 12 min 以上而没有进行任何复苏治疗者，几乎无一存活，但在低温环境中（如冰库、水库、雪地、冷水淹溺）及年轻的创伤病人虽停跳超过 12 min 仍应积极抢救。

④心跳呼吸停止 30 min 以上，肛温接近室温，出现尸斑，可停止抢救。

4）心肺复苏效果主要看以下五个方面。

①颈动脉搏动。闭胸心脏按压有效时可随每次按压触及一次颈动脉搏动，测血压为 5.3/8 kPa（40/60 mmHg）以上，说明闭胸心脏按压方法正确。若停止按压，脉搏仍然搏动，说明病人自主心跳已恢复。

②面色转红润。复苏有效时病人面色、口唇、皮肤颜色由苍白或紫绀转为红润。

③意识渐渐恢复。复苏有效时，病人昏迷变浅，眼球活动，出现挣扎，或给予强刺激后出现保护性反射动作，甚至手足开始活动，肌张力增强。

④出现自主呼吸。应注意观察，有时很微弱的自主呼吸不足以满足肌体供氧需要，如果不进行人工呼吸，则可能很快又停止呼吸。

⑤瞳孔变小。复苏有效时，扩大的瞳孔变小，并出现对光反射。

2. 现场止血

外伤出血分为内出血和外出血。内出血主要到医院救治，外出血是现场急救的重点。理论上将出血分为动脉出血、静脉出血、毛细血管出血。动脉出血时血色鲜红，有搏动，量多，速度快；静脉出血时血色暗红，缓慢流出；毛细血管出血时，血色鲜红，慢慢渗出。若当时能鉴别，对选择止血方法有重要价值。但有时受现场的光线等条件的限制，往往难以区分。

常用的现场止血方法有五种，使用时要根据具体情况选择其中的一种，也可以把几种止血方法结合一起应用，以达到最快、最有效、最安全的止血目的。

(1) 指压动脉止血法

这种方法适用于头部和四肢某些部位的大出血。方法为用手指压迫伤口近心端动脉，将动脉压向深部的骨头，阻断血液流通。这是一种不需要任何器械、简便、有效的止血方法，但因为止血时间短暂，常需要与其他方法结合进行。

1) 头面部指压动脉止血法。

①指压颞浅动脉，适用于一侧头顶、额部、颞部的外伤大出血。在伤侧耳前，用一只手的拇指对准下颌关节压迫颞浅动脉，另一只手固定伤员头部。

②指压面动脉，适用于面部外伤大出血。用一只手的拇指和食指或拇指和中指分别压迫双侧下颌角前约 1 cm 的凹陷处，阻断面动脉血流。

③指压耳后动脉，适用于一侧耳后外伤大出血。用一只手的拇指压迫伤侧耳后乳突下凹陷处，阻断耳后动脉血流，另一只手固定伤员头部。

④指压枕动脉，适用于一侧头后枕骨附近外伤大出血。用一只手的四指压迫耳后与枕骨粗隆之间的凹陷处，阻断枕动脉的血流，另一只手固定伤员头部。

2) 指压四肢动脉止血法。

①指压肱动脉，适用于一侧肘关节以下部位的外伤大出血。用一只手的拇指压迫上臂中段内侧，阻断肱动脉血流，另一只手固定伤员手臂。

②指压桡、尺动脉，适用于手部大出血。双手拇指分别压迫伤侧手腕两侧的桡动脉和尺动脉，阻断血流。因为桡动脉和尺动脉在手掌部有广泛吻合支，所以必须同时压迫双侧。

③指压指（趾）动脉，适用于手指（脚趾）大出血。用拇指和食指分别压迫手指（脚趾）两侧的动脉，阻断血流。

④指压股动脉，适用于一侧下肢的大出血。两手的拇指用力压迫伤肢腹股沟中点稍下方的股动脉，阻断股动脉血流，伤员应该处于坐位或卧位。

⑤指压胫前、后动脉，适用于一侧脚的大出血。用两手的拇指和食指分别压迫伤脚足背中部搏动的胫前动脉及足跟与内踝之间的胫后动脉。

(2) 直接压迫止血法

适用于较小伤口的出血。用无菌纱布直接压迫伤口处，时间约 10 min。

(3) 加压包扎止血法

适用于各种伤口，是一种比较可靠的非手术止血法。先用无菌纱布覆盖压迫伤口，再用三角巾或绷带用力包扎，包扎范围应该比伤口稍大。这是一种目前最常用的止血方法，在没有无菌纱布时，可使用消毒巾或餐巾等代替。

(4) 填塞止血法

适用于较大而深的伤口，先用镊子夹住无菌纱布塞入伤口内，如一块纱布止不住出血，可再加纱布，最后用绷带或三角巾绕至对侧根部包扎固定。

(5) 止血带止血法

止血带止血法只适用于四肢大出血，其他止血法不能止血时才用此法。止血带有橡皮止血带（橡皮条和橡皮带）、气性止血带（如血压计袖带）和布制止血带，其操作方法各不相同。

1）橡皮止血带止血法。左手在离带端约 10 cm 处由拇指、食指和中指紧握，使手背向下放在扎止血带的部位，右手持带中段绕伤肢一圈半，然后把止血带塞入左手的食指与中指之间，左手的食指与中指紧夹一段止血带向下牵拉，使之成为一个活结，外观呈 A 形。

2）布制止血带止血法。将三角巾折成带状或将其他布带绕伤肢一圈打个蝴蝶结；取一根小棒穿在布带圈内，提起小棒拉紧，将小棒依顺时针方向绞紧，将绞棒一端插入蝴蝶结环内，最后拉紧活结并与另一头打结固定。

3）气性止血带止血法。常使用血压计袖带，操作方法比较简单，只要把袖带绕在扎止血带的部位，然后打气至伤口停止出血。

使用止血带的注意事项如下。

1）部位。上臂外伤大出血应扎在上臂上 1/3 处，前臂或手大出血应扎在上臂下端，不能扎在上臂的中 1/3 处，因该处神经走行贴近肱骨，易被损伤。下肢外伤大出血应扎在股骨中下 1/3 交界处。

2）衬垫。使用止血带的部位应该有衬垫，否则会损伤皮肤。止血带可扎在衣服外面，把衣服当衬垫。

3）松紧度。应以出血停止、远端摸不到脉搏为合适。过松达不到止血目的，过紧会损伤组织。

4）时间。一般不应超过 5 h，原则上每小时要放松 1 次，放松时间为 1～2 min。

5）标记。使用止血带者应有明显标记贴在前额或胸前易发现部位，写明绑扎时间。如立即送往医院，可以不做标记。

3. 骨折固定

骨折是人们在生产、生活中常见的损伤，为了避免骨折的断端对血管、神经、肌肉及皮肤等组织的损伤，减轻伤员的痛苦，以及便于搬动与转运伤员，凡发生骨折或怀疑有骨折的伤员，均必须在现场立即采取骨折临时固定的措施。常用的骨折固定方法有以下几种。

(1) 肱骨（上臂）骨折固定法

1）夹板固定法。用两块夹板分别放在上臂内外两侧（如果只有一块夹板，则放在上臂外侧），用绷带或三角巾等将上下两端固定。肘关节弯曲90°，前臂用小悬臂带悬吊。

2）无夹板固定法。将三角巾折叠成10～15 cm宽的条带，其中央正对骨折处，将上臂固定在躯干上，于对侧腋下打结。屈肘90°，再用小悬臂带将前臂悬吊于胸前。

（2）尺、桡骨（前臂）骨折固定法

1）夹板固定法。用两块长度超过肘关节至手心的夹板分别放在前臂的内外侧（如果只有一块夹板，则放在前臂外侧），并在手心放好衬垫让伤员握好，以使腕关节稍向背屈，再固定夹板上下两端。屈肘90°，用大悬臂带悬吊，手略高于肘。

2）无夹板固定法。使用大悬臂带、三角巾固定。用大悬臂带将骨折的前臂悬吊于胸前，手略高于肘。再用一条三角巾将上臂带一起固定于胸部，在健侧腋下打结。

（3）股骨（大腿）骨折固定法

1）夹板固定法。伤员仰卧，伤腿伸直。用两块夹板（内侧夹板长度为上至大腿根部，下过足跟；外侧夹板长度为上至腋窝，下过足跟）分别放在伤腿内、外两侧（只有一块夹板则放在伤腿外侧），并将健肢靠近伤肢，使双下肢并列，两足对齐。关节处及空隙部位均放置衬垫，用5～7条三角巾或布带先将骨折部位的上下两端固定，然后分别固定腋下、腰部、膝、踝等处。足部用三角巾“8”字固定，使足部与小腿呈直角。

2）无夹板固定法。伤员仰卧，伤腿伸直，健肢靠近伤肢，双下肢并列，两足对齐。在关节处与空隙部位之间放置衬垫，用5～7条三角巾或布条将两腿固定在一起（先固定骨折部位的上、下两端）。足部用三角巾“8”字固定，使足部与小腿呈直角。

（4）脊柱骨折固定法

发生脊柱骨折时不得轻易搬动伤员。严禁一人抱头，另一个人抬脚等不协调的动作。

如伤员俯卧位时，可用“工”字夹板固定，将两横板压住竖板分别横放于两肩上及腰骶部，在脊柱的凹凸部位放置衬垫，先用三角巾或布带固定两肩，再固定腰骶部。现场处理原则是，背部受到剧烈的外伤，有颈、胸、腰椎骨折者，绝不能试图扶着让病人做一些活动，以此来判断有无损伤，一定要就地固定。

（5）头颅部骨折

头颅部位骨折，主要是保持局部的安定，在检查、搬动、转运等过程中，力求头颅部不受到新的外界的影响而加重局部损伤。具体做法是，伤员静卧，头部可稍垫高，头颅部两侧放两个较大的、硬实的枕头或沙袋等物将其固定住，以免搬动、转运时局部晃动。

在现场进行骨折固定时，应注意以下事项。

1）如果是开放性骨折，必须先止血、再包扎、最后再进行骨折固定，此顺序绝不可颠倒。

2）下肢或脊柱骨折，应就地固定，尽量不要移动伤员。

3）四肢骨折固定时，应先固定骨折的近端，后固定骨折的远端。如固定顺序相反，可

能导致骨折再度移位。夹板必须扶托整个伤肢，骨折上下两端的关节均必须固定住。绷带、三角巾不要绑扎在骨折处。

4）夹板等固定材料不能与皮肤直接接触，要用棉垫、衣物等柔软物垫好，尤其骨突部位及夹板两端更要垫好。

5）固定四肢骨折时应露出指（趾）端，以便随时观察血液循环情况，如有苍白、绀紫、发冷、麻木等表现，应立即松开重新固定，以免造成肢体缺血、坏死。

4. 伤口包扎

包扎的目的是保护伤口、减少污染、固定敷料和帮助止血。常用绷带和三角巾进行包扎。无论采用何种包扎法，均要求达到包好后固定不移动和松紧适度，并尽量注意无菌操作。

（1）绷带包扎法

绷带法有环形包扎法、螺旋形包扎法、螺旋反折包扎法、头顶双绷带包扎法、“8”字形包扎法等。包扎时要掌握好“三点一走行”，即绷带的起点、止血点、着力点（多在伤处）和行走方向的顺序，做到既牢固又不能太紧。先在创口覆盖无菌纱布，然后从伤口低处向上左右缠绕。包扎伤臂或伤腿时，要尽量设法暴露手指尖或脚趾尖，以便观察血液循环。绷带用于胸、腹、臀、会阴等部位效果不好，容易滑脱，所以一般用于四肢和头部伤。

1）环形包扎法。绷带卷放在需要包扎位置稍上方，第一圈稍斜缠绕，第二、三圈作环行缠绕，并将第一圈斜出的绷带角压于环行圈内，然后重复缠绕，最后在绷带尾端撕开，打结固定或用别针、胶布将尾部固定。

2）螺旋形包扎法。先环形包扎数圈，然后将绷带渐渐地斜旋上升缠绕，每圈盖过前圈的1/3～2/3，呈螺旋状。

3）螺旋反折包扎法。先作两圈环形固定，再作螺旋形包扎，待到渐粗处，一手拇指按住绷带上面，另一手将绷带自此点反折向下，此时绷带上缘变成下缘，后圈覆盖前圈1/3～2/3。此法主要用于粗细不等的四肢如前臂、小腿或大腿等的包扎。

4）头顶双绷带包扎法。将两条绷带连在一起，打结处包在头后部，分别经耳上向前，于额部中央交叉，然后，第一条绷带经头顶到枕部，第二条绷带反折绕回到枕部，并压住第一条绷带。第一条绷带再从枕部经头顶到额部，第二条则从枕部绕到额与第一条会合系紧。

5）“8”字形包扎法。此法适用于四肢各关节处的包扎，例如锁骨骨折的包扎。于关节上下将绷带一圈向上、一圈向下作“8”字形来回缠绕。目前已经有专门的锁骨固定带可直接使用。

绷带包扎的注意事项如下。

1）伤口上要加盖敷料，不要在伤口上应用弹力绷带。

2）不要将绷带缠绕过紧，经常检查肢体血运。

3）有绷带过紧的体征（手、足的甲床发紫，绷带缠绕肢体远心端皮肤发紫，有麻木感或感觉消失，严重者手指、足趾不能活动），应立即松开绷带，重新缠绕。

4）不要将绷带缠住手指、足趾末端，除非有损伤。

（2）三角巾包扎法

三角巾制作简单、方便，分为普通三角巾、带形三角巾和燕尾式三角巾，包扎时操作简捷，且几乎能适应全身各个部位。

1）三角巾的头面部包扎法。

①三角巾风帽式包扎法。适用于包扎头顶部和两侧面、枕部的外伤。先将消毒纱布覆盖在伤口上，将三角巾顶角打结放在前额正中，在底边的中点打结放在枕部，然后两手拉住两底角向下颌包住并交叉，再绕到颈后的枕部打结。

②三角巾帽式包扎法。先用无菌纱布覆盖伤口，然后把三角巾底边的正中点放在伤员眉间上部，顶角经头顶拉到脑后枕部，再将两底角在枕部交叉返回到额部中央打结，最后拉紧顶角并反折塞在枕部交叉处。

③三角巾面具式包扎法。适用于面部较大范围的伤口，如面部烧伤或较广泛的软组织伤。方法是把三角巾一折为二，顶角打结放在头顶正中，两手拉住底角罩住面部，然后两底角拉向枕部交叉，最后在前颏部打结。在眼、鼻和口处提起三角巾剪成小孔。

④单眼三角巾包扎法。将三角巾折成带状，其上 1/3 处盖住伤眼，下 2/3 从耳下端绕经枕部向健侧耳上额部并压住上端带巾，再绕经伤侧耳上、枕部至健侧耳上与带巾另一端在健耳上打结固定。

⑤双眼三角巾包扎法。将无菌纱布覆盖在伤眼上，用带形三角巾从头后部拉向前从眼部交叉，再绕向枕下部打结固定。

⑥下颌、耳部、前额或颞部小范围伤口三角巾包扎法。先将无菌纱布覆盖在伤部，将带形三角巾放在下颌处，两手持带巾两底角经双耳分别向上提，长的一端绕头顶与短的一端在颞部交叉，然后将短端经枕部、对侧耳上至颞侧与长端打结固定。

2）胸背部三角巾包扎法。三角巾底边向下，绕过胸部以后在背后打结，其顶角放在伤侧肩上，系带穿过三角巾底边并打结固定。如为背部受伤，包扎方向相同，只要在前后面交换位置即可。若为锁骨骨折，则用两条带形三角巾分别包绕两个肩关节，在后背打结固定，再将三角巾的底角向背后拉紧，在两肩过渡后张的情况下在背部打结。

3）上肢三角巾包扎法。先将三角巾平铺于伤员胸前，顶角对着肘关节稍外侧，与肘部平行，屈曲伤肢，并压住三角巾，然后将三角巾下端提起，两端绕到颈后打结，顶角反折用别针扣住。

4）肩部三角巾包扎法。先将三角巾放在伤侧肩上，顶角朝下，两底角拉至对侧腋下打结，然后急救者一手持三角巾底边中点，另一手持顶角将三角巾提起拉紧，再将三角巾底边中点由前向下、向肩后包绕，最后顶角与三角巾底边中点于腋窝处打结固定。

5）腋窝三角巾包扎法。先在伤侧腋窝下垫上消毒纱布，带巾中间压住敷料，并将带巾两端向上提，于肩部交叉，并经胸背部斜向对侧腋下打结。

6）下腹及会阴部三角巾包扎法。将三角巾底边包绕腰部打结，顶角兜住会阴部在臀部打结固定。或将两条三角巾顶角打结，连接结放在病人腰部正中，上面两端围腰打结，下面两端分别缠绕两大腿根部并与相对底边打结。

7）残肢三角巾包扎法。残肢先用无菌纱布包裹，将三角巾铺平，残肢放在三角巾上，使其对着顶角，并将顶角反折覆盖残肢，再将三角巾底角交叉，绕肢打结。

5. 伤员搬运

搬运伤（病）员的方法是院外急救的重要技术之一。搬动的目的是使伤（病）员迅速脱离危险地带，纠正影响伤（病）员的病态体位，减小痛苦，减小再受伤害，安全迅速地送往理想的医院治疗，以免造成伤员残废。搬运伤（病）员的方法应根据当地、当时的器材和人力而选定。

（1）徒手搬运

1）单人搬运法。适用于伤势比较轻的伤（病）员，采取背、抱或挟持等方法。

2）双人搬运法。一人搬托双下肢，一人搬托腰部。在不影响病伤的情况下，还可用椅式、轿式和拉车式。

3）三人搬运法。对疑似胸、腰椎骨折的伤者，应由三人配合搬运。一人托住肩胛部，一人托住臀部和腰部，另一人托住两下肢，三人同时把伤员轻轻抬放到硬板担架上。

4）多人搬运法。对脊椎受伤的患者向担架上搬动时应由4～6人一起搬动，2人专管头部的牵引固定，使头部始终保持与躯干成直线的位置，维持颈部不动，另2人托住臂背，2人托住下肢，协调地将伤者平直放到担架上，并在颈、腋窝放一小枕头，头部两侧用软垫或沙袋固定。

（2）担架搬运

1）自制担架法。常在没有现成的担架而又需要担架搬运伤（病）员时，用自制担架。

①用木棍制担架。用两根长约2.5 m的木棍或竹竿绑成梯子形，中间用绳索来回绑在两长棍之中即成。

②用上衣制担架。用两根长约2.5 m的木棍或竹竿穿入两件上衣的袖筒中即成，常在没有绳索的情况下用此法。

③用椅子代担架。用两把扶手椅对接，用绳索固定对接处即成。

④其他担架的做法。

材料：两根木棍、一块毛毯或床单、较结实的长线（铁丝也可）。

方法：第一步，把木棍放在毛毯中央，毯的一边折叠，与另一边重合。第二步，毛毯重合的两边包住另一根木棍。第三步，用穿好线的针把两根木棍边的毯子缝合一条线，然后把包另一根木棍边的毯子两边也缝上，制作完成。

2）车辆搬运。车辆搬运受气候条件影响小，速度快，能及时送到医院抢救，尤其适合较长距离运送。轻者可坐在车上，重者可躺在车里的担架上。重伤患者最好用救护车转送，缺少救护车的地方，可用汽车送。上车后，胸部伤员采取半卧位，一般伤员采取仰卧位，颅脑伤员应使头偏向一侧。

车辆搬运时的注意事项如下。

①必须先急救，妥善处理后才能搬动。

②运送时尽可能不摇动伤（病）员的身体。若遇脊椎受伤者，应将其身体固定在担架上，用硬板担架搬送。切忌一人抱胸、一人搬腿的双人搬抬法，因为这样搬运易加重脊髓损伤。

③运送伤员时，随时观察呼吸、体温、出血、面色变化等情况，注意伤员姿势，给伤员保暖。

④在人员、器材未准备完好时，切忌随意搬运。

⑤不论采取上述哪种运送病人的方法，在途中都要稳妥，切忌颠簸。

第四节　本章习题集

一、填空题

1. 生产现场急救，是指在劳动生产过程中和工作场所发生的各种意外________、________、________等情况，没有医务人员时，为了防止病情恶化，减小病人痛苦和预防休克等所应采取的一种初步紧急救护措施，又称院前急救。

2. 当各种意外事故和急性中毒发生后，参与生产现场救护的人员要________，切忌惊慌失措。应尽快对中毒或受伤病人进行认真仔细地检查，确定病情。检查内容包括意识、呼吸、脉搏、血压、瞳孔是否正常，有无________、________、________、________等，是否伴有其他损伤等。

3. 急救前和急救后都要洗手，并且救护伤员的眼、口、鼻或者任何皮肤损伤处，一旦被溅上伤者的血液，应尽快________，并去医院进行处理。

4. 紧急事故发生时，须报警呼救，最常使用的是________。使用________时必须要用最精炼、准确、清楚的语言说明伤员________、伤员的________及________、________等。

5. 如伤员面色苍白或青紫，________发绀，________等，可以知道皮肤循环和氧代谢情况不佳。

6. 现场伤员分类工作是在特殊困难和紧急的情况下，________的。

7. 总体来说，事故现场急救应按照________、________和________三大步骤进行。

8. 当事故发生，发现了危重伤员，经过________和________后需要立即救护，同时立即向________或附近________的医疗部门、社区卫生单位报告，常用的急救电话为 120 或 999。

9. 伤员呼吸心跳停止后，全身肌肉松弛，口腔内的舌肌也松弛下坠可能________。采用________的方法，可使阻塞呼吸道的舌根上提，使呼吸道畅通。

10. 首批进入现场的医护人员应对灾害事故伤员及时________，做好运送前________，指定运送。

11. 颅脑外伤的应急处置最重要的是保持伤者________，不可随便搬动。

12. 骨折固定的材料：可利用各种材料制成夹板，如________、________、________等，以及用________、________等进行健肢固定。

13. 严重头部外伤应做头颅________和________以确诊。

14. 胸部伤分________和________两大类，后者以胸膜屏障完整性是否被破坏，又分为穿透性伤和非穿透性伤。

15. 任何原因导致空气进入________均造成气胸。胸部穿入性损伤，气管、支气管、食管破裂以及骨折端戳破胸膜、肺组织时，均可并发气胸。根据胸膜空气通道的情况，气胸可分为________、________和________三种。

16. 若伤者肠子露在腹外时，不要把肠子送回腹腔，应将上面的泥土等用清水或用________冲干净，清除污物，用无菌或干净白布、手巾覆盖，以免加重感染，或用饭碗、盆扣住外露肠管，再进行________。

17. 如伤者仍被瓦砾、土方等压住时，不要硬拉强拽暴露在外面的肢体，以防加重________的损伤，应立即将压在伤者身上的东西搬掉。脊柱骨折时常伴有________骨折。

18. 疑似脊柱骨折、脊髓损伤时应立即按脊柱骨折要求急救，搬运时让伤者________，________，并保持伤者的体位为直线。

19. 脱位的关节可能受损，韧带可能不稳定，周围肌肉也有可能________，很可能同时出血。出血刺激附近的肌肉，肌肉会收缩起来，病人会有________。

20. 踩踏致伤通常发生于________、________的公共场所，由于这些场所本身所存在的潜在危险因素，加之管理不善，极易造成人群骚动，秩序混乱，人流拥挤，一旦有人跌倒，就容易被其他人踩踏致伤。

21. 踩踏伤的伤情与________有关。实际上，踩踏伤造成的________比________多。

22. 发生火灾、地震等灾难时不能盲目地随人流奔跑逃生，以免被________。在人群中，遇到混乱局面，个人应________，向人流少或不同的方向疏散。

23. 发生踩踏的群体伤害，应立即向________报告并向政府部门报告，以便展开有效的现场急救。

24. 挤压伤是由挤压造成的________，是指人体肌肉丰富的部位如四肢、躯干遭受重物长时间的挤压而造成的以肌肉伤为主的________。

25. 挤压伤常常伤及________，造成________导致肋骨骨折、血气胸、肺损伤，________导致胃出血及肝脾破裂大量内出血。

26. 爆炸瞬间产生的巨大能量借空气迅速向周围传播，形成________，不仅可使爆炸________的人发生严重损伤，而且可使地面和建筑物等也受到巨大破坏，继而造成砸伤、压埋伤。

27. 有毒有害气体中毒是指爆炸后的烟雾及有害气体会造成________。常见的有毒有害气体为________、________、________等。

28. 急性中毒者病情急，损害严重，需要紧急处理。因此，急性中毒的急救原则应突出以下四个字，即"________""________""________""________"。

29. 实施心肺复苏时，首先要判断伤员________、________。

30. 心脏按压用力要均匀，不可过猛，按压和放松所需时间________。

31. 心跳呼吸停止 30 min 以上，肛温接近室温，出现尸斑，可________。

32. 外伤出血分为内出血和外出血，内出血主要到________救治，外出血是________急救的重点。

33. 指压动脉止血法是指用手指压迫________，将动脉压向深部的骨头，阻断血液流通。

34. 加压包扎止血法适用于________，是一种比较可靠的________止血法。

35. 填塞止血法适用于较大而深的伤口，先用镊子夹住无菌纱布塞入伤口内，如一块纱布止不住出血，可再加纱布，最后用________或________绕至对侧根部包扎固定。

36. 止血带止血法只适用于四肢大出血，其他止血法不能止血时才用此法。止血带有________止血带、________止血带和________止血带，其操作方法各不相同。

37. 上臂外伤大出血使用止血带应扎在________处，前臂或手大出血应扎在________，不能扎在上臂的中 1/3 处，因该处神经走行贴近肱骨，易被损伤。下肢外伤大出血应扎在________交界处。

38. 使用止血带应以________、________为合适。过松达不到止血目的，过紧会损伤组织。

39. 绷带法有________包扎法、________包扎法、________包扎法、________包扎法和________包扎法等。包扎时要掌握好“三点一走行”，即绷带的________、________、________（多在伤处）和行走方向的顺序，做到既牢固又不能太紧。

40. 三角巾风帽式包扎法适用于包扎________和________的外伤。先将消毒纱布覆盖在伤口上，将三角巾顶角打结放在前额正中，在底边的中点打结放在枕部，然后两手拉住两底角向下颌包住并交叉，再绕到颈后的枕部打结。

二、单项选择题

1. 在运送危重伤病员时，在途中应________，减小伤病员不应有的痛苦和死亡，安全到达目的地。

A. 继续进行抢救工作　　B. 停止进行抢救工作

C. 由医务人员才能继续抢救　　D. 等待到达医院再进行抢救工作

2. 当事故发生，发现了危重伤员，经过现场评估和病情判断后需要立即救护，同时立即向专业急救医疗服务（EMS）机构或附近担负院外急救任务的医疗部门、社区卫生单位报告，常用的急救电话为________或 999。

A. 110　　B. 119　　C. 122　　D. 120

3. 现场救护原则是先救命后治伤，________，先抢后救，抢中有救，尽快脱离事故现场，先分类再运送。

A. 先轻伤后重伤　　B. 先重伤后轻伤

C. 重伤轻伤兼顾　　D. 随机救护节约时间

4. 通常现场伤员急救的标记有四类，其中的第Ⅰ急救区（红色）表示________。

A. 病伤严重，危及生命者　　B. 严重但即刻不危及生命者

C. 受伤较轻，可行走者　　D. 需要后运者

5. 现场有大批伤病员时，最简单、有效的急救应有以下四个区，以便有条不紊地进行急救。伤病员集中区，在此区挂上分类标签，并进行必要的紧急复苏等抢救工作的区域是________。

A. 收容区　　B. 急救区　　C. 后送区　　D. 太平区

6. 紧急事故发生时，须报警呼救，最常使用的是呼救电话。使用呼救电话时必须要用最精炼、准确、清楚的语言说明________。

A. 伤员目前的情况及严重程度　　B. 伤员的人数及存在的危险

C. 需要何类急救　　D. 以上所有内容

7. 正常人呼吸________次/min，危重伤员呼吸变快、变浅乃至不规则，呈叹息状。

A. 12～18　　B. 18～22　　C. 15～30　　D. 30～60

8. 成人正常心跳________次/min。呼吸停止，心跳随之停止；或者心跳停止，呼吸也随之停止。心跳呼吸几乎同时停止也是常见的。

A. 30～60　　B. 40～60　　C. 60～80　　D. 80～100

9. 生产现场急救分类的重要意义集中在一个目标，即提高效率。将现场有限的人力、物力和时间，用在抢救有存活希望的伤员身上，提高伤员的存活率，降低死亡率。以下对现场伤员分类不正确的是________。

A. 分类工作是在特殊困难和紧急的情况下进行的，分类时应停止抢救

B. 分类应派经过训练、经验丰富、有组织能力的技术人员承担

C. 分类应依先危后重，再轻后小（伤势小）的原则进行

D. 分类应快速、准确、无误

10. 经过正规的心肺复苏________ min后，仍无自主呼吸，瞳孔散大，对光反射消失，标志着生物学死亡，可终止抢救。

A. 20～30　　B. 40～60　　C. 60～80　　D. 80～100

11. 开放性骨折的处置方法：________。

A. 急救人员应先戴上胶皮手套，如伤者的伤口中已有脏东西，尽量不去触及伤口，不可用水冲洗，不要上药

B. 对已裸露在伤口外边的骨折断端，不要试图将其复位，应在伤口上覆盖灭菌纱布，然后适度包扎，再将骨折处用夹板固定

C. 经过包扎固定后，要呼叫救护车将伤者送院

D. 以上说法都对

12. 眼睛周围肿胀、眼眶周围青紫，可采用冷敷的方法消除。在眼部衬一层干燥毛巾，然后放冰袋冷敷，每次________ min。

A. 15　　B. 30　　C. 60　　D. 90

13. 任何原因导致空气进入胸膜腔均会造成气胸，根据胸膜空气通道的情况，以下不属于气胸类别的是________。

A. 闭合性　　B. 开放性　　C. 张力性　　D. 外伤性

14. 以下不属于上臂骨折症状的是________。

A. 上臂肿、痛，出现畸形　　B. 基本不能站立

C. 病人不敢活动上臂　　D. 按伤处，马上引起疼痛

15. 以下不属于前臂骨折症状的是________。

A. 前臂不能活动，又肿又痛　　B. 出现前臂扭转、折成角度等畸形

C. 前臂骨头明显露出皮肤外　　D. 整个手腕不是平直的，而成锅铲状畸形

16. 搬运大腿骨骨折病人，最少应有________人以上。

A. 1　　B. 2　　C. 3　　D. 4

17. 脊椎管内有脊髓，如有损伤常引起截瘫。判断是否为脊柱骨折，主要看人员是否经历________。

A. 从高空摔下，臀或四肢先着地　　B. 重物从高空直接砸压在头或肩部

C. 正处于弯腰弓背时受到挤压力　　D. 以上情况都应考虑

18. 下颌关节脱位（掉下巴）复位后，用三角巾或绷带将下巴连关节兜住，吃饭时可摘下。需________周左右，即可痊愈。

A. 1　　B. 2　　C. 3　　D. 4

19. 发生火灾、地震等灾难时________，以免被挤压踩踏致伤。

A. 应紧随人群　　B. 赶紧向楼下奔跑

C. 不能盲目地随人流奔跑逃生　　D. 立即开门逃跑

20. 发生踩踏的群体伤害，应立即向“________”急救中心报告并向政府部门报告，以便展开有效的现场急救。

A. 110　　B. 120　　C. 119　　D. 911

21. 踩踏伤员现场急救时，一般应________进行现场急救。

A. 等待专业人员　　B. 等待医务人员评估伤势

C. 就地评估伤势　　D. 送医院

22. 地震、塌方、车祸、爆炸等事故灾难造成的埋压、挤压、爆炸冲击均可造成挤压伤，挤压伤的伤害特点包括________。

A. 心脏骤停　　B. 伤肢组织坏死

C. 内出血与内脏损伤　　D. 以上全部

23. 爆震伤又称为冲击伤，发生在距爆炸中心________ m 范围内，是爆炸伤害中最为严重的一种损伤。

A. 1　　B. 2　　C. 3　　D. 4

24. 有毒有害气体中毒是指爆炸后的烟雾及有害气体会造成人体中毒，常见的有毒有害气体为________等。

A. 一氧化碳　　B. 二氧化碳　　C. 氮氧化合物　　D. 以上都是

25. 皮肤烧伤应尽快清洁创面，并用清洁或已消毒的纱布保护好创面，酸、碱及其他化学物质烧伤者用大量流动清水冲洗________ min 后再进一步处置。

A. 10　　B. 20　　C. 30　　D. 40

26. 进行胸外心脏按压时，应双肘关节伸直，利用体重和肩臂力量垂直向下按压，使胸骨下陷约________cm。

A. 1　　B. 2　　C. 3　　D. 4

27. 实施心肺复苏，连续进行________次闭胸心脏按压，再口对口吹气两次，如此反复。

A. 15　　B. 20　　C. 25　　D. 30

28. 进行人工呼吸，吹气时间以占一次呼吸周期的________为宜。

A. 1/2　　B. 1/3　　C. 1/4　　D. 1/5

29. 经过正规的心肺复苏________min后，仍无自主呼吸，瞳孔散大，对光反射消失，标志着生物学死亡，可终止抢救。

A. 10　　B. 20　　C. 30　　D. 40

30. ________止血法只适用于四肢大出血，其他止血法不能止血时才用此法。

A. 指压动脉　　B. 直接压迫　　C. 填塞　　D. 止血带

31. 使用止血带止血时，一般不应超过________h，原则上每小时要放松1次。

A. 2　　B. 3　　C. 4　　D. 5

32. 在现场进行骨折固定时，应注意的事项有________。

A. 如果是开放性骨折，必须先止血、再包扎、最后再进行骨折固定，此顺序绝不可颠倒

B. 下肢或脊柱骨折，应就地固定，尽量不要移动伤员

C. 夹板等固定材料不能与皮肤直接接触，要用棉垫、衣物等柔软物垫好，尤其骨突部位及夹板两端更要垫好

D. 以上选项都对

33. 绷带包扎的注意事项不包括________。

A. 伤口上要加盖敷料，不要在伤口上应用弹力绷带

B. 将绷带缠绕越紧越好，以免出血

C. 不要将绷带缠住手指、足趾末端，除非有损伤

D. 有绷带过紧的体征，应立即松开绷带，重新缠绕

34. 对脊椎受伤的患者向担架上搬动时应由________人以上一起搬动。

A. 2　　B. 3　　C. 4　　D. 5

35. 以下对车辆搬运时的注意事项说法不正确的是________。

A. 严禁急救处理后才搬动

B. 运送时尽可能不摇动伤（病）者的身体

C. 运送患者时，随时观察呼吸、体温、出血、面色变化等情况

D. 在人员、器材未准备完好时，切忌随意搬运

三、判断题

1. 遇有心跳、呼吸骤停又有骨折者，应首先用口对口呼吸和胸外按压等技术使心、肺、脑复苏，直至心跳、呼吸恢复后，再进行骨折固定处理。 （ ）

2. 当事故发生，发现了危重伤员，经过现场评估和病情判断后需要立即救护，同时立即向专业急救医疗服务机构或附近担负院外急救任务的医疗部门、社区卫生单位报告，常用的急救电话为 110 或 999。 （ ）

3. 急救前和急救后都要洗手，并且救护伤员的眼、口、鼻或者任何皮肤损伤处，一旦被溅上伤者的血液，应尽快用消毒水清洗，并去医院进行处理。 （ ）

4. 现场有大批伤病员时，最简单、有效的急救应有分区，以便有条不紊地进行急救。其中，急救区是指伤病员集中区，在此区挂上分类标签，并进行必要的紧急复苏等抢救工作。 （ ）

5. 紧急事故发生时，须报警呼救，最常使用的是呼救电话。使用呼救电话时必须要用最精炼、准确、清楚的语言说明伤员目前的情况及严重程度、伤员的人数及存在的危险、需要何类急救等。 （ ）

6. 成人正常心跳 80～100 次/min。呼吸停止，心跳随之停止；或者心跳停止，呼吸也随之停止。心跳呼吸几乎同时停止不常见。 （ ）

7. 现场伤员分类是以决定优先急救对象为前提的，首先根据伤情来判定。 （ ）

8. 对于在施工现场发生的意外，如电击伤、高处坠落伤、机械事故等导致心跳呼吸停止的情况，至少抢救 60 min 以上，以最大限度地提高抢救的成功率。 （ ）

9. 复杂性骨折可以是开放性骨折，骨折同时使肌腱拉伤或破裂，神经挫伤或断裂，大血管受压或破裂，但不会伤及内脏。 （ ）

10. 开放性骨折急救人员应先戴上胶皮手套，如伤者的伤口中已有脏东西，尽量不去触及伤口，尽快用水冲洗，并上药。 （ ）

11. 眼外伤导致的眼出血不要压迫止血，不要用水冲洗和揉眼，应尽快送院进行专科治疗。 （ ）

12. 胸部伤分闭合性伤和开放性伤两大类，后者以胸膜屏障完整性是否被破坏，又分为穿透性伤和非穿透性伤。 （ ）

13. 闭合性气胸气体量不多，症状轻者在观察下送往医院；肺压缩超过 50%，症状较重者应行胸腔穿刺抽气后送往医院。 （ ）

14. 上臂只有一根骨头，名叫“肱骨”。人在跌倒时手或肘着地，冲击力直接作用于上

臂，或者人在投掷时用力过大过猛，都有可能使肱骨承受不住而发生断裂。（　）

15. 前臂有桡骨和尺骨，它们同时骨折的情况较为少见。（　）

16. 小腿骨折病人不能自己行走，应该俯卧在担架上，运送至医院。（　）

17. 如腰椎脊柱骨折，使伤者平卧在硬板上，身体两侧用枕头、砖头、衣物塞紧，固定脊柱为正直位；搬运时需三人同时工作，具体做法是三人都蹲在伤者的一侧，一人托背，一人托腰臀，一人托下肢，协同动作，将病人仰卧位放在硬板担架上，腰部用衣褥垫起。（　）

18. 如果是简单肋骨骨折，急救应做的处理是固定胸部。（　）

19. 踩踏致伤通常发生于空间有限、人群相对集中的公共场所，由于这些场所本身所存在的潜在危险因素，加之管理不善，极易造成人群骚动，秩序混乱，人流拥挤，一旦有人跌倒，就容易被其他人踩踏致伤。（　）

20. 对于踩踏伤来说，最重要的是骨折的固定处理。（　）

21. 遭受挤压后，通常受压的肌肉组织会大量变性、坏死、组织间隙渗出、水肿，表现为局部肿胀、感觉麻木、运动障碍。（　）

22. 爆炸伤的特点是程度重、范围广泛且有方向性，兼有高温、钝器或锐器损伤的特点。离爆炸中心越近者，爆炸伤越轻。（　）

23. 根据爆炸的性质不同，其造成的伤害形式也多样，其中严重的多发伤占较大的比例。（　）

24. 有毒有害气体中毒是指爆炸后的烟雾及有害气体会造成人体中毒。常见的有毒有害气体为一氧化碳、二氧化碳、氮氧化物等。（　）

25. 医疗急救对短时间发生大量伤员的现场急救原则是：先救命、后治伤，先救轻伤、后救重伤，先救有救治希望的。（　）

26. 某种物质进入人体后，通过生物化学或生物物理作用，使组织产生功能紊乱或结构损害，引起机体病变称为急性中毒。（　）

27. 进行人工呼吸向伤员肺内吹气不能太急太多，仅需胸廓隆起即可，吹气量不能过大，以免引起胃扩张。（　）

28. 闭胸心脏按压用力要均匀，不可过猛，按压时间是放松所需时间的一半。（　）

29. 内出血主要到医院救治，外出血是现场急救的重点。（　）

30. 加压包扎止血法适用于各种伤口，是一种比较可靠的非手术止血法。（　）

四、简答题

1. 现场急救时应遵循什么原则？

2. 简述现场急救的基本步骤。

3. 现场急救区如何划分?

4. 现场伤员分类有哪些要求?

5. 在什么状况下可考虑终止心肺复苏工作?

6. 骨折主要有哪些种类?

7. 开放性骨折伤员如何处置?

8. 头部外伤的主要症状有哪些?

9. 眼睛外伤的急救方法有哪些?

10. 腹部外伤如何急救?

11. 前臂骨折的急救方法有哪些?

12. 如何判断大腿是否骨折?

13. 脊椎骨折急救应注意哪些事项?

14. 踩踏伤伤害的主要特点有哪些?

15. 如何预防挤压伤和挤压综合征?

16. 简述爆炸伤的现场急救原则。

17. 简述急性中毒现场急救的一般救治原则。

18. 心肺复苏实施要领有哪些?

19. 简述口对口人工呼吸的主要步骤。

20. 常用的现场止血方法有几种?

21. 什么是环形绷带包扎法?

22. 绷带包扎的注意事项有哪些?

23. 如何进行伤员徒手搬运?

24. 现场搬运时如何自制担架?

25. 车辆搬运伤员时有哪些注意事项?

五、本章习题参考答案

1. 填空题

(1) 伤害事故　急性中毒　外伤和突发危重伤病员;(2) 沉着、冷静　出血　休克　外伤　烧伤;(3) 用肥皂和水清洗;(4) 呼救电话　呼救电话　目前的情况及严重程度　人数　存在的危险　需要何类急救;(5) 口唇、指甲　皮肤发冷;(6) 一边抢救一边分类;(7) 紧急呼救　判断伤情　救护;(8) 现场评估　病情判断　专业急救医疗服务机构　担负院外急救任务;(9) 阻塞呼吸道　开放气道;(10) 作出分类　医疗处置;

(11) 头部的稳定；(12) 木板 树棍 硬纸板 三角巾 毛巾；(13) CT 扫描 X 射线检查；(14) 闭合性伤 开放性伤；(15) 胸膜腔 闭合性 开放性 张力性；(16) 1%盐水 保护性包扎；(17) 血管、脊髓、骨折 颈、腰椎；(18) 两下肢靠拢 两上肢贴于腰侧；(19) 受伤撕裂 疼痛；(20) 空间有限 人群相对集中；(21) 受到踩踏用力的部位 内伤 外伤；(22) 挤压踩踏致伤 尽量避开人群；(23) "120" 急救中心；(24) 直接损伤 软组织损伤；(25) 内脏 胸部外伤 腹部外伤；(26) 高压冲击波 作用范围内；(27) 人体中毒 一氧化碳 二氧化碳 氮氧化物；(28) 快 稳 准 动；(29) 呼吸 心跳；(30) 相等；(31) 停止抢救；(32) 医院 现场；(33) 伤口近心端动脉；(34) 各种伤口 非手术；(35) 绷带 三角巾；(36) 橡皮 气性 布制；(37) 上臂上 1/3 上臂下端 股骨中下 1/3；(38) 出血停止 远端摸不到脉搏；(39) 环形 螺旋形 螺旋反折 "8" 字形 头顶双绷带 起点 止血点 着力点；(40) 头顶部 两侧面、枕部。

2. 单项选择题

(1) A；(2) D；(3) B；(4) A；(5) A；(6) D；(7) A；(8) C；(9) A；(10) A；(11) D；(12) A；(13) D；(14) B；(15) D；(16) C；(17) D；(18) A；(19) C；(20) B；(21) C；(22) D；(23) A；(24) D；(25) B；(26) D；(27) A；(28) B；(29) C；(30) D；(31) D；(32) D；(33) B；(34) C；(35) A。

3. 判断题

(1) √；(2) ×；(3) ×；(4) ×；(5) √；(6) ×；(7) √；(8) ×；(9) ×；(10) ×；(11) √；(12) √；(13) ×；(14) √；(15) ×；(16) ×；(17) √；(18) √；(19) √；(20) ×；(21) √；(22) ×；(23) √；(24) √；(25) ×；(26) ×；(27) √；(28) ×；(29) √；(30) √。

4. 简答题

答案略。

第三章　企业生产意外伤害事故应急处置与救护

第一节　建筑施工意外伤害事故应急处置与救护

一、建筑施工特点与常见事故伤害

1. 建筑施工的特点

建筑施工（包括市政施工）属于事故发生率较高的行业，每年的事故死亡人数仅次于煤炭与交通行业。目前农民工已经成为建筑施工的主力军，因此也是各类意外伤害事故的主要受害群体。根据事故统计，在建筑施工伤亡人员中农民工约占 60%，并且呈现不断上升的趋势，这给许多农民工家庭带来了难以弥补的伤痛和损失。建筑业之所以成为高危险行业，主要与建筑施工特点有关。

建筑施工有以下几个特点。

（1）建筑产品的多样性。由于各种建筑物或构筑物都有特定的使用功能，因而建筑产品的种类繁多。不同的建筑物建造不仅需要制定一套适应于生产对象的工艺方案，而且还需要针对工程特点编制切实可行并行之有效的施工安全技术措施，才可能确保施工顺利进行和安全生产。

（2）建筑施工的流动性。建筑产品都必须固定在一定的地点建造，而建筑施工却具有流动性，主要表现在三方面：一是各工种的工人在某建筑物的部位上流动；二是施工人员在一个工地范围内的各栋建筑物上流动；三是建筑施工队伍在不同地区、不同工地的流动。这些都给安全生产带来了许多可变因素，稍有不慎，易导致伤亡事故的发生。

（3）建筑施工的综合性。建筑物的建造是多工种在不同空间、不同时间劳动并相互配合协调的过程，同一时间的垂直交叉作业不可避免，由于隔离防护措施不当，容易造成伤亡事故，由于各工种间的交叉作业安排不当，也可能导致伤亡事故的发生。

（4）作业条件的多变性。建筑施工大多是露天作业，日晒雨淋、严寒酷暑以及大风影响等形成的恶劣环境，不仅影响施工人员的健康，还易诱发安全事故。此外建筑施工高处作业多，据统计建筑施工中的高处作业约占总工程量的 90%，而且高处作业的等级越来越高，有不少高度超过 100 m 的高处作业。高处作业除了不安全因素多外，还会影响人的生理和心理因素，建筑施工伤亡事故中，近六成与高处作业有关。另外还有不少作业在未完成安装的结构上或搭设的临时设施（如脚手架等）上进行，使得高处作业的危险程度严重加剧。

（5）操作人员劳动强度的繁重性。建筑施工中不少工种仍以手工操作为主，加上组织管理不善，无限制地加班加点，工人在高强度劳动和超长时间作业中，体力消耗过大，容易造成过度疲劳，由此引起的注意力不集中，或作业中的力不从心等易导致事故的发生。

（6）施工现场设施的临时性。随着社会发展，建筑物体量和高度不断增加，工程的施工周期也随之延长，一年以上工期的工程比比皆是。为了保证工程建造正常和顺利地进行，施工中必须使用各种临时设施，如临时建筑、临时供电系统以及现场安全防护设施，这些临时设施经过长时间的风吹、日晒、雨淋、冰冻和种种人为因素，其安全可靠性往往明显降低，特别是由于这些设施的临时性，容易导致施工管理人员忽视这些设施的质量，因而安全隐患和防护漏洞时有出现。

2. 建筑施工中常见事故伤害

建筑施工中常见伤亡事故的类别是：物体打击、车辆伤害、机具伤害、起重伤害、触电、高处坠落、坍塌、中毒和窒息、火灾和爆炸以及其他伤害。

根据历年来伤亡事故统计分类，建筑施工中最主要、最常见、死亡人数最多的事故有五类，即：高处坠落、触电、物体打击、机械伤害、坍塌事故。这五类事故约占事故总数的86%，被人们称为建筑施工五大类伤亡事故。

二、建筑施工意外伤害与应急处置

1. 建筑施工高处坠落意外伤害与应急处置

由于建筑施工常需要在高处作业，稍有不慎，容易引发高处坠落事故的发生，因此，高处坠落伤害是建筑业最常见事故之一。为此，防范坠落伤害，除高空作业施工现场必须设置应有的防坠落设施外，还应该加强个人防坠落意识。

（1）建筑施工高处坠落伤害事故常见情况

常见建筑施工高处坠落伤害事故，主要有以下一些情况。

1）临边、洞口处坠落。一是因为无防护设施或防护不规范。如防护栏杆的高度低于1.2 m，横杆不足两道、仅有一道等；在无外脚手架及尚未砌筑围护墙的楼面的边缘，防护栏杆柱无预埋件固定或防护栏杆的预埋件固定得不够牢固。二是因为洞口防护不牢靠，洞口虽有盖板，但无防止盖板位移的措施。

2）脚手架上坠落。主要因为搭设不规范，如相邻的立杆（或大横杆）的接头在同一平

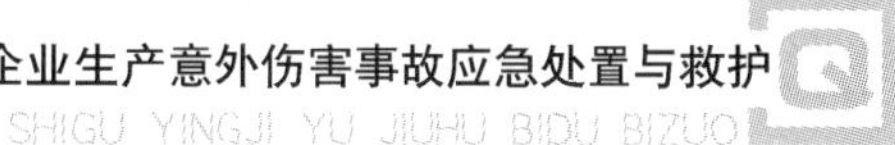

面上，剪刀撑、连墙点任意设置等；架体外侧无防护网、架体内侧与建筑物之间的空隙无防护或防护不严；脚手板未满铺或铺设不严、不稳等。

3）悬空高处作业时坠落。主要因为在安装或拆除脚手架、井架（龙门架）、塔吊和在吊装屋架、梁板等高处作业时的作业人员，没有系安全带，也无其他防护设施或作业时用力过猛，身体失稳而坠落。

4）在轻型屋里和顶棚上铺设管道、电线或检修作业中坠落。主要因为作业时没有使用轻便脚手架，在行走时误踩轻型屋面板、顶棚面而坠落。

5）拆除作业时坠落。主要因为作业时站在已不稳固的部位或作业时用力过猛，身体失稳，脚踩活动构件或绊跌而坠落。

6）登高过程中坠落。主要因为无登高梯道，随意攀爬脚手架、井架登高；登高斜道面板、梯档破损、踩断；登高斜道无防滑措施。

7）在梯子上作业坠落。主要因为梯子未放稳，人字梯两片未系好安全绳带；梯子在光滑的楼面上放置时，其梯脚无防滑措施，作业人员站在人字梯上移动位置而坠落。

(2）高处坠落事故的应急处置与救治

高空坠落事故在建筑施工中属于常见多发事故。由于从高处坠落，受到高速坠地的冲击力，使人体组织和器官遭到一定程度破坏而引起损伤，通常有多个系统或多个器官的损伤，严重者当场死亡。高处坠落伤除有直接或间接受伤器官表现外，还有昏迷、呼吸窘迫、面色苍白和表情淡漠等症状，可导致胸、腹腔内脏组织器官发生广泛的损伤。高处坠落时如果是臂部先着地，外力可能沿脊柱传导到颅脑而致伤；如果由高处仰面跌下时，背或腰部受冲击，可能引起腰椎前纵韧带撕裂，椎体裂开或椎弓根骨折，易引起脊髓损伤。脑干损伤时常有较重的意识障碍、光反射消失等症状，也可有严重合并症的出现。

当发生高处坠落事故后，抢救的重点应放在对休克、骨折和出血的处理上。

1）颌面部伤员。首先应保持呼吸道畅通，摘除义齿，清除移位的组织碎片、血凝块、口腔分泌物等，同时松解伤员的颈、胸部纽扣。若舌已后坠或口腔内异物无法清除时，可用12号粗针头穿刺环甲膜，维持呼吸，尽可能早做气管切开。

2）脊椎受伤者。创伤处用消毒的纱布或清洁布等覆盖，用绷带或布条包扎。搬运时，将伤者平卧放在帆布担架或硬板上，以免受伤的脊椎移位、断裂造成截瘫，以致死亡。抢救脊椎受伤者，搬运过程严禁只抬伤者的两肩与两腿或单肩背运。

3）手足骨折者。不要盲目搬动伤者。应在骨折部位用夹板把受伤位置临时固定，使断端不再移位或刺伤肌肉、神经或血管。固定方法：以固定骨折处上下关节为原则，可就地取材，用木板、竹片等。

4）复合伤者。要求平仰卧位，保持呼吸道畅通，解开衣领扣。

5）周围血管伤。压迫伤部以上动脉干至骨骼。直接在伤口上放置厚敷料，绷带加压包扎以不出血和不影响肢体血循环为宜。

此外，需要注意的是，在搬运和转送过程中，颈部和躯干不能前屈或扭转，而应使脊柱伸直，绝对禁止一个抬肩、一个抬腿的搬法，以免发生或加重截瘫。

2. 施工人员触电意外伤害与应急处置

(1) 发生施工人员触电意外伤害的几种情况

发生施工人员触电的意外伤害事故的情况主要有以下几种。

1）外电线路触电事故。主要是指施工中碰触施工现场周边的架空线路而发生的触电事故。主要包括：①脚手架的外侧边缘与外电架空线之间没有达到规定的最小安全距离，也没有按规范要求增设屏障、遮栏、围栏或保护网，在外电线路难以停电的情况下，进行违章冒险施工。特别是在搭、拆钢管脚手架，或在高处绑扎钢筋、支搭模板等作业时发生此类事故较多。②起重机械在架空高压线下方作业时，吊塔大臂的最远端与架空高压电线间的距离小于规定的安全距离，作业时触碰裸线或集聚静电荷而造成触电事故。

2）施工机械漏电造成事故。主要有：①建筑施工机械要在多个施工现场使用，不停地移动，环境条件较差（泥浆、锯屑污染等），带水作业多，如果保养不好，机械往往易漏电。②施工现场的临时用电工程没有按照规范要求做到“三级配电，两级保护”，有的工地虽然安装了漏电保护器，但选用保护器规格不当，认为只要是漏电保护器，装上了就保险，在开关箱中装上了 50 mA×0.1 s 规格，甚至更大规格的漏电保护器，结果关键时刻起不到保护作用。有的工地没有采用 TN-S 保护系统，也有的工地迫于规范要求，但不熟悉技术，拉了五根线就算“三相五线”，工作零线（N）与保护零线（PE）混用，施工机具任意拉接，用电保护一片混乱。

3）手持电动工具漏电。主要是没有按照《施工现场临时用电规范》要求进行有效的漏电保护，使用者（特别是带水作业）没有戴绝缘手套、穿绝缘鞋。

4）电线电缆的绝缘皮老化、破损及接线混乱造成漏电。有些施工现场的电线、电缆“随地拖、一把抓、到处挂”，乱拉、乱接线路，接线头不用绝缘胶布包扎；露天作业电气开关放在木板上不用电箱，特别是移动电箱无门，随意放置；电箱的进、出线任意走向，接线处“带电体裸露”，不用接线端子板，“一闸多机”，多根导线接头任意绞、挂在漏电开关或熔丝上；移动机具在插座接线时不用插头，使用小木条将电线头插入插座等。这些现象造成的触电事故是较普遍的。

5）照明及违章用电。使用移动照明在潮湿环境中作业，其照明不使用安全电压，使用灯泡烘衣、袜等违章用电时造成的事故。

(2) 发生施工人员意外触电伤害后的应急处置

触电急救的基本原则是动作迅速、方法正确。当通过人体的电流较小时，仅产生麻感，对机体影响不大。当通过人体的电流增大，但小于摆脱电流时，虽可能受到强烈打击，但尚能自己摆脱电源，伤害可能不严重。当通过人体的电流进一步增大，接近或达到致命电流时，触电者会出现神经麻痹、呼吸中断、心脏跳动停止等现象，外表上呈现昏迷不醒的状态。这时，不应该认为是死亡，而应该看成是假死，并且应迅速而持久地进行抢救。有给触电者做 4 h 或更长时间的人工呼吸而使触电者获救的事例。有资料显示，从触电后 1 min 开始救治，90%的触电者有良好效果；从触电后 6 min 开始救治，10%的触电者有良好效果；而从触电后 12 min 开始救治，触电者被救活的可能性很小。由此可见，动作迅速是非常重要的。

发生人员触电，主要运用以下急救方法。

1）脱离电源。人触电后，可能由于痉挛或失去知觉等原因，抓紧带电体，不能自行摆脱电源。这时，使触电者尽快脱离电源是救活触电者的首要因素。但要注意救护人不可直接用手或其他金属及潮湿的物件作为救护工具，而必须使用适当的绝缘工具。救护人员最好用一只手操作以防触电。需防止触电者脱离电源后可能的摔伤，特别是当触电者在高处的情况下，应考虑防摔措施。即使触电者在平地，也要注意触电者倒下的方向，注意防摔。如事故发生在夜间，应迅速解决临时照明问题，以利于抢救，并避免扩大事故。

2）现场急救方法。当触电者脱离电源后，应根据触电者的具体情况迅速对症救护。现场应采用的主要救护方法是人工呼吸法和闭胸心脏按压法。应当注意，急救要尽快进行，不能等候医生的到来，在送往医院的途中，也不能终止急救。

人工呼吸法主要适用于急救呼吸停止的触电者。实施人工呼吸前要使呼吸道畅通。首先要很快地解开触电者的衣领，清除口腔内妨碍呼吸的食物、血块、黏液等，并使触电者仰卧、头部尽量后仰，鼻孔朝天。这时救护人在伤员头部的一侧，用一只手捏紧鼻孔，另一只手撬开嘴巴，救护人员深吸气后，紧贴伤员，口对口向内吹气，时间约 2 s，使其胸部膨胀。吹完气后，立即将口离开，并同时放松鼻孔让其自动呼吸，时间为 3 s。如触电者口撬不开，就用口对鼻呼吸法，捏紧嘴巴，紧贴鼻子向内吹气。如此反复进行，触电者如果是儿童，只能小口吹气。

闭胸心脏按压法适用于急救心脏停止跳动的触电者。首先将触电者仰卧在比较坚实的地方，救护人员跪在触电者的一侧，或骑跪在腰部，两手相叠（儿童只需一只手）。手掌根部放在心窝稍高一点的地方，掌根向下按压（儿童轻一点），压下深度为 3～4.5 cm，将心窝内血液挤出。以 60 次/min 为宜。挤压后，掌根立即放松（但不要离开胸膛），让触电者自动复原，血液流回心脏。如此反复进行。

此外，要注意慎用肾上腺素等强心剂，只有经过心电图仪测定心脏确已停止跳动时，才可使用。否则将会使触电者的心室纤维性颤动更加恶化。

3. 物体打击意外伤害与应急处置

物体打击是指失控物体的惯性对人身造成的伤害，其中包括高处落物、飞蹦物、滚击物及掉物、倒物等造成伤害。在建筑业施工中物体打击伤害事故范围较广，在高位的物体处置不当，容易出现物落伤人的情况。这类事故，往往问题发生在上边，受害的人则在下面。

(1) 建筑施工中发生物体打击的主要情况

在建筑施工中发生物体打击的情况主要有：

1）高处落物伤害。在高处堆放材料超高、堆放不稳，造成散落；作业人员在作业时将断砖、废料等随手往地面扔掷；拆脚手架、井架时，拆下的构件、扣件不通过垂直运输设备往地面运，而是随拆随往下扔；在同一垂直面、立体交叉作业时，上、下层间没有设置安全隔离层；起重吊装时材料散落（如砖吊运时未用砖笼，吊运钢筋、钢管时，吊点不正确，捆绑松弛等），造成落物伤害事故。

2）飞蹦物伤害。爆破作业时安全覆盖、防护等措施不周；工地调直钢筋时没有可靠防护措施。比如，使用卷扬机拉直钢筋时，夹具脱落或钢筋拉断，钢筋反弹击伤人；使用有柄工具时没有认真检查，作业时手柄断裂，工具头飞出击伤人等。

3）滚物伤害。主要是在基坑、桩洞边堆物不符合要求，如砖、石、钢管等滚落到基坑、桩洞内造成基坑、桩洞内作业人员受到伤害。

4）从物料堆上取物料时，物料散落、倒塌造成伤害。物料堆放不符合安全要求，取料者也图方便不注意安全。比如，自卸汽车运砖时，不码砖堆，取砖工人顺手抽取，往往使上面的砖落下造成伤害；长杆件材料竖直堆放，受震动不稳倒下砸伤人；抬放物品时抬杆断裂等造成物击、砸伤事故。

(2) 物体打击事故的应急处置

建筑施工中，为了应对物体打击事故发生后的应急处置，应在事前制定应急预案，建立健全应急预案组织机构，做好人员分工，在事故发生的时候做好应急抢救，如现场包扎、止血等措施，防止伤者流血过多造成死亡。还需要注意的是，日常应备有应急物资，如简易担架、跌打损伤药品、纱布等。

发生物体打击事故后，在应急处置中要注意：

1）一旦有事故发生，首先要高声呼喊，通知现场安全员，马上拨打急救电话，并向上级领导及有关部门汇报。

2）当发生物体打击事故后，尽可能不要移动患者，尽量当场施救。抢救的重点放在颅脑损伤、胸部骨折和出血上。

3）发生物体打击事故后，应马上组织抢救伤员，首先观察伤员的受伤情况、部位、伤害性质，如伤员发生休克，应先处理休克。遇呼吸、心跳停止者，应立即进行人工呼吸，闭胸心脏按压。处于休克状态的伤员要让其安静、保暖、平卧、少动，并将下肢抬高约20°，尽快送医院进行抢救治疗。

4）如果出现颅脑损伤，必须维持呼吸道通畅，昏迷者应平卧，面部转向一侧，以防舌根下坠或分泌物、呕吐物吸入，发生喉阻塞。有骨折者，应初步固定后再搬运。遇有凹陷骨折、严重的颅底骨折及严重的脑损伤症状出现，创伤处用消毒的纱布或清洁布等覆盖伤口，用绷带或布条包扎后，及时就近送有条件的医院治疗。

5）重伤人员应马上送往医院救治，一般伤员在等待救护车的过程中，门卫要在大门口迎接救护车，有程序地处理事故，最大限度地减小人员伤害和财产损失。

6）如果处在不宜施工的场所，必须将患者搬运到能够安全施救的地方，搬运时应尽量多找一些人来搬运，观察患者呼吸和脸色的变化，如果是脊柱骨折，不要弯曲、扭动患者的颈部和身体，不要接触患者的伤口，要使患者身体放松，尽量将患者放到担架或平板上进行搬运。

4. 施工坍塌意外伤害与应急处置

坍塌是指建筑物、构筑物、堆置物倒塌以及土石塌方引起的事故。在建筑业中经常会遇到坍塌伤害，例如接层工程坍塌、纠偏工程坍塌、交付使用工程坍塌、在建整体工程坍塌、改建工程坍塌、在建工程局部坍塌、脚手架坍塌、平台坍塌、墙体坍塌、土石方作业坍塌、拆除工程坍塌等。

由于坍塌的过程发生于一瞬间，现场人员往往难以及时迅速撤离，不能撤离的人员，会随着坍塌物体的变动而引发坠落、物体打击、挤压、掩埋、窒息等严重后果。如果现场有危险物品存在，还可能引发着火、爆炸、中毒、环境污染等灾害。还有因抢救过程中，缺乏应有的防护措施，因而出现再次、多次坍塌，扩大了人员伤亡，容易发生群死群伤事故。近年来，随着高层、超高层建筑物的增多，基坑的深度越来越深，坍塌事故也呈现出上升趋势。

（1）造成坍塌伤害事故的主要原因

造成坍塌伤害事故的主要原因有以下几种。

1）基坑、基槽开挖及人工扩孔桩施工过程中的土方坍塌。主要因为坑槽开挖没有按规定放坡，基坑支护没有经过设计或施工时没有按设计要求支护；支护材料质量差而造成支护变形、断裂；边坡顶部荷载大（如在基坑边沿堆土、砖石等，土方机械在边沿处停靠）；排水措施不通畅，造成坡面受水浸泡发生滑动；冬春之交破土时，没有针对土体胀缩因素采取护坡措施。

2）楼板、梁等结构和雨篷等坍塌。主要因为工程结构施工时，在楼板上面堆放物料过多，使荷载超过楼板的设计承载力而断裂；刚浇筑不久的钢筋混凝土楼板未达到应有的强度，为赶进度在该楼板上面支搭模板浇筑上层钢筋混凝土楼板造成坍塌；过早拆除钢筋混凝土楼板、梁构件和雨篷等的模板或支撑，因混凝土强度不够而造成坍塌。

3）房屋拆除坍塌。随着城市建设的迅速发展，拆除工程增多，然而，专业队伍力量薄弱，管理尚不到位，拆除作业人员素质低，拆除工程不编施工方案和技术措施，盲目蛮干，野蛮施工，造成墙体、楼板等坍塌。

4）模板坍塌。模板坍塌是指用扣件式钢管脚手架、各种木杆件或竹材搭设的高层建筑的楼板的模板，因支撑杆件刚性不够、强度低，在浇筑混凝土时失稳造成模板上的钢筋和混凝土的塌落事故。模板支撑失稳的主要原因是没有进行设计计算，也不编写施工方案，施工前也未进行安全交底。特别是混凝土输送管路，往往附着在模板上，输送混凝土时产生的冲击和振动更加速了支撑的失稳。

5）脚手架倒塌。主要是没有认真按规定编制施工方案，没有执行安全技术措施和验收制度。架子工属特种作业人员，必须持证上岗。但目前，架子工普遍文化水平低，安全技术素质不高，专业性施工队伍少。竹脚手架所用的竹材有效直径普遍达不到要求，搭设不规范，特别是相邻杆件接头、剪刀撑、连墙点的设置不符合安全要求，造成脚手架失稳倒塌。

6）塔吊倾翻、井字架（龙门架）倒塌。主要因为塔吊起重钢丝或平衡臂钢丝绳断裂致使塔吊倾翻，或因轨道沉陷及下班时夹轨钳未夹紧轨道，夜间突起大风造成塔吊出轨倾翻。塔吊倒塌的另一个原因是，在安装拆除时，没有制订施工方案，不向作业人员交底。井字架、龙门架倒塌主要原因是，基础不稳固，稳定架体的缆风绳，或搭、拆架体时的临时缆风绳不使用钢丝绳，用直径 6 mm 的钢筋，甚至使用尼龙绳。附墙架使用竹、木杆并采用铅丝等绑扎，井字架与脚手架连在一起等。

(2) 施工坍塌事故的应急处置

建筑施工中发生坍塌事故后，人们一时难以从坍塌的惊吓中恢复过来，被埋压的人众多、现场混乱失去控制、火灾和二次坍塌危险处处存在，容易给现场的抢险救援工作带来极大的困难。同时，由于事故的发生，可能造成建筑内部燃气、供电等设施毁坏，导致火灾的发生，尤其是化工装置等构筑物坍塌事故，极易形成连锁反应，引发有毒气（液）体泄漏和爆炸燃烧事故的发生。并且建筑物整体坍塌的现场，废墟堆内建筑构件纵横交错，将遇难人员深深地埋压在废墟里面，给人员救助和现场清理带来极大的困难；建筑物局部坍塌的现场，虽然遇难人员数量较少，但由于楼内通道的破损和建筑结构的松垮，对灭火救援工作的顺利进行也造成一定的困难。

建筑施工发生坍塌事故之后，在应急处置上需要注意以下几点。

1）坍塌发生后，应及时了解和掌握现场的整体情况，并向上级领导报告，同时，根据

现场实际情况，拟定坍塌救援实施方案，实施现场的统一指挥和管理。

2）设立警戒，疏散人员。坍塌发生后，应及时划定警戒区域，设置警戒线，封锁事故路段的交通，隔离围观群众，严禁无关车辆及人员进入事故现场。

3）派遣搜救小组进行搜救，对如下几个重要问题进行询问和侦查：①坍塌部位和范围，可能涉及的受害人数；②可能受害人或现场失踪人所处位置；③受害人存活的可能性；④展开现场施救需要的人力和物力方面的帮助；⑤坍塌现场的火情状况；⑥现场二次坍塌的危险性；⑦现场可能存在的爆炸危险性；⑧现场施救过程中其他方面潜在的危险性。

4）切断气、电和自来水源，并控制火灾或爆炸。建筑物坍塌现场到处可能缠绕着带电的拉断的电线电缆，随时威胁着被埋压人员和即将施救的人员；断裂的燃气管道泄漏的气体既能形成爆炸性气体混合物，又能增强现场火灾的火势；从断裂的供水管道流出的水能很快将地下室或现场低洼的坍塌空间淹没。因此，要及时责令当地的供电、供气、供水部分的检修人员立即赶赴现场，通过关断现场附近的局部总阀或开关消除危险。

5）现场清障。开辟进出通道。迅速清理进入现场的通道，在现场附近开辟救援人员和车辆集聚空地，确保现场拥有一个急救场所和一条供救援车辆进出的通道。

6）搜寻坍塌废墟内部空隙存活者。在坍塌废墟表面受害人被救后，就应该立即实施坍塌废墟内部受害人的搜寻，因为有火灾的坍塌现场，烟火同样会很快蔓延到各个生存空间。搜寻人员最好要携带一支水枪，以便及时驱烟和灭火。

7）清除局部倒塌物，实施局部挖掘救人。现场废墟上的坍塌物清除可能触动那些承重的不稳构件引起现场的二次坍塌，使被压埋人再次受伤，因此清理局部坍塌物之前，要制定初步的方案，行动要极其细致谨慎，要尽可能地选派有经验或受过专门训练的人员承担此项工作。

8）坍塌废墟的全面清理。在确定坍塌现场再无被埋压的生存者后，才允许进行坍塌废墟的全面清理工作。

5. 建筑施工人员中暑意外伤害与应急处置

建筑施工主要是在室外作业，在夏季高温的情况下，特别容易发生中暑现象。中暑是高温影响下的体温调节功能紊乱，常因烈日暴晒或在高温环境下重体力劳动所致。

（1）施工人员中暑的主要原因

正常人体温恒定在37℃左右，是通过下丘脑体温调节中枢的作用，使产热与散热取得平衡，当周围环境温度超过皮肤温度时，散热主要靠出汗、皮肤散热以及通过呼吸道加热空气呼出体外散热。人体的散热还可通过循环血流，将深部组织的热量带至皮肤表面组织，通过扩张的皮肤血管散热，因此经过皮肤血管的血流越多，散热就越多。如果产热大于散热或散热受阻，体内有过量热蓄积，即产生高热中暑。

(2) 施工人员中暑的分类

1）先兆中暑。先兆中暑为中暑中最轻的一种。表现为在高温条件下劳动或停留一定时间后，出现头昏、头痛、大量出汗、口渴、乏力、注意力不集中等症状，此时的体温可能正常或稍高。这类病人经积极处理后，病情很快会好转，一般不会造成严重后果。处理方法也比较简单，通常是将病人立即带离高热环境，来到阴凉、通风条件良好的地方，解开衣服，口服清凉饮料及0.3%的冰盐水或十滴水、人丹等防暑药，经短时间休息和处理后，症状即可消失。

2）轻度中暑。轻度中暑往往因先兆中暑未得到及时救治发展而来，除有先兆中暑的症状外，还可同时出现体温升高（通常大于38℃），面色潮红，皮肤灼热；比较严重的可出现呼吸急促，皮肤湿冷，恶心，呕吐，脉搏细弱而快，血压下降等呼吸、循环早衰症状。处理时除按先兆中暑的方法外，应尽量饮水或静脉滴注5%葡萄糖盐水，也可用针刺人中、合谷、涌泉、曲池等穴位。如体温较高，可采用物理方法降温；对于出现呼吸、循环衰竭倾向的中暑病人，应送医院救治。

3）重症中暑。重症中暑是中暑中最严重的一种。多见于年老、体弱者，往往以突然谵妄或昏迷起病，出汗停止可为其前驱症状。患者昏迷，体温常在40℃以上，皮肤干燥、灼热，呼吸快、脉搏大于140次/min。这类病人治疗效果很大程度上取决于抢救是否及时。因此，一旦发生中暑，应尽快将病人体温降至正常或接近正常。降温的方法有物理和药理两种。物理降温简便安全，通常是在病人颈项、头顶、头枕部、腋下及腹股沟加置冰袋，或用凉水加少许酒精擦拭，一般持续30 min左右，同时可用电风扇向病人吹风以增加降温效果。药物降温效果比物理方式好，常用药为氯丙嗪，但应在医护人员的指导下使用。由于重症中暑病人病情发展很快，且可能出现休克、呼吸衰竭，时间长可危及病人生命，所以应争分夺秒地抢救，最好尽快送条件好的医院施治。

(3) 施工人员中暑的应急处置措施

1）搬移。迅速将病人抬到通风、阴凉、干爽的地方，使其平卧并解开衣扣，松开或脱去衣服，如衣服被汗水湿透应更换衣服。

2）降温。病人头部可捂上冷毛巾，可用50%酒精、白酒、冰水或冷水进行全身擦拭，然后用电扇吹风，加速散热，有条件的也可用降温毯给予降温，但不要过快地降低患者体温，当体温降至38℃以下时，要停止一切冷敷等强降温措施。

3）补水。病人仍有意识时，可给一些清凉饮料，在补充水分时，可加入少量盐或小苏打水。但千万不可急于补充大量水分，否则，会引起呕吐、腹痛、恶心等症状。

4）促醒。病人若已失去知觉，可指掐人中、合谷等穴，使其苏醒。若呼吸停止，应立即实施人工呼吸。

5）转送。对于重症中暑病人，必须立即送医院诊治。搬运病人时，应用担架运送，不

可使病人步行。同时，运送途中要注意，尽可能地用冰袋敷于病人额头、枕后、胸口、肘窝及大腿根部，积极进行物理降温，以保护大脑、心肺等重要脏器。

第二节　冶金生产意外伤害事故应急处置与救护

一、冶金企业生产特点与常见事故伤害

1. 冶金企业的生产特点

冶金企业生产的主要特点，是企业规模庞大，生产工艺流程长，从金属矿石的开采，到产品的最终加工，需要经过很多工序，其中一些主体工序的资源、能源消耗量很大。我国冶金行业在发展中，由于传统生产工艺技术发展的局限性，以及多年来基本上延续以粗放生产为特征的经济增长方式，整体工艺技术和装备水平比较落后，人均生产效率较低，并且生产环境的污染也较为严重。同时，由于冶金企业生产工序繁多，工艺流程复杂，人员众多，安全生产管理工作任务繁重，保障职工安全健康的难度较大。

如我国冶金行业中的钢铁企业按其生产产品和生产工艺流程可分为两大类型，即钢铁联合企业和特殊钢企业。钢铁联合企业的生产流程主要包括烧结（球团）、焦化、炼铁、炼钢、轧钢等生产工序，即长流程生产；特殊钢企业的生产流程主要包括炼钢、轧钢等生产工序，即短流程生产。钢铁联合企业中炼钢生产采用转炉炼钢或电炉炼钢，转炉炼钢以铁水为主要原料，电炉炼钢以废钢为主要原料。特殊钢企业中炼钢生产采用电炉炼钢，以废钢为原料。

2. 冶金企业事故特点与分析

冶金生产过程中的主要事故类型为煤气中毒、火灾和爆炸，高温液体喷溅、溢出和泄漏，电缆隧道火灾，煤粉爆炸等。

冶金行业与其他行业相比较，由于企业规模大、人员众多，因而管理幅度和管理难度都较大，易发生人员伤亡重大安全事故，从而与其他行业有一些明显不同特点。

1）伤亡事故发生的生产工序分析。冶金生产企业伤亡事故发生较多的生产工序依次为：其他辅助生产，约占伤亡事故总数的27.5%；轧钢，约占伤亡事故总数的21%；其他部门，约占伤亡事故总数的14.2%；炼钢，约占伤亡事故总数的10.8%；矿山，约占伤亡总数的8%；炼铁，约占伤亡事故总数的7%。发生事故较少的生产工序依次为：供热、氧

气、燃气、铁合金、供电，这五类合计约占伤亡事故总数的2%。

2）伤亡事故发生的类别分析。冶金生产企业发生事故较多的类别依次是：机械伤害和其他伤害，约各占事故总数的18%；物体打击，约占事故总数的16%；高处坠落，约占事故总数的14%；起重伤害，约占事故总数的11%；灼烫，约占事故总数的10%；提升机、车辆伤害，约占事故总数的6%；触电，约占事故总数的2%；中毒和窒息，约占事故总数的2%；淹溺、火灾、坍塌、放炮、爆炸，约占事故总数的3%。

3）伤亡事故发生的直接原因分析。冶金生产企业发生死亡和重伤事故原因，主要是违反操作规程或违反劳动纪律，约占死亡人数和重伤人数的60%。其次是对现场工作缺乏检查或指挥错误，约占死亡人数和重伤人数的20%。除此之外，还有设备、设施、工具、附件有缺陷；生产场地环境不良；安全设施缺少或有缺陷；劳动组织不合理；教育培训不够、缺乏安全操作知识；技术和设计上有缺陷；个人防护用品缺少或有缺陷；没有安全操作规程或规程有缺陷等因素。

4）伤亡事故发生的时间分析。冶金生产企业死亡事故发生较多的月份在1月和6月，发生死亡事故较少的月份在2月、10月、11月。其他事故发生较多的月份在4月、5月、8月和12月。

二、冶金企业生产意外伤害与应急处置

1. 煤气泄漏事故意外伤害与应急处置

钢铁冶炼过程中由煤提供的能源占总能耗的70%，副产品煤气提供的能源占总能耗的32.2%。炼焦副产品焦炉煤气、炼铁副产品高炉煤气、炼钢副产品转炉煤气、生产铁合金副产品铁合金炉煤气经回收后可作为焦炉、热风炉、加热炉和发电锅炉的燃料，焦炉煤气还可作为民用燃气。由于煤气中含有大量易燃易爆、有毒有害物质，在生产、运输、储存和使用过程中，存在中毒、火灾和爆炸危险性。

（1）发生煤气泄漏时的应急处置

发生煤气泄漏时应采取的应急处置措施如下。

1）关闭送气阀。事发单位发现煤气泄漏，立即报告，操作人员按规程关闭送气阀门，打开紧急放散阀门进行减压。

2）空气稀释。强制向泄漏区排风，将泄漏区煤气疏散。

3）检查抢修。工程抢险人员必须佩戴好防毒面罩，进入现场详细检查，找出原因；抢险抢修人员在安全的前提下，迅速开展对泄漏点的抢修堵漏工作。

4）煤气泄漏较严重时，应迅速划分危险单元，组织治安队在目标单元周围200 m范围

内设立警戒线，严禁无关人员及车辆通过，查禁所有明暗火源。

5）现场应急指挥根据情况及时报告当地政府相关管理部门，请求外部支援，对处在危险区域内的所有人员进行紧急疏散。

（2）发生人员煤气中毒时的应急处置

发生人员煤气中毒时应采取的应急处置措施如下。

1）进入泄漏区的人员必须佩戴一氧化碳报警仪、氧气呼吸器。

2）设置隔离区并进行监护，防止其他人员进入煤气泄漏的区域。

3）抢救人员要尽快让中毒人员离开中毒环境，并尽量让中毒人员静躺，避免活动后加重心、肺负担及增加氧的消耗量。

4）事故现场杜绝任何火源。

5）搜索后，要对在岗人员及参加抢险的人员进行人数清点，在人数不符的情况下搜救工作不能终止，直到人员全部点清。

6）对泄漏点周围逐个地点进行搜索，特别是死角、夹道等不易引起注意的地方全面进行搜索。

7）应对警戒区域内的煤气含量进行检测，超过规定标准时警戒区不能撤销。

（3）煤气泄漏引发火灾、爆炸时的应急处置

煤气泄漏引发火灾、爆炸时应采取的应急处置措施如下。

1）煤气轻微泄漏引起着火，可用湿泥、湿麻袋堵住着火部位，进行扑救和灭火，火焰熄灭后再按有关规定，补好泄漏处。

2）直径小于100 mm的煤气管道着火时，可直接关闭阀门，切断气源灭火。

3）直径大于100 mm的煤气管道或煤气设备着火时，应向管道或设备内通入大量蒸汽或氮气，同时降低煤气压力，缓慢关小阀门但压力不得小于100 Pa，以防止回火引起爆炸，使事故扩大，待火焰熄灭后再彻底关闭阀门。

4）煤气管道或设备被烧红，不得用水骤然冷却，以防管道或设备变形断裂。

5）当管道法兰、补偿器、阀门等处着火时，如果火势较小，戴好呼吸器可用就近备用灭火器灭火；如果火势较大，灭火器不能使火熄灭，可用消防车、消防水冷却设备，同时向系统内通入蒸汽或氮气，逐渐关闭阀门，待火焰熄灭后彻底切断气源灭火。

6）当火灾发生时，目标单元事发危险区域要将警戒线扩大至300～500 m范围，防止他人误入危险区，事故隐患未彻底消除，安全警戒不得解除。

7）当发生煤气爆炸事故时，在未查明事故原因和采取必要安全措施前，不得向煤气设施复送煤气。

2. 高温液体喷溅意外伤害与应急处置

冶金生产过程中的高温液体具有温度高，热辐射强的特性，如铁水、钢水、钢渣、铁渣的温度往往在1 250～1 670℃。高温液体易喷溅，对危险范围内的作业人员，极易造成灼伤，据有关资料统计，灼伤约占炼钢厂总伤害的1/4，居各种伤害的第2位。

高温液体发生喷溅、溢出或泄漏时除了可能直接对人员造成灼烫伤害外，还潜藏着发生爆炸的严重危害，还有可能诱发其他二次伤害或事故，给企业造成巨大损失。

(1) 发生高温液体喷溅时采取的应急处置

发生高温液体喷溅时，采取的应急处置措施如下。

1）人员身上着火，严禁奔跑，相邻人员要帮助灭火。

2）心跳、呼吸停止者，应立即心肺复苏。

3）面部、颈部深度烧伤及出现呼吸困难者，应迅速送往医院，设法做气管切开手术。

4）非化学物质的烧伤创面，不可用水淋，创面水泡不要弄破，以免创面感染。

5）用清洁纱布等盖住创面，以免感染。

6）如伤员口渴，可饮用盐开水，不可喝生水及大量白开水，以免引起脑水肿及肺水肿。

7）严重灼伤者，争取在休克出现之前，迅速送医院医治。

8）送伤员前，尽可能提前通知医院做好抢救准备事宜。

(2) 发生高温液体溢出、爆炸可采取的应急处置

发生高温液体溢出、爆炸可采取的应急处置措施如下。

1）凡发生高温液体溢流，应立即停止作业。危险区内严禁有人。

2）发生漏铁、漏钢事故时，要将剩余铁、钢水倒入备用罐内。

3）高温液体溢流地面遇有乙炔瓶、氧气瓶等易燃易爆物品时，如不能及时搬走，要采取降温措施。

4）溢流、泄漏地面的铁水、钢水在未冷却之前，不能用水扑救。防止水出现分解，引起爆炸。

5）高温液体溢出或泄漏诱发火灾时，不能用水来扑救，一般采用干粉灭火器。

6）一旦诱发了火灾爆炸等二次事故，应立即设置警戒区，禁止人员进入。

3. 冶金生产火灾爆炸意外伤害与应急处置

在冶金生产过程中，特别是煤粉制备、输送与喷吹过程中，可能产生火灾、爆炸、中毒、窒息、建筑物坍塌等事故。密闭生产设备中发生的煤粉爆炸事故可能发展成为系统爆炸，摧毁整个烟煤喷吹系统，甚至危及高炉；抛射到密闭生产设备以外的煤粉可能导致二次粉尘爆炸和次生火灾，扩大事故危害。

(1) 火灾爆炸事故的应急处置

一旦发生火灾爆炸事故，为防止事故进一步扩大，现场可采取以下应急措施。

1）指定专人维护事故现场秩序，阻止无关人员进入事故现场，严防二次伤害，指导救援人员进入事故现场。

2）认真保护事故现场，凡与事故有关的物体、痕迹、状态，不得破坏，为抢救受伤者需要移动某些物体时，必须做好标记。

3）受伤人员根据实际需要，立即实施现场救护，如心肺复苏、外伤包扎等，同时应迅速联系专业救护。

4）及时收集现场人员位置、数量信息，准确统计伤亡情况，防止其他人员受困或被遗漏。

5）及时切断与运行设备的联系，保证其他设备的安全运行。如果是在有压力容器的部位发生火灾，要及时隔离，严防引发压力容器爆炸事故。

6）确定事故状态对周边相关动力管网的影响情况，采取安全防范措施。

7）转移易燃、易爆等危险品，运用隔离设施严防烧、摔、砸、炸、窒息、中毒、高温、辐射等原因导致对救援人员造成的伤害。

（2）对烧伤人员的应急处置与救治

当发生热物体灼烫伤害事故时，事发单位首先了解情况，及时抢修设备，进行堵漏，并使伤者迅速脱离热源，然后对烫伤部位用自来水冲洗或浸泡。但不要给烫伤创面涂有颜色的药物如紫药水，以免影响对烫伤深度的观察和判断，也不要将牙膏、油膏等物质涂于烫伤创面，以减少创面感染的机会，减小就医时处理的难度。如果出现水泡，不要将泡皮撕去，避免感染。简单救治后应及时送医院救治。

4. 冶金生产高温中暑意外伤害与应急处置

高温作业是指工作地点具有生产性热源，当室外实际达到本地区夏季室外通风设计计算温度的气温时，其工作地点气温高于室外气温2℃或2℃以上的作业。高温作业几乎遍布于工业生产的所有行业，主要的高温作业工种有：炼钢、炼铁、造纸、塑料生产、水泥生产等。

（1）高温作业对人体的危害

高温作业时，人体可出现一系列生理功能改变，这些变化在一定限度范围内是适应性反应，但如超过此范围，则产生不良影响，甚至引起病变。

1）对循环系统的影响。高温作业时，皮肤血管扩张，大量出汗使血液浓缩，造成心脏活动增加、心跳加快、血压升高、心血管负担增加。

2）对消化系统的影响。高温对唾液分泌有抑制作用。使胃液分泌减少，胃蠕减慢，造成食欲不振；大量出汗和氯化物的丧失，使胃液酸度降低，易造成消化不良。此外，高温可使小肠的运动减慢，形成其他胃肠道疾病。

3）对泌尿系统的影响。高温下，人体的大部分体液由汗腺排出，经肾脏排出的水盐量大大减少，使尿液浓缩，肾脏负担加重。

4）神经系统。在高温及热辐射作用下，肌肉的工作能力、动作的准确性、协调性、反应速度及注意力降低。

(2) 中暑症状的程度和应急处置

中暑是在高温、高湿或强辐射气象条件下发生的，以体温调节障碍为主的急性疾病。按发病机理，中暑可分为四种类型，即热射病、热痉挛、日射病和热衰竭。通常的中暑一般为以上四种类型的综合征。

中暑根据病征的程度和应急处置请参阅前面的内容。

第三节　化工企业意外伤害事故应急处置与救护

一、化工企业生产的特点与常见事故伤害

化工企业的生产具有易燃、易爆、易中毒、高温、高压、易腐蚀等特点，与其他行业相比，生产过程中潜在的不安全因素更多，危险性和危害性更大，因此对安全生产的要求也更加严格。目前，随着化工生产技术的发展和生产规模的扩大，企业安全已经不再局限于企业自身，一旦发生有毒有害物质泄漏，不但会造成生产人员中毒伤害事故，导致生产停顿、设备损坏，并且还有可能波及社会，造成其他人员中毒伤亡，造成无法估量的损失和难以挽回的影响。

1. 化工企业生产特点

化工企业运用化学方法从事产品的生产，生产过程中的原材料、中间产品和产品，大多数都具有易燃易爆的特性，有些化学物质对人体存在着不同程度的危害。化工企业生产与其他行业企业生产还有所不同，具有高温高压、毒害性、腐蚀性、生产连续性等特点，比较容易发生泄漏、火灾、爆炸等事故，而且事故一旦发生，比其他行业企业事故具有更大的危险性，常常造成群死群伤的严重事故。

化工企业在生产经营以及储存、运输、使用等环节，由于自身的特性，具有以下几个特点。

1）生产原料具有特殊性。化工企业生产使用的原材料，以及半成品和成品，种类繁多，并且绝大部分是易燃易爆、有毒、有腐蚀性的危险化学品，这不仅在生产过程中对这

些原材料、燃料的使用、储存和运输提出较高的要求，而且对中间产品和成品的使用、储存和运输都提出了较高的要求。

2）生产过程具有危险性。在化工企业的生产过程中，所要求的工艺条件严格甚至苛刻，有些化学反应在高温、高压下进行，有的要在低温、高真空度下进行。在生产过程中稍有不慎，就容易发生有毒有害气体泄漏、爆炸、火灾等事故，酿成巨大的灾难。

3）生产设备、设施具有复杂性。化工企业的一个显著特点，就是各种各样的管道纵横交错，大大小小的压力容器遍布全厂，生产过程中需要经过各种装置、设备的化合、聚合、高温、高压等程序，生产过程复杂，生产设备、设施也复杂。大量设备设施的应用，减轻了操作人员劳动强度，提高了生产效率，但是设备设施运行一旦失控，就会产生各种事故。

4）生产方式具有严密性。目前的化工生产方式，已经从过去落后的坛坛罐罐的手工操作、间断生产，转变为高度自动化、连续化生产；生产设备由敞开式变为密闭式；生产装置从室外设置转为室内摆放；生产操作由分散控制变为集中控制，同时也由人工手动操作变为仪表自动操作，进而发展为计算机控制，从而进一步要求严格周密，不能有丝毫的马虎大意，否则就容易导致事故的发生。

随着化学工业的发展，化工企业生产的特点不仅不会改变，反而会由于科学技术的进步，使这些特点进一步强化。因此，化工企业在生产过程和其他相关过程中，必须有针对性地采取积极有效的措施，加强安全生产管理，防范各类事故的发生，保证安全生产。

2. 化工生产事故的特点

化工生产事故有以下突出特点：一是化学物质大量意外排放或泄漏造成的事故，造成人体的伤亡极其惨重，损失巨大。二是化工生产事故不仅有化学性损害，且具有损害多样性，即事故不仅能够造成人员的死亡，还能够造成受伤害者人体各器官系统暂时性或永久性的功能性或器质性损害；可以是急性中毒，也可以是慢性中毒；不但影响本人，也有可能影响后代；可能致畸，也可能致癌。三是化工生产事故由于各种毒物分布广、事故多，因而污染严重，且环境被污染后，彻底消除十分困难。四是化工生产事故不受地形、气象和季节影响。无论企业大小、气象条件如何，也无论春夏秋冬，事故随时随地都有可能发生。五是化学物质种类多，目前统计有5 000～10 000种，因而当事故发生后，迅速确定是哪种物质引起的伤害十分困难，这对事故发生后的应急救援不利。

在化工企业生产中，由于各种原因，在危险化学品生产、运输、仓储、销售、使用和废弃物处置等各个环节都出现过许多重特大事故，给人民的生命财产造成严重的损失。

二、化工企业生产意外伤害与应急处置

1. 火灾爆炸事故意外伤害与应急处置

在化工企业生产过程中和危险化学品运输、仓储、销售、使用和废弃物处置等各个环节，由于化学物质的原因、气象因素的原因、违章操作的原因等，都有可能导致火灾事故、爆炸事故的发生。这方面的事例很多，而且教训深刻。

（1）扑救危险化学品火灾的一般对策

1）扑救初期火灾。在火灾尚未扩大到不可控制之前，应尽快用灭火器来控制火灾。迅速关闭火灾部位的上下游阀门，切断进入火灾事故地点的一切物料，然后立即启用现有各种消防装备扑灭初期火灾和控制火源。

2）对周围设施采取保护措施。为防止火灾危及相邻设施，必须及时采取冷却保护措施，并迅速疏散受火势威胁的物资。有的火灾可能造成易燃液体外流，这时可用沙袋或其他材料筑堤拦截流淌的液体或挖沟导流，将物料导向安全地点。必要时用毛毡、湿草帘堵住下水井、窨井口等处，防止火焰蔓延。

3）火灾扑救。危险化学品火灾绝不可盲目行动，应针对每一类化学品，选择正确的灭火剂和灭火方法。必要时采取堵漏或隔离措施，预防次生灾害扩大。当火势被控制以后，仍然要派人监护，清理现场，消灭余火。

（2）几种特殊物品的火灾扑救注意事项

对几种特殊物品的火灾扑救，需要注意以下事项。

1）扑救液化气体类火灾，切忌盲目扑灭火势，在没有采取堵漏措施的情况下，必须保持稳定燃烧。否则，大量可燃气体泄漏出来与空气混合，遇着火源就会发生爆炸，后果将不堪设想。

2）对于爆炸物品火灾，切忌用沙土盖压，以免增强爆炸物品爆炸时的威力；扑救爆炸物品堆垛火灾时，水流应采用吊射，避免强力水流直接冲击堆垛，造成堆垛倒塌引起再次爆炸。

3）对于遇湿易燃物品火灾，绝对禁止用水、泡沫、酸碱等湿性灭火剂扑救。

4）氧化剂和有机过氧化物的灭火比较复杂，应针对具体物质具体分析。

5）扑救毒害品和腐蚀品的火灾时，应尽量使用低压水流或雾状水，避免腐蚀品、毒害品溅出；遇酸类或碱类腐蚀品，最好调制相应的中和剂稀释中和。

6）易燃固体、自燃物品一般都可用水和泡沫扑救，只要控制住燃烧范围，逐步扑灭即可。但有少数易燃固体、自燃物品的扑救方法比较特殊。如2，4—二硝基苯甲醚、二硝基

萘、萘等是易升华的易燃固体，受热放出易燃蒸气，能与空气形成爆炸性混合物，尤其在室内，易发生爆燃，在扑救过程中应不时向燃烧区域上空及周围喷射雾状水，并消除周围一切火源。

注意：发生危险化学品火灾时，灭火人员不应单独灭火，应该2～3人一组，相互照应。灭火时出口应始终保持畅通，发生意外要保证能够及时撤出。

(3) 爆炸事故的应急处置要领

发生危险化学品爆炸事故时，一般应采取以下应急处置对策。

1）迅速判断和查明再次发生爆炸的可能性和危险性，紧紧抓住爆炸后和再次发生爆炸之前的时机，采取一切可能的措施，全力制止再次爆炸的发生。

2）如果物品有疏散可能，人身安全确实有可靠保障，应迅速组织力量及时疏散着火区域周围的爆炸物品，使着火区周围形成一个隔离带。

3）灭火人员应尽量利用现场现成的掩蔽体或尽量采用卧姿等低姿射水，尽可能地采取自我保护措施。消防车辆不要停靠离爆炸物品太近的水源。

4）灭火人员发现有发生再次爆炸的危险时，应立即向现场指挥报告，现场指挥应迅速做出准确判断，确定有发生再次爆炸征兆或危险时，应立即下达撤退命令。灭火人员看到或听到撤退信号后，应迅速撤至安全地带，来不及撤退时，应就地卧倒。

2. 危险化学品泄漏事故意外伤害与应急处置

危险化学品泄漏事故具有突发性、复杂性和高度致命性的特点，事故作用时间长，所造成的危害极大，给民众带来的心理恐怖大，远期效应明显，因此危险化学品事故急救十分重要。在进行危险化学品泄漏事故紧急处置过程中，一定要首先做好自身的安全防护。个人防护装备是危险化学品事故抢险救援人员必需的防护装备，救援中应当正确选用。

(1) 呼吸防护装备的种类和正确选用

呼吸防护用品主要分为过滤式和隔绝式两种。过滤式呼吸器只能在不缺氧的环境（即环境空气中氧的体积分数不小于18%）和低浓度毒污染下使用，一般不能用于罐、槽等密闭狭小容器中作业人员的防护。过滤式呼吸器主要有防尘呼吸器和防毒呼吸器。隔绝式呼吸器能使呼吸器官与污染环境隔离，由呼吸器自身供气（空气或氧气），或从清洁环境中引入空气维持人体的正常呼吸。可在缺氧、尘毒严重污染、情况不明的危险化学品事故处置场所使用，一般不受环境条件限制。按供气形式分为自给式和长管式两种类型。危险化学品事故抢险救援现场人员主要佩戴隔绝式呼吸器。

1）防尘呼吸器应根据作业场所粉尘浓度、粉尘性质、分散度、作业条件及劳动强度等因素，合理选择不同防护级别的防尘或防微粒口罩。

2）防毒呼吸器应根据作业场所毒物的浓度、种类、作业条件选择使用，使用者应选择适合自己面型的面罩型号，选定滤毒罐的种类和品种。

（2）救援防护装备与器材的选用

1）防护服。防护服的种类很多，供危险化学品事故应急处理现场人员使用的主要有防毒服和防火服。

防毒服分为密闭型和透气型两类。前者在污染较严重的场所使用，后者在轻、中度污染场所使用。密闭型防护服有多种类型，如送气型、胶布防毒衣、防酸碱工作服等。送气型防护服整体为密闭式结构，在腋下、袖口、裤口处设置排气阀门，清洁空气从头部送入，由排气阀排出；胶布防毒衣采用特制的防毒胶布缝制拼粘而成，可防强烈刺激性毒气和烧伤性、脂溶性液体化学物质对皮肤的伤害；透气型防毒衣使用特殊透气性材料缝制，其袖口、裤口设置纽扣或扎带，能消除一定量毒气、毒烟雾对人体的危害；防酸碱工作服采用耐酸碱材料制成，保护人体不受酸、碱液体及气雾伤害。

防火服主要用于消防、火灾场所人员的防护，选用耐高温、不易燃、隔热、遮挡辐射热效率高的材料制成。

2）眼部防护用品。全新的防酸、碱眼罩呈全封闭状，眼面呈斜方形，形状呈弦弧形。软体眼罩左右侧及底部均有透气孔，耳部附有一根强拉力松紧带，可自由调节，在罩体上部有一沟槽，可以防止酸、碱液喷溅时，渗入皮肤与罩体的缝隙间。

3）手、脚部防护用品。在危险化学品作业场所主要使用耐腐蚀的手套和防酸碱靴。常用的耐腐蚀手套有橡胶耐酸碱手套、乳胶耐酸碱手套和塑料耐酸碱手套，应具有耐酸碱腐蚀、防酸碱渗透、耐老化，具有一定的强力性能，用于接触酸碱液的手的防护。防酸碱靴，主要用于地面有酸碱及其他腐蚀性液体或有腐蚀性液体飞溅的场所。防酸碱靴的底和皮应具有良好的耐酸碱性能和抗渗透性能。

（3）进入泄漏现场的注意事项

进入泄漏现场进行应急处理时，一定要注意以下事项。

1）进入现场救援人员必须装备必要的个人防护器具。

2）如果泄漏物是易燃易爆的，事故中心区应严禁火种，切断电源，禁止车辆进入，立即在边界设置警戒线。

3）如果泄漏物是有毒的，应使用专用防护服、隔绝式空气面具，并立即在事故中心区边界设置警戒线。

4）应急处理时严禁单独行动，要有监护人，必要时用水枪、水炮掩护。

在确保人员安全的前提下，尽快关阀堵漏。根据实际情况，可以采取关闭阀门、停止作业或改变工艺流程、物料走副线、局部停车、打循环、减负荷运行等，采用合适的材料和技术手段堵住泄漏处。

（4）对泄漏物的处理

处理泄漏物，通常有以下几种办法。

1）围堤堵截。筑堤堵截泄漏液体或者引流到安全地点。储罐区发生液体泄漏时，要及时关闭雨水阀，防止物料沿明沟外流。

2）稀释与覆盖。向有害物蒸气云喷射雾状水，加速气体向高空扩散。对于可燃物，也可以在现场施放大量水蒸气或氮气，破坏燃烧条件。对于液体泄漏，为降低物料向大气中的蒸发速度，可用泡沫或其他覆盖物品覆盖外泄的物料，在其表面形成覆盖层，抑制其蒸发。

3）收集。对于大型泄漏，可选择用隔膜泵将泄漏出的物料抽入容器内或槽车内；当泄漏量小时，可用沙子、吸附材料、中和材料等吸收中和。

4）废弃。将收集的泄漏物运至废物处理场所处置。用消防水冲洗剩下的少量物料，冲洗水排入污水系统处理。

(5) 努力减轻泄漏危险化学品的毒害

参加危险化学品泄漏事故处置的车辆应停于上风方向，消防车、洗消车、洒水车应在保障供水的前提下，从上风方向喷开花小或水雾对泄漏出的有毒有害气体进行稀释、驱散；对泄漏的液体有害物质可用沙袋或泥土筑堤拦截，或开挖沟坑导流、蓄积，还可向沟、坑内投入中和（消毒）剂，使其与有毒物直接起氧化、氯化作用，从而使有毒物改变性质，成为低毒或无毒的物质。对某些毒性很大的物质，还可以在消防车、洗消车、洒水车水罐中加入中和剂（浓度比为5%左右），则驱散、稀释、中和的效果更好。

1）搞好现场检测。应不间断地对泄漏区域进行定点与不定点的检测，以及时掌握泄漏物质的种类、浓度和扩散范围，恰当地划定警戒区。

2）把握好灭火时机。当危险化学品大量泄漏，并在泄漏处稳定燃烧，在没有制止泄漏绝对把握的情况下，不能盲目灭火，一般应在制止泄漏成功后再灭火。否则，极易引起再次爆炸、起火，将造成更加严重的后果。

3. 人员中毒意外伤害与应急处置

发生有毒物质泄漏事故后，现场人员应立即向有关部门领导报告；通知停止周围一切可能危及安全的动火、产生火花的作业，消除一切火源；通知附近无关人员迅速离开现场，严禁闲人进入毒物污染区等。

(1) 中毒事故现场应急处置注意事项

进行现场急救的人员，应按照事故预案进行处置，遵守相关规定，不要盲目采取行动。需要注意的事项有：

1）参加抢救人员必须听从指挥，抢救时必须分组有序进行，不能慌乱。

2）救护者应戴好防毒面具或氧气呼吸器、穿好防毒服后，从上风向快速进入事故现场。

3）迅速将伤员从上风向转移到空气新鲜的安全地方。

4）救护人员在工作时，应注意检查个人危险化学品应急救援防护装备的使用情况，如发现异常或感到身体不适时要迅速离开染毒区。

5）假如有多个中毒或受伤的人员被送到救护点，应按照“先救命、后治病，先重后轻、先急后缓”的原则分类对伤员进行救护。

（2）窒息性气体中毒的现场急救

一氧化碳、硫化氢、氮气、光气、双光气、二氧化碳及氰化物气体等统称窒息性气体，它们引起急性中毒事故的共同特点是突发性、快速性和高度致命性，常来不及抢救。因此，一旦发现此类窒息性气体的现场有人中毒昏倒，单凭勇敢精神和救人愿望贸然进入毒源区，非但救不了他人，反而会危害自己。应当采取“一戴二隔三救出”的急救措施。

1）“一戴”。施救者应立即佩戴好输氧或送风式防毒面具；无条件可佩戴防毒口罩，但需注意口罩型号要与毒物防护种类相符，腰间系好安全带或绳索，方可进入高浓度毒源区域施救。由于防毒口罩对毒气滤过率有限，故佩戴者不宜在毒源处时间过久，必要时可轮流或重复进入。毒源区外人员应严密观察、监护，并拉好安全带（或绳索）的另一端，一旦发现危情迅速令其撤出或将其牵拉出。

2）“二隔”。由施救人员携带送风式防毒面具或防毒口罩，并尽快将其戴在中毒者口鼻上，紧急情况下也可用便携式供氧装置（如氧气袋、瓶等）供其吸氧。此外，毒源区域迅速通风或用鼓风机向中毒者方向送风也有明显效果。

3）“三救出”。抢救人员在“一戴、二隔”的基础上，争分夺秒地将中毒者移离出毒源区，进行进一步医疗急救。一般以两名施救人员抢救一名中毒者为宜，可缩短救出时间。

4. 有限空间作业人员意外伤害与应急处置

在化工企业，由于生产的需要，塔、槽、炉、罐、井等设备不但随处可见，而且数量繁多，它们承担着重要的生产任务，起着重要的生产作用。多数设备内存介质都与易燃易爆、有毒、易腐蚀的气体、液体有关，所以，进入有限空间或者密闭空间作业，特别需要注意安全。如果发现有对作业人员不利的异常情况，应及时通知作业人员快速退出危险作业场所。如果器内作业人员发生了身体不适、晕眩、昏倒等异常病状，及时组织抢救。

（1）有限空间作业人员意外伤害现场的应急处置

有限空间作业人员意外伤害现场应急处置注意事项如下。

1）现场应急指挥负责人和应急人员首先对事故情况进行初始评估。根据观察到的情况，初步分析事故的范围和扩展的潜在可能性。

2）使用检测仪器对有限空间有毒有害气体的浓度和氧气的含量进行检测。也可采用动物（如白鸽、白鼠、兔子等）试验方法或其他简易快速检测方法作为辅助检测。

3）根据测定结果采取加强通风换气等相应的措施，在有限空间的空气质量符合安全要求后方可作业。

4）抢险人员要穿戴好必要的劳动防护用品（呼吸器、工作服、工作帽、手套、工作鞋、安全绳等），系好安全带，以防受到伤害。

5）在有限空间内作业用的照明灯应使用 12 V 以下安全行灯，照明电源的导线要使用绝缘性能好的软导线。

6）发现有限空间有受伤人员，用安全带系好被抢救者两腿根部及上体，妥善提升，使受伤者脱离危险区域，避免影响其呼吸或触及受伤部位。

7）抢险过程中，有限空间内抢险人员与外面监护人员应保持通信联络畅通，并确定好联络信号，在抢险人员撤离前，监护人员不得离开监护岗位。

8）救出伤员对其进行现场急救，并及时将伤员转送医院。

（2）对中毒伤员现场的急救

1）经呼吸道中毒时，应迅速离开现场，移至空气新鲜且流通的地方。

2）经口服中毒者，立即洗胃，并用催吐剂促其将毒物排出。

3）经皮肤中毒者，必须用大量清洁自来水洗涤。

眼、耳、鼻、咽喉黏膜损坏，引起各种刺激症状者，需分轻重，先用清水冲洗，然后由专科医生处理。

（3）对缺氧窒息伤员的现场急救

1）迅速撤离现场，将窒息者移到有新鲜空气的通风处。

2）视情况对窒息者输氧或进行人工呼吸等，必要时严重者速交医生处理。打 120 急救电话。

3）佩戴呼吸器者，一旦感到呼吸不适，迅速撤离现场，呼吸新鲜空气，同时检查呼吸器的问题，及时更换合格的呼吸器。

第四节 机械制造意外伤害事故应急处置与救护

一、机械设备危险因素与常见事故伤害

机械制造行业是各种工业的基础，涉及范围广泛，从业人员数量庞大。据不完全统计，我国有 150 万～200 万劳动者从事机械制造产业，其中包括铸造、锻造、热处理、机械加工和装配等工艺，这些工艺操作中存在着各种职业病危害因素，同时也存在着各种机械设备

的危害。

1. 机械设备存在的危险因素

机械加工设备是各行业机械加工的基础设备，主要有金属切削机床、锻压机械、冲剪压机械、起重机械、铸造机械、木工机械等。

机械设备在规定的使用条件下执行其功能的过程中，以及在运输、安装、调整、维修、拆卸和处理时，无论处于哪个阶段，处于哪种状态，都存在着危险与有害因素，有可能对操作人员造成伤害。

（1）正常工作状态存在的危险。机械设备在完成预定功能的正常工作状态下，存在着不可避免的但却是执行预定功能所必须具备的运动要素，并可能产生危害后果。如零部件的相对运动、刀具的旋转、机械运转的噪声和振动等，使机械设备在正常工作状态下存在碰撞、切割、作业环境恶化等对操作人员安全不利的危险因素。

（2）非正常工作状态存在的危险。在机械设备运转过程中，由于各种原因引起的意外状态，包括故障状态和维修保养状态。设备的故障不仅可能造成局部或整机的停转，还可能对操作人员构成危险，如运转中的砂轮片破损会导致砂轮飞出造成物体打击事故；电气开关故障会产生机械设备不能停机的危险。机械设备的维修保养一般都是在停机状态下进行，由于检修的需要往往迫使检修人员采用一些特殊的做法，如攀高、进入狭小或几乎密闭的空间、将安全装置拆除等，使维护和修理过程容易出现正常操作不存在的危险。

2. 机械设备的主要危害

由危害因素导致的危害主要包括两大类，一类是机械性危害，一类是非机械性危害。

（1）机械性危害主要包括：挤压、碾压、剪切、切割、碰撞或跌落、缠绕或卷入、戳扎或刺伤、摩擦或磨损、物体打击、高压流体喷射等。

（2）非机械性危害主要包括：电流、高温、高压、噪声、振动、电磁辐射等产生的危害；因加工、使用各种危险材料和物质（如易燃易爆材料、毒物、腐蚀品、粉尘及微生物、细菌、病毒等）产生的危害；还包括因忽略安全人机学原理而产生的危害等。

3. 金属切削机床的危险因素和意外伤害

金属切削机床（简称“机床”）是用切削的方法将金属毛坯加工成具有一定形状、一定尺寸精度和一定表面质量的机器零件的机器。在机床上装卡被加工工件和切削刀具，带动工件和刀具进行相对运动；在相对运动中，刀具从工件表面切去多余的金属层，使工件成为符合预定技术要求的机器零件。按加工性质和所用刀具分类，目前，国家标准《金属切削机床型号编号方法》（GB 15375—1994）将机床分为 11 大类。

(1) 金属切削机床的主要危险因素

金属切削加工是用刀具从金属材料上切除多余的金属层，其过程实际就是切屑形成的过程。切屑可能对操作人员造成伤害，或对工件造成损坏，如崩碎的切屑可能崩溅伤人；带状切屑会连绵不断地缠绕在工件上，损坏已加工的表面。

金属切削主要的危险因素有：机械转动部件外露时，无可靠有效的防护装置；机床执行部件，如装夹工具、夹具或卡具脱落、松动；机床本体的旋转部件有突出的销、楔、键；加工超长工件时伸出机床尾端的部分；工、卡、刀具放置不当；机床的电气部件设置不规范或出现故障等。

(2) 金属切削加工常见机械伤害

1）挤压。如压力机的冲头下落时，对手部造成挤压伤害；人手也可能在螺旋输送机、塑料注射成型机中受到挤压伤害。

2）咬入（咬合）。典型的咬入点是啮合的齿轮、传送带与带轮、链与链轮、两个相反方向转动的轧辊。

3）碰撞和撞击。典型例子是人受到运动着的刨床部件的碰撞；另一种是飞来物撞击造成的伤害。

4）剪切。这种事故常发生在剪板机、切纸机上。

5）卡住或缠住。运动部件上的凸出物、传送带接头、车床的转轴、加工件等都能将人的手套、衣袖、头发、辫子甚至工作服口袋中擦拭机械用的棉纱缠住而对人造成严重伤害。

需要注意的是，一种机械可能同时存在几种危险，即可能同时造成几种形式的伤害。

(3) 操作机械发生事故的原因

在一般情况下，操作机械而发生事故的原因如下。

1）机械设备安全设施缺损，如机械传动部位无防护罩等。造成这种情况，可能是无专人负责保养，也可能是无定期检查、检修、保养制度。

2）生产过程中防护不周。如车床加工较长的棒料时，未用托架。

3）设备位置布置不当，如设备布置得太挤，造成通道狭窄，原材料乱堆乱放，阻塞通道。

4）未正确使用劳动防护用品。

5）没有严格执行安全操作规程，或者安全操作规程不全面完整。

6）作业人员没有接受安全教育，不懂安全基本知识。

要杜绝这些隐患，光靠安全管理是不行的，还必须掌握一定的安全技术知识。

(4) 金属切削机械的安全技术要求

进行金属切削的机械设备很多，如车床、刨床、铣床、镗床等。它们一般都具有操纵装置、传动装置、保险装置、照明装置。这些部位都应有明确的安全技术要求，如不符合安全技术要求应立即整改。

1）操纵装置的安全技术要求。金属切削机床的操纵盘、开关、手柄等应装在适当的位置，便于操作。变速箱、换向机械应有明显挡位和标志牌；开关、按钮应用不同的颜色，如停车用红色，开车用绿色，倒车用黑色；必须装有性能良好的制动装置。

2）保险装置的安全技术要求。保险装置是指突然发生险情时，能自动消除危险因素的安全装置。如机床超负荷时，能自动断开机床传动部分的离合器；当人员操作时身体或手进入危险部位时，光电自动保护装置自动切断电源，停止机床运转等。在使用机床时，应先检查这些装置的性能是否良好。

3）传动装置的安全技术要求。机床传动部位的防护装置，目前在我国定型的新机床的设计与制造中，都已作为机床的一个整体产品出厂。但一些企业在设备安装过程中，尤其是经过设备修理之后，往往将安全防护装置弃之不用。有些企业自制土设备不安装防护装置，造成齿轮、传动带、传动轴等外露伤人。为此，有些单位总结出“有轮必有罩，有轴必有套”的安全生产经验。一定要牢记那些血的教训。严格按安全操作规程办，严禁使用安全防护装置缺损的机床设备。

4）照明装置的安全技术要求。照明装置在机床操作中似乎可有可无，其实不然。如果照明不够，操作人员就会弯腰将脸凑近加工件细看，这就容易造成工件、刀具在切削时将操作人员面部划伤的工伤事故。对此，机床上必须安装 36 V 以下的局部照明灯。

5）金属切屑时的防护。机床在高速切削时所形成的金属屑很锋利，经常伤害操作者的眼睛和裸露部位；带状缠屑有时缠在工件、刀具、手柄等部位，操作人员在清理时往往发生工伤事故。要消除这类事故隐患，可根据不同情况采用不同的方法。目前使用较多的有不重磨硬质合金钢刀片机械夹固法。对于飞溅金属碎屑，除了操作者操作时必须戴好防护镜外，还需安装防护罩，防止金属切屑飞溅。

6）正确使用防护用品。机床运行时，操作人员不准戴手套；女工必须将长发罩入工作帽内；必须戴好防护眼镜；工作服的纽扣要扣上，下摆要紧，袖口要扎牢或戴好袖套。

4. 机械加工危害因素

机械加工是利用各种机床对金属零件进行车、刨、钻、磨、铣等冷加工；在机械制造过程中，通常是通过铸、锻、焊、冲压等方法制造成金属零件的毛坯，然后再通过切削加工制成合格零件，最后装配成机器。

1）一般机械加工在生产过程中存在的职业危害相对较小，主要是金属切削中使用的乳化液和切削液对工人的影响。通常所用的乳化液是由矿物油、萘酸或油酸及碱（苛性钠）等所组成的乳剂。因机床高速运转，乳化液四溅，易污染皮肤，可引起毛囊炎或粉刺等皮肤病。

2）机械加工的粗磨和精磨过程中，会产生大量金属和矿物性粉尘。人造磨石多以金刚砂（三氧化二铝晶体）为主，其中二氧化硅含量较少，而天然磨石含有大量游离二氧化硅，故可能导致铝尘肺和矽肺。

3）特种机械加工的职业危害因素与加工工艺有关。如电火花加工存在金属烟尘；激光加工存在高温和紫外线辐射等；电子束加工存在射线和金属烟尘等；离子束加工存在金属烟尘、紫外线辐射和高频电磁辐射，如果使用钨电极，还有电离辐射危害；电解加工、液体喷射加工和超声波加工相对危害较小。此外，设备运转产生噪声与振动对人体也有影响。

二、机械伤害的应急处置与救治

机械制造企业最为常见的事故是机械伤害，发生人员伤害后，一定要沉着冷静，不要慌乱。

1. 发生事故后的应急处置与救治

发生事故后，做好以下应急处置与救治措施。

（1）伤害事故发生后，要立即停止现场活动，将伤员放置于平坦的地方，现场有救护经验的人员应立即对伤员的伤势进行检查，然后有针对性地进行紧急救护。

（2）在进行上述现场处理后，应根据伤员的伤情和现场条件迅速转送伤员。转送伤员非常重要，搬运不当，可能使伤情加重，严重时还能造成神经、血管损伤，甚至瘫痪，以后将难以治愈，并给伤员带来终身的痛苦，所以转送伤员时要十分注意。

（3）转送伤员时注意事项：如果伤员伤势不重，可采用背、抱、扶的方法将伤员运走。如果伤员伤势较重，有大腿或脊柱骨折、大出血或休克等情况时，就不能用以上方法转送伤员，一定要把伤员小心地放在担架或木板上抬送。把伤员放置在担架上转送时动作要平稳。上、下坡或楼梯时，担架要保持平衡，不能一头高，一头低。伤员应头在后，这样便于观察伤员情况。在事故现场没有担架时，可以用椅子、长凳、衣服、竹子、绳子、被单、门板等制成简易担架使用。对于脊柱骨折的伤员，一定要用硬木板做的担架抬送。将伤员放在担架上以后，要让他平卧，腰部垫一个衣服垫，然后用东西把伤员固定在木板上，以免在转送的过程中滚动或跌落，否则极易造成脊柱移位或扭转，刺激血管和神经，使其下肢瘫痪。

（4）现场应急总指挥立即联系救护中心，要求紧急救护并向上级汇报，保护事故现场。

2. 现场创伤止血的应急救护

如果伤员一次出血量达全身血量的 1/3 以上时，生命就有危险。因此，及时止血是非常重要的。可用现场物品如毛巾、纱布、工作服等立即采取止血措施，如果创伤部位有异物不在重要器官附近，可以拔出异物，处理好伤口，如无把握就不要随便将异物拔掉，应由医生来检查、处理，以免伤及内脏及较大血管，造成大出血。

3. 现场骨折的应急救护

对骨折处理的基本原则是尽量不让骨折肢体活动。因此，要利用一切可利用的条件，及时、正确地对骨折做好临时固定，其目的是：避免骨折断端在搬运时，损伤周围的血管、神经、肌肉或内脏；减轻疼痛，防止休克；便于运送到医院去彻底治疗。临时固定的材料有夹板和敷料，夹板以木板最好，紧急情况下也可用木棍、竹箅等代替；敷料为棉花、纱布或毛巾，用作夹板的衬垫。缠夹板可用绷带、三角巾或绳子。

若上肢骨折，应将上肢挪到胸前，固定在躯干上；若下肢骨折，最好将两下肢固定在一起，且应超过骨折的上下关节，或将断肢捆绑、固定在担架、门板上；重点强调的是，脊骨骨折时，不需要作任何固定，但搬运方法十分重要，搬运时最好用担架、门板等，也可用木棍和衣服、毯子等做成简易担架，让伤员仰躺。无担架、木板需众人用手搬运时，抢救者必须有一人双手托住伤者腰部，切不可单独一人用拉、拽的方法抢救伤员。如果操作不当，即使是单纯的骨折，也可导致继发性脊髓损伤，造成瘫痪；对已有脊髓损伤的伤员，会增加损伤程度，尤其是高位的脊柱骨折，如搬运不当，甚至可能立即致命。

在抢救伤员时，不论哪种情况，都应减小途中的颠簸，也不得随意翻动伤员。

4. 对人员灼烫伤的应急救护

对灼烫的现场急救最基本的要求，首先是迅速脱离热源，衣服着火时应立即脱去，用水浇灭或就地躺下、滚压灭火。冬天身穿棉衣时，有时明火熄灭、暗火仍燃，衣服如有冒烟现象应立即脱下或剪去，以免继续烧伤；身上起火不可惊慌奔跑，以免风助火旺；也不要站立呼叫，免得造成呼吸道烧伤。灭火后对烫伤部位用自来水冲洗或浸泡，在可以耐受的前提下，水温越低越好。一方面，可以迅速降温，减小烫伤面积，减少热力向组织深层传导，减轻烫伤深度；另一方面，可以清洁创面，减轻疼痛。不要给烫伤创面涂有颜色的药物如红汞、紫药水，以免影响对烫伤深度的观察和判断，也不要将牙膏、油膏等油性物质涂于烧伤创面，以减少创面感染的机会，减小就医时处理的难度。如果出现水泡，要注意保留，不要将泡皮撕去，避免感染。

5. 人员高处坠落的应急救护

有人从高处坠落时，首先应仔细观察伤员的神志是否清醒，并察看伤员着地部位及伤势情况，做到心中有数。倘若伤员昏迷，但心跳、呼吸存在，应立即将伤员的头偏向一侧，防止舌根后倒，影响呼吸，并立即将伤员口中可能脱落的牙齿和积血清除，以免误入气管引起窒息；对于无心跳、呼吸的伤员，可立即进行人工呼吸和闭胸心脏按压，待伤员心跳、呼吸好转后，将伤员平卧在平板上，并及时送往医院抢救。若发现伤员耳朵、鼻子出血，可能有脑颅损伤，千万不可用手帕、棉花或纱布去堵塞，以免造成颅内压力增高和细菌感染；若躯体外伤出血，应立即用清洁布块压迫伤口止血，压迫无效时，可用布带或橡皮带等一切可用之物在出血的肢体近躯处捆扎（力度以不出血即可）；若伤员造成骨折，可按前述骨折应急救护处理；如果腹部有开放性伤口，应用清洁布或手巾等覆盖伤口，不可将脱出物还纳，防止感染。

6. 人员眼睛受伤后应急救护

轻度眼伤如眼进异物，切记不可用手揉搓，以防伤到角膜、眼球，可请现场同伴翻开眼皮，用干净手绢、纱布将异物拨出。

如眼中溅入化学物质，要立即用水反复冲洗。重度眼伤，千万不要试图拨出插入眼中的异物，若见到眼球鼓出或从眼球中脱出东西，不可把它推回眼内，这样做十分危险，可能会把能恢复的伤眼弄坏，应让伤者仰躺，救护者设法支撑其头部，并尽可能使其保持静止不动，同时可用消毒纱布或刚洗过的新毛巾轻轻盖上伤眼，尽快送往医院。

第五节　起重和交通伤害事故应急处置与救护

一、起重伤害的应急处置与救治

1. 起重伤害事故的原因

（1）起重司索工未严格遵守起重作业安全规程，违章作业、冒险作业。

（2）安全装置不完善，行车机械、电气故障频繁。

（3）行车司机操作技能欠佳，责任心不强，精力不集中。

（4）指挥信号不标准，上下配合不协调。

（5）工作前未对行车及吊具进行安全检查。

（6）料场库存量严重超量，堆码不齐，堆码超高。

（7）包装不牢固。

除此之外，还有误操作事故、起重机等之间的相互碰撞事故、安全装置失效事故以及野蛮操作等原因导致的事故。

2. 起重伤害主要形式

起重伤害主要有以下几种。

（1）吊重、吊具等重物从空中坠落所造成的人员伤亡和设备毁坏的事故。

（2）作业人员被挤压在两个物体之间所造成的挤伤、压伤、击伤等人身伤害事故。

（3）从事起重机检修、维护的作业人员不慎从机体摔下或被正在运转的起重机机体撞击摔落至地面的坠落事故。

（4）从事起重机械操作人员或检修、维护人员因触电而造成的电击伤亡事故。

（5）起重机机体因失去整体稳定性而发生倾翻事故，造成起重机机体严重损坏以及人员伤亡的机毁事故。

3. 起重伤害发生后的应急处置

（1）发现有人受伤后，必须立即停止起重作业，向周围人员呼救，同时通知现场急救中心，以及拨打“120”等急救电话。报警时，应注意说明受伤者的受伤部位和受伤情况，发生事件的区域或场所，以便让救护人员事先做好急救的准备。

（2）组织进行急抢救的同时，应立即上报项目安全生产应急领导小组，启动应急预案和现场处置方案，最大限度地减少人员伤害和财产损失。

（3）现场医护人员进行现场包扎、止血等措施，防止受伤人员流血过多造成死亡事故发生。创伤出血者迅速包扎止血，送往医院救治。

（4）发生断手、断指等严重情况时，对伤者伤口要进行包扎、止血、止痛、进行半握拳状的功能固定。对断手、断指应用消毒或清洁敷料包扎，忌将断指浸入酒精等消毒液中，以防细胞变质。将包好的断手、断指放在无泄漏的塑料袋内，扎紧好袋口，在袋周围放在冰块，或用冰棍代替，速随伤者送医院抢救。

（5）受伤人员出现肢体骨折时，应尽量保持受伤的体位，由现场医务人员对伤肢进行固定，并在其指导下采用正确的方式进行抬运，防止因救助方法不当导致伤情进一步加重。

（6）受伤人员出现呼吸、心跳停止症状后，必须立即进行心肺复苏。

（7）在做好事故紧急救助的同时，应注意保护事故现场，对相关信息和证据进行收集和整理，配合上级和当地政府部门做好事故调查工作。

二、交通事故现场的急救措施

交通事故俗称“车祸”，是指车辆在道路上因过错或者意外造成人员伤亡或者财产损失的事件。而由于交通事故对人体造成的伤害称为交通事故伤害。交通事故包括火车、汽车、摩托车、自行车、地铁等交通工具造成的事故。

随着机动车辆的普及与道路交通生产规模的扩大，交通事故已经开始成为伤亡人数最多的事故。发生交通事故主要原因有超员、超载、酒后驾驶、恶劣天气等。

1. 交通事故伤害的类型

由于交通事故伤害的发生过程和损伤的类型非常复杂，危重伤发生率高，死亡率高，同时交通事故发生的地理环境、气象条件、受伤人数等客观因素给现场评估和现场救护带来很多困难。因此，了解交通事故伤害的类型与特点，对现场开展及时急救，降低伤残率和死亡率起着至关重要的作用。

交通事故伤害的主要类型有如下几种。

（1）撞击伤：由于车辆或其他钝性物体与人体相撞导致的损伤，多为钝性损伤和闭合性损伤。

（2）跌落伤：因交通事故导致人体从高处坠落造成的损伤，可造成多处骨折和脊柱损伤。

（3）碾压伤：由于车辆轮胎碾压、挤压人体造成的伤害，轻者仅有软组织伤，重者则可能导致严重的组织撕脱、骨折、肢体离断等损伤。

（4）切割刺入伤：在交通事故中，由于锐利的物体对人体组织的切割或刺入造成的损伤，可能造成内脏、血管、神经的损伤。

（5）挤压伤：人体肌肉丰富的部位，在受到重物挤压一段时间后，筋膜间隙内肌肉缺血、变性、坏死，组织间隙出血、水肿，筋膜腔内压力升高，因此造成以肌肉坏死为主的软组织损伤。

（6）挥鞭伤：指车内人员在撞车或者紧急刹车时，因颈部过度后伸或过度前曲产生的损伤，易造成脊椎的脱位，尤其是颈椎和脊髓的损伤。

（7）烧伤：在交通事故中，由于热、电、化学等因素对人体造成的损伤。车辆燃烧产生的有毒烟雾还可能造成中毒。

（8）爆炸伤：因车辆起火爆炸引发的对人体的损伤，主要是冲击波和继发投射物造成的损伤。

（9）溺水：指车辆翻车坠入河流、池塘、湖泊内，人员落水造成的溺水。

2. 交通事故伤害的特点

交通事故伤害几乎涉及人体的各部位，易发生大出血、窒息、休克等危及生命的严重状态。由于受力大、受伤突然、伤情变化快，早期易出现休克、昏迷等危重症。

骨折是最常见的损伤。特点是：各个部位骨折均可能发生；可能同时发生多处骨折；易发生颈椎、腰椎、胸椎骨折。人体的一些重要部位也容易受到伤害，如颅脑外伤、胸腹部外伤、腹部脏器伤。另外还容易发生贯通伤；严重的皮肤擦伤、软组织挫裂伤；肢体毁损伤、离断伤；烧伤。

3. 交通事故伤害发生后的应急救援

车祸发生时，除了确保伤者安全外，还要及时拨打“120”报告交通部门，以防引发其他车祸。车祸时无论伤者受伤程度如何，均需送医院就诊。

（1）向旁人请求支援。无法自行处理时，一定要向旁人求救，及时联络救护车。另外无论多大的车祸都需要报警。为确保伤者安全，原则上尽量不要移动伤者。但若出事地点太危险，则找人帮忙，小心地将伤者搬移至安全场所。

（2）进行自检、自救与互救。一般来说，头部、胸部受伤或多处受伤者，出血多者及昏迷者，均列为重伤。对垂危病人及心跳停止者，需立即进行心脏按压及口对口人工呼吸。对意识丧失者用手帕、手指清除伤员口鼻中泥土、杂物、呕吐物及分泌物，紧急时可用口吸出，以挽救病人生命。随后将伤员放置在侧卧位或俯卧位，以防窒息。对出血多者立即进行加压止血包扎，紧急时可用干净手帕、衬衣等将伤口紧紧压住、包扎。如四肢动脉出血不止时，可在伤口上方 10 cm 处扎止血带。如发现开放性气胸，对吮吸性伤口应进行严密封闭包扎。伴有呼吸困难的张力性气胸，有条件时可在第二肋骨与锁骨中线的交叉点行穿刺排气或放置引流管。对呼吸困难、缺氧并伴有胸廓损伤、胸壁浮动（呼吸反常运动）者应立即用衣物、棉垫等充填，并适当加压包扎，以限制其浮动。对骨折脱臼者要就地取材，用木棍、木板、竹片、布条等固定骨折肢体。

（3）车祸时可能引起不同程度的伤害，最重要的是要沉着应对。首先要检查的是意识及呼吸、脉搏的有无。千万不要扭曲伤者身体，因为车祸时常伤及颈部骨头及神经，扭曲伤者身体是致命的动作。除了检查意识、呼吸、脉搏外，更重要的是检查有没有大出血。血液自伤口大量喷出的动脉性出血或大量流出的静脉性出血，都可能造成生命危险，此时需尽快进行止血。要用干净的手帕压住伤口，利用直接压迫法来防止大出血。大出血时很容易引起休克，所以必须施行休克救护。若意识清醒、未有大出血的轻伤，只要在救护车抵达前，依伤势来进行救护即可。

（4）车祸时，无论伤势多么轻微，即使看来毫发无伤，也一定要接受医师诊治。若未接受医师仔细的诊治，可能引起意想不到的后遗症。

第六节　煤矿生产意外伤害事故应急处置与救护

一、煤矿瓦斯爆炸意外伤害与应急处置

瓦斯学名甲烷，化学分子式是CH_4。矿井瓦斯是伴随煤炭生成的一种气体。在煤层内，吸附的瓦斯量约占煤层瓦斯含量的80%～90%。但是在断层、孔洞和砂岩内，主要为游离瓦斯。如果瓦斯的压力较高，采掘工作接近这些地点时，瓦斯在压力的作用下就能突然大量涌出，造成事故。

1. 煤矿瓦斯及防止其造成事故的技术措施

(1) 瓦斯的性质及特点

1）瓦斯是一种无色、无味的气体，利用人体感官很难鉴别空气中是否有瓦斯存在，所以，检测瓦斯时必须要使用专门的检测仪器。此外，瓦斯比空气轻，易在高处积存。

2）瓦斯难溶于水，但如果煤层中有较大的含水裂隙或流通的地下水通过时，经过漫长的地质年代，就能从煤层中带走大量瓦斯，降低煤层中的瓦斯含量。

3）瓦斯的扩散能力很强，生产中若有瓦斯从某一地点向外涌出，它就能很快在巷道中扩散。又由于瓦斯分子直径很小，所以，瓦斯的渗透能力很强，因此，已封闭的采空区内的瓦斯仍能不断地渗透到矿内空气中。

4）瓦斯无毒，但不能供人呼吸，当空气中的瓦斯浓度较高时会相对降低空气中的氧含量，从而造成人的窒息。同时，矿井瓦斯中含有的乙烷和丙烷还有轻微的麻醉性，在通风不良的矿井或不通风的煤巷中，往往积存大量的瓦斯，人如果进入到这些地点，可能很快昏迷、窒息，甚至死亡。

5）瓦斯具有燃烧性和爆炸性。瓦斯与空气混合达到一定浓度后，遇火能燃烧或爆炸。

6）瓦斯引燃有延迟性。因瓦斯的热容量较大，当瓦斯与高温火源接触时并不会立刻发生燃烧，而是要经过一定的时间才能发生燃烧，这种现象就叫瓦斯点燃的延迟性，间隔的这段时间就称瓦斯爆炸感应期。感应期的长短与瓦斯浓度、火源温度和火源性质等有关。

(2) 防止煤矿瓦斯造成事故的技术措施

防止瓦斯造成事故的技术措施很多，主要有以下三个方面。

1）防止瓦斯积聚，防止瓦斯被引燃。防止瓦斯爆炸事故的扩大，根本措施还是防止瓦斯积聚和防止瓦斯被引燃。

2）防止瓦斯积聚的措施主要有：加强通风是防止瓦斯积聚的根本措施；及时处理局部积存瓦斯；抽放瓦斯的方法一般用于矿井瓦斯涌出量很大、用一般的技术措施效果不佳的情况下；对于井下易于积聚瓦斯的地方，要经常检查其浓度，若发现瓦斯超限及时处理。

3）防止瓦斯燃烧的措施主要有：禁止携带烟草及点火工具下井。井下禁止使用电炉，井下和井口房内不准从事电焊、气焊和使用喷灯接焊等工作。如果必须使用，则须制定安全措施，并报上级批准。在瓦斯矿井应选用矿用安全型、矿用防爆型或矿用安全火花型电气设备。在使用中应保持良好的防爆、防火花性能。电缆接头不准有“羊尾巴、鸡爪子、明接头”。停电停风时，要通知瓦斯检查人员检查瓦斯，恢复送电时，要经过瓦斯检查人员检查后，才准许恢复送电工作。严格执行“一炮三检”制度。

2. 煤矿瓦斯爆炸的应急处置

(1) 煤矿井下一旦发生瓦斯爆炸事故，现场班队长、跟班干部要立即组织人员正确佩戴自救器，引领人员按避灾路线到达最近新鲜风流中，第一时间向矿调度室报告事故地点、现场灾难情况，同时向所在单位值班员报告。

(2) 安全撤离时要正确佩戴自救器，快速撤离，但不能慌乱，尽量低行。

(3) 如因灾难破坏了巷道中的避灾路线指示牌、迷失了行进的方向时，撤退人员应朝着有风流通过的巷道方向撤退。在撤退沿途和所经过的巷道交叉口，应留设指示行进方向的明显标志，以提示救援人员的注意。

(4) 在撤退途中听到或感觉到爆炸声或有空气振动冲击波时，应立即背向声音和气浪传来的方向，脸向下，双手置于身体下面，闭上眼睛，迅速卧倒，头部要尽量放低，有水沟的地方最好躲在水沟边上或坚固的掩体后面，用衣服遮盖身体的裸露部分，以防火焰和高温气体灼伤皮肤。

(5) 在唯一的出口被封堵无法撤退时，应有组织地进行灾区避灾，以等待救援人员的营救。

在瓦斯爆炸事故中，永久避难硐室是遇险人员无法撤出或一时难以撤出灾区时，供遇险人员暂时避难待救的场所。永久避难硐室避灾法在瓦斯爆炸时能够起到较好的避灾效果，但由于避难硐室空间比较狭小，容纳人员有限，且随着工作面的不断向前推进，避难硐室距离工作面也越来越远，因此，遇险人员在碰到瓦斯爆炸事故时很难及时到达避难硐室。

临时避难硐室是在瓦斯爆炸事故后，遇险人员一时难以沿着避灾路线撤出灾区或难以迅速到达避难硐室时，应立即佩戴自救器，到附近的、掘进长度较长的、有压风管路且瓦斯爆炸前正常通风但事故时断电停风的掘进独头巷道内避灾，等待矿山救护队救援。临时避难硐室避灾法同样具有较好的井下避灾作用，能够给众多遇险人员提供避难场所，有利于瓦斯爆炸事故应急救援工作的展开。

进入避难硐室前，应在硐室外留设文字、衣物、矿灯等明显标志，以便于救援人员实施救援。入硐室后，开启压风自救系统，可有规律地间断地敲击金属物、顶帮岩石等方法，发出呼救联络信号，以引起救援人员的注意，指示避难人员所在的位置。

3. 处置瓦斯爆炸事故的注意事项

（1）遇险人员须知道，佩戴自救器呼吸时会感到稍有烫嘴，这是正常现象，不得取下口具和鼻夹，以防中毒。

（2）救援队员救援时必须佩戴呼吸器，必须侦查灾区有无火源，避免再次引发爆炸的危险。

（3）救援队员进入灾区探险或救人时要时刻检查氧气消耗量，保证有足够的氧气返回。

（4）抢险救援期间不得停止井下压风，以供灾区人员呼吸。

（5）掘进工作面发生爆炸或火灾时，正在运转的局部通风机不可随意停止，对已停运的局部通风机不得随意启动。

二、煤矿火灾事故意外伤害与应急处置

煤矿井下为封闭空间，矿井火灾中产生的有毒有害气体会随风流扩散，使灾害范围扩大，又由于井下空间狭窄，给灭火带来极大困难，因此，矿井火灾是煤矿重大灾害之一。

1. 煤矿火灾的不同类型

矿井火灾按照起火原因的不同可分为内因火灾和外因火灾。

(1) 内因火灾

内因火灾是由于煤炭自燃引起的火灾。煤炭之所以能发生自燃，是因为煤炭具有吸收氧气的能力。当煤炭被破碎后或煤层本身裂隙发育时，煤体表面积大大增加。在此情况下，空气中的氧会与之发生氧化反应并生成一定的热量。如果氧化生成的热量不能及时被冷却，它又会加速煤炭的氧化，氧化又将有大量的热量生成。这样恶性循环下去，一旦煤体温度达到其燃烧点，煤炭就会发生自燃。

一般内因火灾起火地点比较隐蔽，不易发现，灭火困难。从以往经验看，煤炭自燃一般经常发生在有大量遗煤而未及时封闭或封闭不严的采空区内；废弃的联络巷和停采线处；巷道两侧和遗留在采空区内受压破坏的煤柱；巷道内堆积的浮煤或煤巷的冒顶、垮帮等处。

(2) 外因火灾

外因火灾是由外来火源引起的火灾。造成外因火灾的主要原因包括：

1）由明火引起的矿井火灾，如井下吸烟、井下使用电（气）焊、井下使用电炉和大灯

泡取暖等引起易燃物着火。

2）电气故障引起矿井火灾，如电流短路产生的弧光、电火花、电缆放炮，设备过载运行导致设备发热等引起的火灾。

3）井下违章爆破引起矿井火灾，如使用变质炸药，井下放糊炮、放明炮和明火放炮，以及井下爆破不使用水炮泥、炮眼封泥量不足等都会引起火灾。

4）瓦斯煤尘爆炸产生的高温也会引起矿井火灾。

5）撞击火花、摩擦生热等也会引起矿井火灾。

外因火灾的特点是发生突然，来势凶猛，且发生的时间与地点往往出乎人们的意料。所以，由于人们没有思想准备，因而会造成人们因惊慌失措而酿成恶性事故。同时，火灾会产生大量的有毒有害气体，造成人员中毒。煤炭燃烧会产生一氧化碳、二氧化碳、二氧化硫、烟尘等。另外，井下坑木、橡胶类物品、聚氯乙烯制品等燃烧时，不仅会产生一氧化碳气体，同时还会产生醇类、醛类以及其他一些复杂的有机化合物等有毒有害气体，这些气体会随风流在井下扩散，有时会波及很大的范围甚至全矿井，从而造成大量人员中毒伤亡。据国内外资料统计，在矿井火灾事故中95%以上的遇难人员是死于有毒气体中毒。

火灾易引起瓦斯、煤尘的爆炸。火灾引起瓦斯、煤尘的爆炸的原因，一是火灾为瓦斯、煤尘爆炸提供了引爆火源。二是由于火灾的作用，一些燃烧物在干馏的作用下，会释放出一些可燃性和可爆性气体，增加了爆炸的危险性。所以，矿井火灾与瓦斯煤尘爆炸经常互为作用，互为转化。

在由明火引起的矿井火灾中，最需要注意的就是井下吸烟。抽烟本来是人们日常生活中极为平常的小事，但是，如果在矿井下抽烟，就有可能是引发事故的大事，如果这时矿井内瓦斯积聚过量，抽烟就会引起瓦斯燃烧爆炸，不仅会伤害自己，也会伤害到他人。类似井下吸烟导致瓦斯爆炸的事故案例很多，教训深刻。

2. 煤矿井下火灾的应急处置

在煤矿井下，无论任何人发现了烟雾或明火，确认发生了火灾，都要立即报告调度室。火灾初起时是灭火的最佳时机，如果火势不大，应立即进行直接灭火，切不可惊慌失措，四处奔跑。

灭火应注意，要有充足的水量，应先从火源外围逐渐向火源中心喷射水流；要保持正常通风，并要有畅通的回风通道，以便及时将高温气体和蒸汽排除；用水扑救电气设备火灾时，首先要切断电源；不宜用水扑灭油类火灾；灭火人员不准在火源的回风侧，以免烟气伤人。

如果火势强大无法扑灭，或者其他地区发生火灾接到撤退命令时，要组织避灾和进行自救。此时要迅速戴好自救器，有组织地撤退。处在火源上风侧的人员，应逆着风流撤退。

处在火源下风侧的人员，如果火势小，越过火源没有危险时，可迅速穿过火区到火源上风侧；或顺风撤退，但必须找到捷径，尽快进入新鲜风流中撤退。撤退时应迅速果断，忙而不乱，同时要随时注意观察巷道和风流的变化情况，谨防火风压可能造成的风流逆转。

如果巷道已有烟雾但不大时，戴好自救器（无自救器或自救器已超过有效使用时间时，应用湿毛巾捂着口、鼻），尽量躬身弯腰，低头快速前进；烟雾大时，应贴着巷道底和巷道壁，摸着铁道或管道快速爬出，迅速撤离。一般情况下不要逆着烟流方向撤退。当有烟且视线不清的情况下，应摸着巷道壁、支架、管道或铁道前进，以免错过通往新风流的连通出口。

在高温浓烟巷道中撤退时，应将衣服、毛巾打湿或向身上淋水进行降温，利用随身物品遮挡头面部，防止高温烟气刺激等。万一无法撤离灾区时，应迅速进入避难硐室，或者就近找一个硐室或其他较安全地点进行避灾自救，等待救援。

如因灾害破坏了巷道中的避灾路线指示牌、迷失了行进的方向时，撤退人员应朝着有风流通过的巷道方向撤退。在撤退沿途和经过的巷道交叉口，应留设指示行进方向的明显标志，以提示救援人员的注意。

在唯一的出口被封堵无法撤退时，应在现场管理人员或有经验的老工人的带领下进行灾区避灾，以等待救援人员的营救。

3. 煤矿火灾事故的现场救护

煤矿进风井口、井筒、井底车场、主要进风道和硐室发生火灾时，为抢救井下人员，应反风或风流短路。反风前，必须将原进风侧的人员撤出，并采取阻止火灾蔓延的措施。采取风流短路措施时，必须将受影响区域内的人员全部撤离。多台主要通风机联合通风的矿井反风时，抽出式矿井要保证非事故区域的主要通风机先反风，事故区域的主要通风机后反风。压入式矿井正好相反。瓦斯矿井应采取正常通风，如必须反风或风流短路时，指挥部应分析反风或风流短路后风流中瓦斯变化情况，防止引起瓦斯爆炸。

进风的下山巷道着火时，必须采取防止火风压造成风流紊乱和风流逆转的措施。改变通风系统和通风方式时，必须有利于控制火风压。灭火中只有在不致使瓦斯很快积聚到爆炸危险浓度，且能使人员迅速退出危险区时，才能采取停止通风的方法。

用水或注浆的方法灭火时，应将回风侧人员撤出。向火源大量灌水或从上部灌浆时，严禁靠近火源地点作业。用水快速淹没火区时，密闭附近不得有人。

为使遇险人员能够在火灾紧急条件下迅速脱离危险，煤矿企业都必须做好以下准备：编制井下各工作点火灾逃生路线图，并组织井下职工学习井下火灾逃生路线和方案；井下工作人员必须携带自救器，并掌握其佩戴方法；井下每隔一定距离配备一定的突发性火灾灭火设备、通风和通信联络装备；调度室工作人员应掌握火灾应急逃生、救灾知识，以便接到火灾求助电话时能在第一时间向遇险人员提供正确的逃生方案指导。

三、煤矿透水事故意外伤害与应急处置

煤矿透水事故是煤矿生产中发生较为频繁的重大灾害事故。特别是近几年来，我国煤矿透水事故有增无减，严重威胁着广大矿工的生命安全。

1. 煤矿透水事故的主要原因

造成矿井透水的水源，主要有地表水、地下含水层、老空水、断层导水、岩溶陷落柱水等。矿井发生透水事故的原因，归纳起来主要有三个方面，一是自然因素，二是技术原因，三是人的行为。

(1) 自然因素

我国大多数煤矿水文地质条件极为复杂，可预见的与不可预见的水文地质构造较多。特别是我国石炭纪地质年代生成的煤田，其煤系地层的底部是奥陶纪充水石灰岩，它的深度大约 800 m、含水丰富、压力高，一旦发生透水，必造成恶性事故。另外，我国煤炭开采历史悠久，煤田中古窑、小井星罗棋布，且又无史料记载，现代勘察难以掌握其准确位置，煤矿生产中一旦连通它们，很可能会造成事故。

(2) 技术原因

我国煤矿起源较早，但直至新中国成立以后，特别是改革开放以后，我国煤矿才得到了迅速发展。时至今日，无论是煤炭产量，还是煤炭数量均居世界第一。经过多年的发展，我国煤矿生产技术有了很大进步，国有煤矿近 80%实现了机械化。同时，煤矿防灾抗灾能力也逐渐增强。但是，不可否认，我国煤矿整体技术水平并不高，甚至还很低。特别是一些乡镇煤矿现仍在使用原始落后的开采方法生产，不仅生产落后，安全也无保证。在矿井防治水害上无技术可言，甚至连基本的防治手段都不具备，不懂什么叫超前预防，只会“兵来将挡，水来土掩”，遇到复杂情况则更难以应对。

(3) 人的行为

人的行为是导致矿井发生水害的重要原因之一。其原因是：人们对水害的认识程度不够；业务人员技术水平不高；经营者只顾眼前利益，乱采乱掘，忽视安全，防治水害投资不足；从业人员以及管理人员不懂水害规律，不知透水预兆，有的即便发现了透水预兆，但存有侥幸心理，冒险作业等，这些都是造成矿井透水事故的原因。

2. 煤矿透水事故的应急处置

井下一旦发生透水事故，应以最快的速度通知附近地区工作人员一起按照规定的避灾

路线撤出。现场班队长、跟班干部要立即组织人员按避水路线安全撤离到新鲜风流中。撤离前，应设法将撤退的行动路线和目的地告知调度室，到达目的地后再报调度室。

要特别注意“人往高处走”，切不可进入低于透水点附近下方的独头巷道。由于透水时，水势来势很猛，冲力很大，现场人员应立即避开出水口和泄水流，躲避到硐室内、巷道拐弯处或其他安全地点。如果情况紧急，来不及躲避时，可抓牢棚梁、棚腿，或其他固定物，防止被水打倒或冲走。在存在有毒、有害气体危害的情况下，一定要佩戴自救器。

人员撤出透水区域后，应立即将防水闸门关死，以隔断水流。在撤退行进中，应靠巷道一侧，抓牢支架或其他固定物，尽量避开压力水头和泄水主流，要防止被流动的矸石、木料撞伤。如巷道中照明和路标被破坏，迷失了前进方向，应朝有风流的上山方向撤退。在撤退沿途和所经过的巷道交叉口，应留设指示行进方向的明显标志。从立井梯子向上爬时，应有序进行，手要抓牢，脚要蹬稳。

撤退中，如因冒顶或积水造成巷道堵塞，可寻找其他安全通道撤出。在唯一的出口被封堵无法撤退时，应在现场管理人员或有经验的老师傅的带领下进行避灾，等待救援人员的营救，严禁盲目潜水等冒险行为。

当避灾处低于外部水位时，不得打开水管、压风管供风，以免水位上升。必要时，可设置挡墙或防护板，阻止涌水、煤矸和有害气体的侵入。避灾处外口应留衣物、矿灯等作为标志，以便营救人员发现。

重大水害的避难时间一般较长，应节约使用矿灯，合理安排随身携带的食物，保持安静，尽量避免不必要的体力消耗和氧气消耗，采用各种方法与外部联系。长时间避难时，避难人员要轮流担任岗哨，注意观察外部情况，定期测量气体浓度，其余人员均静卧保持精力。避难人员较多时，硐室内可留一盏矿灯照明，其余矿灯应关闭备用。在硐室内，可有规律地间断地敲击金属物、顶帮岩石等，发出呼救联络信号，以引起救援人员的注意，指示避难人员所在的位置。在任何情况下，所有避难人员都要坚定信心，互相鼓励，保持镇定的情绪。被困期间断绝食物后，即使在饥渴难忍的情况下，也应努力克制自己，不嚼食杂物充饥，尽量少饮或不饮不洁净的水。需要饮用井下水时，应选择适宜的水源，并用纱布或衣服过滤，以免对身体造成损伤。

长时间避难后得救时，不可吃硬质和过量的食物，要避开强烈的光线，以免刺伤眼睛。

四、煤矿冒顶事故意外伤害与应急处置

矿山冒顶事故是指由地压引起巷道和采场的顶板垮落引发的事故。在煤矿井下生产过程中的五大自然灾害中，冒顶事故占的比例最大。世界主要产煤国家的统计资料表明，冒顶事故占井下事故总数的50%以上。煤矿井下冒顶事故频繁，危害十分严重，首先是威胁

井下人员生命安全，其次是冒顶能压垮工作面，造成全工作面停产，影响生产作业。

1. 煤矿冒顶事故的意外伤害

在井下冒顶事故中，回采工作面冒顶事故最多（占冒顶事故总数的75%以上），其次是掘进工作面。然而，有针对性地采取措施，加强顶板的科学管理，绝大多数冒顶事故是可以预防的。按照顶板一次冒落的范围及造成伤亡的严重程度，常见冒顶事故可分为两大类：大冒顶事故和局部冒顶事故。

冒顶事故是煤矿生产中最常见的一种事故，它不仅发生率高，而且危害性也大，每年我国煤矿因冒顶事故造成的伤亡人数十分惊人。因此，矿工在煤矿生产中，一定要坚持执行必要的制度，如敲帮问顶制度、验收支架制度、岗位责任制度、金属支架检查制度、交接班制度、顶板分析制度等，注意做好顶板管理工作，以防止和减少冒顶事故的发生。

2. 冒顶事故应急处置

冒顶事故的发生一般是有预兆的。井下人员发现冒顶预兆，应立即进入安全地点避灾。如来不及进入安全地点，要靠煤壁贴身站立（但应防止片帮），或到木垛处避灾。

发生冒顶事故后，现场班队长、跟班干部要根据现场情况，判断冒顶事故发生地点、灾情、原因、影响区域，进行现场处置。如无第二次大面积顶板动力现象，应立即组织对受困人员进行施救，防止事故扩大。

现场救援人员必须在首先保证巷道通风、后路畅通、现场顶帮维护好的情况下方可施救，施救过程中必须安排专人进行顶板观察、监护。当出现大面积来压等异常情况或通风不良、瓦斯浓度急剧上升有瓦斯爆炸危险时，必须立即撤离到安全地点，等待救援。

在巷道掘进施工时，应经常检查巷道支架、顶板情况，做好维护工作，防止前面施工，后边“关门”的堵人事故。一旦被堵，则应沉着冷静，同时维护好冒落处和避灾处的支护，防止冒顶进一步扩大，并有规律地向外发出呼救信号，但不能敲打威胁自身安全的物料和岩石，更不能在条件不允许的情况下强行挣扎脱险。若被困时间较长，则应减少体力消耗，节水、节食和节约矿灯用电。若有压风管，应用压风管供风，做好长时间避灾的准备。

抢救被煤和矸石埋压的人员时，要首先加固冒顶地点周围的支架，确保抢救中不再次冒落，并预留好安全退路，保证营救人员自身安全，然后采取措施，对冒顶处进行支护，在确保煤、矸不再垮塌的安全条件下，将遇险人员救出。扒人时，要首先清理遇险人员的口鼻堵塞物，畅通呼吸系统。禁止用镐刨煤、矸，小块用手搬，大块应采用千斤顶、液压起重气垫等工具，绝不允许用锤砸。

对现场受伤人员应根据实际情况开展救助工作，对于轻伤者应现场对其进行包扎，并抬放到安全地带；对于骨折人员不要轻易挪动，要先采取固定措施；对于出血伤员要先止

血，等待救助人员的到来。

除救人和处理险情紧急需要外，一般不得破坏现场。

3. 冒顶事故的救护

发生冒顶事故后，抢救人员时，用呼喊、敲击或采用生命探测仪探测等方法，判断遇险人员位置，与遇险人员保持联系，鼓励他们配合抢救工作。在支护好顶板的情况下，用掘小巷、绕道通过垮落区或使用矿山救护轻便支架穿越垮落区的方法接近被埋、被堵人员。一时无法接近时，应设法利用压风管路等提供新鲜空气、饮料和食物。

处理冒顶事故中，应指定专人检查瓦斯和观察顶板情况，发现异常，立即撤出人员。

第七节　本章习题集

一、填空题

1. 建筑物的建造是多工种在________、________劳动并相互配合协调的过程，同一时间的________作业不可避免，由于隔离防护措施不当，容易造成伤亡事故，各工种间的交叉作业由于安排不当，也可能导致伤亡事故的发生。

2. 根据历年来伤亡事故统计分类，建筑施工中最主要、最常见、死亡人数最多的事故有五类，即：________、________、________、________、________事故。

3. 由于从高处坠落，受到高速坠地的冲击力，使人体组织和器官遭到一定程度破坏而引起的损伤，通常有多个________或________的损伤，严重者________。

4. 施工现场的临时用电工程没有按照规范要求做到“________”，有的工地虽然安装了漏电保护器，但选用保护器规格不当，认为只要是漏电保护器，装上了就保险，在开关箱中装上了不符合安全规定的漏电保护器，结果关键时刻起不到保护作用。

5. 当通过人体的电流进一步增大，至接近或达到致命电流时，触电者会出现________、________、________等现象，外表上呈现昏迷不醒的状态。

6. 当触电者脱离电源后，应根据触电者的具体情况迅速对症救护。现场应用的主要救护方法是________和________。

7. 当发生物体打击事故后，尽可能不要移动患者，尽量________。抢救的重点放在________、________和________上进行处理。

8. 由于坍塌的过程产生于一瞬间，现场人员往往难以及时迅速撤离，不能撤离的人员，会随着坍塌物体的变动而引发________、________、________、________、________等严重后果。

9. 建筑施工主要是在室外作业，在夏季高温的情况下，特别容易发生________现象。

10. 发现中暑患者仍有意识时，可给一些________，在补充水分时，可加入少量________水，但千万不可急于补充大量水分，否则，会引起呕吐、腹痛、恶心等症状。

11. 冶金生产过程中的主要事故类型为________，________，________，________等。

12. 发生煤气泄漏时，应立即报告，操作人员按规程关闭送气阀门，打开________进行减压。

13. 发生人员煤气中毒时抢救人员要尽快让中毒人员离开________，并尽量让中毒人员静躺，避免活动后加重心、肺负担及增加氧的消耗量。

14. 发生高温液体喷溅时，非化学物质的烧伤创面，不可________，创面水泡________，以免创面感染。

15. 在冶金生产过程中，特别是煤粉制备、输送与喷吹过程中，可能产生________、________、________、________、________等事故。

16. 当发生热物体灼烫伤害事故时，事发单位首先了解情况，及时抢修设备，进行堵漏，并使伤者迅速脱离热源，然后对烫伤部位用________冲洗或________。但不要给烫伤创面涂________，以免影响对烫伤深度的观察和判断，也不要将________等物质涂于烫伤创面，以减小创面感染的机会，减小就医时处理的难度。

17. 按发病机理，中暑可分为四种类型，即________、________、________和________。通常的中暑一般为以上四种类型的综合征。

18. 在化工企业的生产过程中，所要求的工艺条件严格甚至苛刻，有些化学反应在高温、高压下进行，有的要在低温、高真空度下进行。在生产过程中稍有不慎，就容易发生________、________、________等事故，酿成巨大的灾难。

19. 在化工企业生产过程中和危险化学品________、________、________、________和________等各个环节，由于化学物质的原因、气象因素的原因、违章操作的原因等，都有可能导致火灾事故、爆炸事故的发生。扑救初期火灾在火灾尚未扩大到不可控制之前，应尽快用灭火器来控制火灾。迅速关闭火灾部位的上下游阀门，切断进入火灾事故地点的一切物料，然后立即启用现有各种________扑灭初期火灾和控制火源。

20. 对于爆炸物品火灾，切忌________，以免增强爆炸物品爆炸时的威力；扑救爆炸物品堆垛火灾时，水流应________，避免强力水流直接冲击堆垛，以免造成堆垛倒塌引起再次爆炸。

21. 扑救毒害品和腐蚀品的火灾时，应尽量使用________或________，避免腐蚀品、毒害品溅出；遇酸类或碱类腐蚀品，最好调制相应的中和剂________。

22. 呼吸防护用品主要分为________和________两种。

23. 防护服的种类很多，供危险化学品事故应急处理现场人员使用的主要有________和________。

24. 当危险化学品大量泄漏，并在泄漏处稳定燃烧，在没有制止泄漏绝对把握的情况下，不能________，一般应在________再灭火。

25. 假如有多个中毒或受伤的人员被送到救护点，应按照“________”的原则分类对伤员进行救护。

26. 在有限空间内作业用的照明灯应使用________V以下安全行灯，照明电源的导线要使用绝缘性能好的软导线。

27. 佩戴呼吸器者，一旦感到________，应迅速撤离现场，呼吸新鲜空气，同时检查呼吸器的问题，及时更换合格的呼吸器。

28. 机械性危害主要包括________、________、________、________、________、________、________、________、________、________等。

29. 金属切削机床的________、________、________等应装在适当的位置，便于操作。变速箱、换向机械应有明显________和________；开关、按钮应用不同的颜色，如停车用________，开车用________，倒车用________；须装有性能良好的制动装置。

30. 如果伤员一次出血量达全身血量的________时，生命就有危险。因此，及时止血是非常重要的。

31. 交通伤几乎涉及人体的各部位，由于受伤特点，易发生________、________、________等危及生命的严重状态。

32. 车祸时，无论伤势多么轻微，即使看来毫发无伤，也一定要________。

33. 因瓦斯的热容量较大，当瓦斯与高温火源接触时并不会立刻发生燃烧，而是要经过一定的时间才能发生燃烧，这种现象就叫瓦斯________，间隔的这段时间就称________。

34. 煤矿井下一旦发生瓦斯爆炸事故，现场班队长、跟班干部要立即组织人员________，引领人员按________到达最近新鲜风流中，第一时间向矿调度室报告事故地点、现场灾难情况，同时向所在单位值班员报告。

35. 煤矿井下发生瓦斯爆炸事故，在撤退途中听到或感觉到爆炸声或有空气振动冲击波时，应立即________传来的方向，脸向下，双手置于身体下面，闭上眼睛，迅速卧倒，头部________，有水沟的地方最好躲在水沟边上或坚固的掩体后面，用衣服遮盖身体的裸露部分，以防火焰和高温气体灼伤皮肤。

36. 在瓦斯爆炸事故中，________是遇险人员无法撤出或一时难以撤出灾区时，供遇险人员暂时避难待救的场所。

37. 进入避难硐室前，应在硐室外留设________、________、________等明显标志，以便于救援人员实施救援。入硐室后，开启压风自救系统，可有规律地间断地敲击________、________等方法，发出呼救联络信号，以引起救援人员的注意，指示避难人员所在的位置。

38. 掘进工作面发生爆炸或火灾时，正在运转的局部通风机________，对已停运的局部通风机________。

39. 矿井火灾按照发火原因的不同可分为________和________。

40. 井下一旦发生透水事故，应以最快的速度通知附近地区工作人员一起按照规定的避灾路线撤出。要特别注意“________”，切不可进入低于透水点附近下方的________。

二、单项选择题

1. 以下不属于建筑施工常见生产特点的是________。

A. 建筑施工的综合性　　B. 操作人员劳动强度的繁重性

C. 施工现场设施的临时性　　D. 生产产品的单一性

2. 建筑施工中最主要、最常见、死亡人数最多的事故有五类，以下________不属于其中之一。

A. 火灾和爆炸　　B. 高处坠落　　C. 机械伤害　　D. 坍塌事故

3. 当发生高处坠落事故后，抢救的重点应放在对________的处理上。

A. 休克　　B. 骨折　　C. 出血　　D. 以上所有项

4. 对触电者进行急救，动作迅速是非常重要的。从触电后________ min 开始救治，10％的触电者还会有良好的效果。

A. 6　　B. 120　　C. 12　　D. 20

5. 使触电者尽快________是救活触电者的首要因素。

A. 脱离电源　　B. 实施人工呼吸

C. 实施心脏按压　　D. 搬运至医院

6. 对触电者进行人工呼吸急救时，救护人在伤员头部的一侧，用一只手捏紧鼻孔，另一只手撬开嘴巴，救护人员深吸气后，紧贴伤员，口对口向内吹气，时间约________ s，使其胸部膨胀。

A. 1　　B. 2　　C. 3　　D. 4

7. 闭胸心脏按压法适用于急救心脏停止跳动的触电者。首先将触电者仰卧在比较坚实的地方，救护人员跪在触电者的一侧，或骑跪在腰部，两手相叠（儿童只需一只手）。手掌根部放在心窝稍高一点的地方，掌根向下按压（儿童轻一点），压下深度为 3～4.5 cm，将心窝内血液挤出。每分钟以________次为宜。

A. 30　　B. 50　　C. 60　　D. 80

8. 触电伤员急救要注意慎用肾上腺素等强心剂，只有________时，才可使用。

A. 呼吸确认已停止　　B. 心脏确已停止跳动

C. 呼吸微弱　　D. 心跳微弱

9. 当发生物体打击事故后，应尽________。

A. 尽快向上级汇报　　B. 打电话求助

C. 将伤员转移到安全的地方　　D. 可能不要移动患者，尽量当场施救

10. 造成建筑施工坍塌伤害事故的主要原因是________。

A. 基坑、基槽开挖及人工扩孔桩施工过程中的土方坍塌

B. 楼板、梁等结构和雨篷等坍塌

C. 房屋拆除坍塌

D. 以上各项情况

11. 建筑施工发生坍塌事故之后，应及时划定警戒区域，设置警戒线，________事故路段的交通，隔离围观群众，严禁无关车辆及人员进入事故现场。

A. 疏通　　B. 封锁　　C. 切断　　D. 通行

12. 建筑施工主要是在室外作业，在夏季高温的情况下，特别容易发生________现象。

A. 缺水　　B. 热辐射伤　　C. 高处坠落　　D. 中暑

13. 一旦发生中暑，应尽快将病人体温降至正常或接近正常。物理降温简便安全，通常是在病人颈项、头顶、头枕部、腋下及腹股沟加置冰袋，或用凉水加少许酒精擦拭，一般持续________h左右，同时可用电风扇向病人吹风以增加降温效果。

A. 0.5　　B. 1　　C. 1.5　　D. 2

14. 以下不属于冶金生产过程中的主要事故类型的是________。

A. 煤气中毒　　B. 高温液体喷溅

C. 溢出和泄漏　　D. 瓦斯爆炸

15. 据统计显示，冶金生产企业发生事故最多的是________。

A. 机械类伤害　　B. 高处坠落　　C. 起重伤害　　D. 中毒和窒息

16. 冶金生产发生煤气泄漏较严重时，应迅速划分危险单元，组织治安队在目标单元周围________m范围内设立警戒线，严禁无关人员及车辆通过，查禁所有明暗火源。

A. 100　　B. 200　　C. 300　　D. 400

17. 发生高温液体喷溅采取的应急处置措施时，如伤员口渴，可________。

A. 就地紧急取水　　B. 大量补充白开水

C. 适度饮盐开水　　D. 饮用红糖水

18. 当发生热物体灼烫伤害事故时，事发单位首先了解情况，及时抢修设备，进行堵漏，并使伤者迅速脱离热源，然后对烫伤部位________。

A. 用自来水冲洗或浸泡

B. 给烫伤创面涂紫药水

C. 将牙膏、油膏等物质涂于烫伤创面

D. 将水泡泡皮撕去

19. 化工企业生产与其他行业企业生产还有所不同，具有高温高压、毒害性、腐蚀性、生产连续性等特点，比较容易发生________等事故，而且事故一旦发生，比其他行业企业事故具有更大的危险性，常常造成群死群伤的严重事故。

A. 泄漏　　B. 火灾　　C. 爆炸　　D. 以上全部

20. 化工企业生产中发生遇湿易燃物品火灾时，应选择的灭火剂是________。

A. 雾状水　　B. 泡沫灭火剂　　C. 酸碱灭火剂　　D. 干粉灭火剂

21. 过滤式呼吸器只能用于环境空气中氧含量不低于________%和低浓度毒污染下使用，一般不能用于罐、槽等密闭狭小容器中作业人员的防护。

A. 12　　B. 18　　C. 28　　D. 30

22. 在有限空间内作业用的照明灯应使用________V以下安全行灯，照明电源的导线要使用绝缘性能好的软导线。

A. 12　　B. 24　　C. 36　　D. 220

23. 在一般情况下，操作机械而发生事故的原因是________。

A. 机械设备安全设施缺损，如机械传动部位无防护罩等

B. 生产过程中防护不周

C. 没有严格执行安全操作规程，或者安全操作规程不全面完整

D. 以上情况都是

24. 机械生产操作机床上必须安装________V以下的局部照明灯。

A. 12　　B. 24　　C. 36　　D. 220

25. 起重伤害的主要形式为________。

A. 吊重、吊具等重物从空中坠落所造成的人身伤亡和设备毁坏的事故

B. 作业人员被挤压在两个物体之间所造成的挤伤、压伤、击伤等人身伤害事故

C. 从事起重机检修、维护的作业人员不慎从机体摔下或被正在运转的起重机机体撞击摔落至地面的坠落事故

D. 以上所有形式

26. 车祸发生时，除了确保伤者安全外，还要及时拨打“________”报告交通部门，以防引发其他车祸。

A. 110　　B. 120　　C. 119　　D. 999

27. 因瓦斯的热容量较大，当瓦斯与高温火源接触时并不会立刻发生燃烧，而是要经过

一定的时间才能发生燃烧，这种现象就叫瓦斯点燃的延迟性，间隔的这段时间就称瓦斯爆炸感应期，感应期的长短与________等有关。

A. 瓦斯浓度　　B. 火源温度

C. 火源性质　　D. 以上因素都有关系

28. 煤矿井下遇险人员应佩戴自救器呼吸，如感到稍有烫嘴，这时________。

A. 应立即取下口具和鼻夹　　B. 不得取下口具和鼻夹

C. 立即放弃自救器　　D. 立即更换自救器

29. 煤矿井下的煤炭自燃造成的火灾，属于________。

A. 内因火灾　　B. 外因火灾

C. 直接原因火灾　　D. 间接原因火灾

30. 在煤矿井下生产过程中的常见灾害中，________占的比例最大。

A. 火灾爆炸事故　　B. 水灾事故

C. 冒顶事故　　D. 尘肺病患事故

三、判断题

1. 建筑物的建造是多工种在不同空间、不同时间劳动并相互配合协调的过程，同一时间的垂直交叉作业不可避免，由于隔离防护措施不当，容易造成伤亡事故，各工种间的交叉作业由于安排不当，也可能导致伤亡事故的发生。（　　）

2. 根据历年来伤亡事故统计分类，建筑施工中最主要、最常见、死亡人数最多的事故有五类，即：高处坠落、火灾爆炸、物体打击、机械伤害、坍塌事故。（　　）

3. 高空坠落伤除有直接或间接受伤器官表现外，还有昏迷、呼吸窘迫、面色苍白和表情淡漠等症状，可导致胸、腹腔内脏组织器官发生广泛的损伤。（　　）

4. 当发生高处坠落事故后，抢救的重点应放在对摔伤、骨折和出血的处理上。（　　）

5. 建筑施工机械要在多个施工现场使用，不停地移动，环境条件较差（泥浆、锯屑污染等），带水作业多，如果保养不好，机械往往易漏电。（　　）

6. 当通过人体的电流进一步增大，至接近或达到致命电流时，触电者会出现神经麻痹、呼吸中断、心脏跳动停止等现象，外表上呈现昏迷不醒的状态。这时，可认为是死亡而停止抢救。（　　）

7. 发生物体打击事故后，应马上组织抢救伤者，首先观察伤者的受伤情况、部位、伤害性质，如伤员发生休克，应先处理休克。遇呼吸、心跳停止者，应立即送往医院。（　　）

8. 由于坍塌的过程产生于一瞬间，来势凶猛，现场人员往往难以及时迅速撤离，不能

撤离的人员，会随着坍塌物体的变动而引发坠落、物体打击、挤压、掩埋、窒息等严重后果。（　　）

9. 建筑施工发生坍塌事故之后，应及时了解和掌握现场的整体情况，并向上级领导报告，同时，根据现场实际情况，拟定倒塌救援实施方案，实施现场的统一指挥和管理。（　　）

10. 重症中暑往往因先兆中暑未得到及时救治发展而来，除有先兆中暑的症状外，还可同时出现体温升高（通常大于38℃），面色潮红，皮肤灼热；比较严重的可出现呼吸急促，皮肤湿冷，恶心，呕吐、脉搏细弱而快，血压下降等呼吸、循环早衰症状。（　　）

11. 中暑患者仍有意识时，可给一些清凉饮料，在补充水分时，可大量补充水分。（　　）

12. 冶金生产过程中的主要事故类型为煤气中毒、火灾和爆炸，高温液体喷溅、溢出和泄漏，电缆隧道火灾，煤粉爆炸等。（　　）

13. 发生人员煤气中毒时，抢救人员要尽快让中毒人员离开中毒环境，并尽量尽快转运至医院。（　　）

14. 当发生煤气爆炸事故，在未查明事故原因和采取必要安全措施前，不得向煤气设施复送煤气。（　　）

15. 非化学物质的烧伤创面，可用水淋，创面水泡不要弄破，以免创面感染。（　　）

16. 化工企业生产与其他行业企业生产还有所不同，具有高温高压、毒害性、腐蚀性、生产连续性等特点，比较容易发生泄漏、火灾、爆炸等事故，而且事故一旦发生，比其他行业企业事故具有更大的危险性，常常造成群死群伤的严重事故。（　　）

17. 爆炸物品火灾，切忌用沙土盖压，以免增强爆炸物品爆炸时的威力；扑救爆炸物品堆垛火灾时，水流应采用吊射，避免强力水流直接冲击堆垛，以免造成堆垛倒塌引起再次爆炸。（　　）

18. 易燃固体、自燃物品一般都不可用水和泡沫扑救。（　　）

19. 过滤式呼吸器只能在不缺氧的环境（即环境空气中氧体积分数不小于18%）和低浓度毒污染下使用，一般用于罐、槽等密闭狭小容器中作业人员的防护。（　　）

20. 化工企业生产发生有毒物质泄漏事故后，救护者应戴好防毒面具或氧气呼吸器、穿好防毒服后，从下风向快速进入事故现场。（　　）

21. 金属切削主要的危险因素有：机械传动部件外露时，无可靠有效的防护装置；机床执行部件，如装夹工具、夹具或卡具脱落、松动；机床本体的旋转部件有突出的销、楔、键；加工超长工件时伸出机床尾端的部分；工、卡、刀具放置不当；机床的电气部件设置不规范或出现故障等。（　　）

22. 照明装置在机床操作中可有可无。（　　）

23. 对灼烫伤人员急救时，不要给烫伤创面涂有颜色的药物如红汞、紫药水，以免影响对烫伤深度的观察和判断，但可以将牙膏、油膏等油性物质涂于烧伤创面。（　）

24. 如眼中溅入化学物质，要立即用水反复冲洗。（　）

25. 交通伤几乎涉及人体的各部位，由于受伤特点，易发生大出血、窒息、休克等危及生命的严重状态。由于受力大、受伤突然，伤情变化快，早期易出现休克、昏迷等危重症。（　）

26. 车祸时，如果伤势轻微，看来毫发无伤，就不必要接受医师诊治。（　）

27. 瓦斯是一种无色、无味的气体，利用人体感官很难鉴别空气中是否有瓦斯存在，所以，检测瓦斯时必须要使用专门的检测仪器。（　）

28. 因瓦斯的热容量较大，当瓦斯与高温火源接触时并不会立刻发生燃烧，而是要经过一定的时间才能发生燃烧，这种现象就叫瓦斯点燃的延迟性，间隔的这段时间就称瓦斯爆炸感应期。感应期的长短与瓦斯浓度、火源温度和火源性质等有关。（　）

29. 煤矿井下发生火灾时，如因灾害破坏了巷道中的避灾路线指示牌、迷失了行进的方向时，撤退人员应逆着有风流通过的巷道方向撤退。（　）

30. 抢救被煤和矸石埋压的人员时，要首先加固冒顶地点周围的支架，确保抢救中不再次冒落，并预留好安全退路，保证营救人员自身安全，然后采取措施，对冒顶处进行支护，在确保煤、矸不再垮塌的安全条件下，将遇险人员救出。（　）

四、简答题

1. 建筑施工中常见的伤害事故有哪些？

2. 简述高处坠落事故的应急处置与人员救治。

3. 发生人员触电，主要需要运用哪些急救方法？

4. 建筑施工发生物体打击事故后，在应急处置中要注意哪些方面？

5. 人员中暑的主要原因和分类分别有哪些？如何急救？

6. 冶金企业生产发生煤气泄漏事故时如何紧急处置？

7. 简述化工企业生产的特点与常见事故伤害。

8. 扑救危险化学品火灾的一般对策有哪些？

9. 发生危险化学品爆炸事故时，一般应采取哪些应急处置对策？

10. 进入危险化学品泄漏现场的注意事项有哪些？

11. 如何进行窒息性气体中毒的现场急救？

12. 有限空间作业人员意外伤害现场应急处置注意事项有哪些？

13. 机械加工设备存在哪些危险因素？

14. 属于切削加工常见的机械伤害有哪些？

15. 起重施工事故伤害的主要形式有哪些？

16. 交通事故伤害发生后如何组织应急救援？

17. 简述防止煤矿瓦斯造成事故的技术措施。

18. 煤矿井下发生瓦斯爆炸应如何应急处置？

19. 矿井火灾有哪些类型？

20. 煤矿火灾事故现场如何救护？

21. 矿井透水事故发生后如何应急处置？

22. 矿井冒顶事故发生后如何应急处置？

五、本章习题参考答案

1. 填空题

(1) 不同空间　不同时间　垂直交叉；(2) 高处坠落　触电　物体打击　机械伤害　坍塌；(3) 系统　多个器官　当场死亡；(4) 三级配电，两级保护；(5) 神经麻痹　呼吸中断　心脏跳动停止；(6) 人工呼吸法　闭胸心脏按压法；(7) 当场施救　颅脑损伤　胸部骨折　出血；(8) 坠落　物体打击　挤压　掩埋　窒息；(9) 中暑；(10) 清凉饮料　盐或小苏打；(11) 煤气中毒、火灾和爆炸　高温液体喷溅、溢出和泄漏　电缆隧道火灾　煤粉爆炸；(12) 紧急放散阀门；(13) 中毒环境；(14) 用水淋　不要弄破；(15) 火灾　爆炸　中毒　窒息　建筑物坍塌；(16) 自来水　浸泡　有颜色的药物如紫药水　牙膏、油膏；(17) 热射病　热痉挛　日射病　热衰竭；(18) 有毒有害气体泄漏　爆炸　火灾；(19) 运输　仓储　销售　使用　废弃物处置　消防装备；(20) 用沙土盖压　采用吊射；(21) 低压水流　雾状水　稀释中和；(22) 过滤式　隔绝式；(23) 防毒服　防火服；(24) 盲目灭火　制止泄漏成功后；(25) 先救命、后治病，先重后轻、先急后缓；(26) 12；(27) 呼吸不适；(28) 挤压　碾压　剪切　切割　碰撞或跌落　缠绕或卷入　戳扎或刺伤　摩擦或磨损　物体打击　高压流体喷射；(29) 操纵盘　开关　手柄　挡位　标志牌　红色　绿色　黑色；(30) 1/3 以上；(31) 大出血　窒息　休克；(32) 接受医师诊治；(33) 点燃的延迟性　瓦斯爆炸感应期；(34) 正确佩戴好自救器　避灾路线；(35) 背向声音和气浪　要尽量放低；(36) 永久避难硐室；(37) 文字　衣物　矿灯　金属物　顶帮岩石；(38) 不可随意停止　不得随意启动；(39) 内因火灾　外因火灾；(40) 人往高处走　独头巷道。

2. 单项选择题

(1) D；(2) A；(3) D；(4) A；(5) A；(6) B；(7) C；(8) B；(9) D；(10) D；

(11) B；(12) D；(13) A；(14) D；(15) A；(16) B；(17) C；(18) A；(19) D；(20) D；(21) B；(22) A；(23) D；(24) C；(25) D；(26) B；(27) D；(28) B；(29) A；(30) C。

3. 判断题

(1) √；(2) ×；(3) √；(4) ×；(5) √；(6) ×；(7) ×；(8) √；(9) √；(10) ×；(11) ×；(12) √；(13) ×；(14) √；(15) ×；(16) √；(17) √；(18) ×；(19) ×；(20) ×；(21) √；(22) ×；(23) ×；(24) √；(25) √；(26) ×；(27) √；(28) √；(29) ×；(30) √。

4. 简答题

答案略。

第四章 火灾避险知识与应急救护

第一节 防火防爆基础知识

一、火灾及其分类

火灾是火失去控制蔓延而形成的一种灾害性燃烧现象，它通常造成人员伤亡或财产损失。

1. 燃烧发生的条件

燃烧现象发生必须具备一定的条件，作为特殊的氧化还原反应，燃烧反应必须有氧化剂（助燃物）和还原剂（可燃物）参加，此外，还要有引发燃烧的引火源。

（1）氧化剂

氧化剂是引起燃烧反应必不可少的条件。在一般火灾中，空气中的氧是最常见的氧化剂。在工业企业火灾中，引起燃烧反应的氧化剂则是多种多样的，根据它们生产储存时的火灾危险性，这些氧化剂可分为甲、乙两类。甲类的氧化剂有氯酸钠、氯酸钾、过氧化氢、过氧化钾、过氧化钠、次氯酸钙等。乙类的氧化剂有发烟硫酸、发烟硝酸、高锰酸钾、重铬酸钠等。

（2）还原剂

可燃物在燃烧反应中作为还原剂出现，凡是能与空气中的氧或其他氧化剂起燃烧反应的物质，均称为可燃物。可燃物按其物理状态分为气体、液体和固体。凡是在空气中能燃烧的气体都称为可燃气体，如氢气、一氧化碳、甲烷、乙烯、乙炔、丙烷、丁烷等。液体可燃物大多数是有机化合物，分子中都含有碳、氢原子，有些还含氧原子，如乙醇、汽油、苯乙醚、丙酮、油漆等。凡遇明火、热源能在空气中燃烧的固体物质称为可燃固体，如木材、纸、布、棉花、麻、糖、塑料、谷物等。

（3）引火源

凡是能引起物质燃烧的引燃能源，统称为引火源。引起火灾爆炸事故的引火源可分为四种类型，即化学引火源，如明火、自然发热；电气引火源，如电火花、静电火花、雷电；高温引火源，如高温表面、热辐射；冲击引火源，如摩擦撞击、绝热压缩。

（4）相互作用

上述三个条件通常被称为燃烧三要素。燃烧三要素（三边连接）同时存在，相互作用，才会发生燃烧。

综上所述，可以看出：

虽有氧气存在，但浓度不够，燃烧也不会发生。氧气浓度必须大于等于可燃物产生火所需要的最低氧含量。

可燃气体（蒸气）只有达到一定的浓度，才会发生燃烧（爆炸）。如有可燃气体（蒸气），但浓度不够，燃烧（爆炸）也不会发生。如在20℃时，用明火接触柴油，柴油并不立即燃烧，这是因为柴油在20℃时的蒸气量，还没有达到燃烧所需的浓度，因此，虽有足够的氧及引火源，也不会发生燃烧。

不管何种形式的引火源，引火能量必须达到一定的强度才能引起燃烧反应。否则，燃烧就不会发生。不同的可燃物所需引火能量的强度，即引起燃烧的最小引火能量不同。低于这个能量就不能引起可燃物燃烧。

2. 火灾的分类

(1) 按燃烧对象分类

1）A类火灾。A类火灾是指普通固体可燃物燃烧而引起的火灾。固体物质是火灾中最常见的燃烧对象，如木材及木制品、纤维板、胶合板、纸张、纸板、棉花、棉布、粮食、合成橡胶、合成纤维、合成塑料、建筑材料等，种类极其繁杂。

2）B类火灾。B类火灾是指油脂及一切可燃液体燃烧引起的火灾。油脂包括原油、汽油、煤油、柴油、重油、动植物油。可燃液体主要有酒精、苯、乙醚、丙酮等各种有机溶剂。原油罐、汽油罐是B类火灾的重点保护对象。

3）C类火灾。C类火灾是指可燃气体燃烧引起的火灾，如煤气、天然气、甲烷、氢气等引起的火灾。

4）D类火灾。D类火灾是指可燃金属燃烧引起的火灾，如钠、钾、钙、镁、铝、锶等金属引起的火灾。

5）带电火灾。带电火灾是指带电的电气设备及其他物体燃烧的火灾。

可燃金属燃烧引起的火灾之所以从A类火灾中分离出来，单独作为D类火灾，是因为这些金属燃烧时，燃烧热很大，为普通燃料的5～20倍，火焰温度很高，有的甚至达到3 000℃以上，并且在高温下金属性质特别活泼，能与水、二氧化碳、氮、卤素及含卤化合物发生化学反应，使常用灭火剂失去作用，必须采用特殊的灭火剂灭火。

(2) 按损失严重程度分类

1）特大火灾。死亡10人以上（含10人），重伤20人以上，死亡、重伤20人以上，受灾50户以上或烧毁财物损失100万元以上。

2）重大火灾。死亡3人以上，受伤10人以上，死亡、重伤10人以上，受灾30户以上或烧毁财物损失30万元以上。

3）一般火灾。一般火灾是指不具备以上条件的火灾。

（3）按火灾发生场地与燃烧物质分类

1）建筑火灾。主要有普通建筑火灾、高层建筑火灾、大空间建筑火灾、商场火灾、地下建筑火灾、古建筑火灾。

2）物资（仓库）火灾。主要有化学危险品库火灾、石油库火灾、可燃气体库火灾。

3）生产工艺火灾。主要有普通工厂矿山火灾、化工厂火灾、石油化工厂火灾、可燃爆矿火灾。

4）原野火灾（自然火灾）。主要有森林火灾、草原火灾。

5）运动器火灾。主要有汽车火灾、火车火灾、船舶火灾、飞机火灾、航天器火灾。

6）特种火灾。主要有战争火灾、地震火灾、辐射性区域火灾。

（4）按起火直接原因分类

1）放火。刑事犯放火，精神病人、智障人放火等。

2）违反电气安装安全规定。电气设备安装不合规定，导线熔丝不合格，避雷设备、排除静电设备未安装或不符合规定要求。

3）违反电气使用安全规定。电气设备超负荷运行、导线短路、接触不良、静电放电以及其他原因引起电气设备着火。

4）违反安全操作规定。在进行气焊、电焊操作时，违反操作规定；在化工生产中出现超温超压、冷却中断、操作失误而又处理不当；在储存运输易燃易爆物品时，发生摩擦撞击，混存，遇水、酸、碱、热。

5）吸烟。乱扔烟头、火柴。

6）生活用火不慎。炉灶、燃气用具、煤油炉发生故障或使用不当。

7）玩火。小孩玩火，燃放烟花、爆竹。

8）自燃。物质受热，植物、涂油物、煤堆垛过大、过久而又受潮、受热，化学危险品遇水、遇空气，相互接触、撞击、摩擦自燃。

9）自然灾害。雷击、风灾、地震及其他自然灾害。

10）其他。不属于以上九类的其他原因，如战争。

二、爆炸及其分类

1. 爆炸产生的机理

在自然界中存在各种爆炸现象。广义地讲，爆炸是物质系统的一种极为迅速的物理的或化学的能量释放或转化过程，是系统蕴藏的或瞬间形成的大量能量在有限的体积和极短的时间内，骤然释放或转化的现象。在这种释放和转化的过程中，系统的能量将转化为机械功以及光和热的辐射等。

2. 爆炸的分类

(1) 按照爆炸灾害产生的原因和性质分类

1）物理爆炸灾害。它是由物理因素（如温度、压力、体积等）的变化引起的。在物理爆炸前后，物质的性质与化学成分均不改变，如锅炉爆炸灾害、压力容器超压爆炸灾害、蒸气爆炸灾害等。

2）化学爆炸灾害。灾害发生时，物质由一种化学结构迅速转变为另一种化学结构，瞬间放出大量的能量，并对外做功形成灾害。如可燃气体或粉尘与空气形成的爆炸性混合物爆炸灾害、炸药失控爆炸灾害等。

(2) 按照爆炸灾害反应相分类

1）气相爆炸灾害。包括可燃气体和助燃气体混合物爆炸灾害、气体热分解爆炸灾害、液体被喷成雾状物点燃后引起的爆炸灾害、悬浮于空气中的可燃物尘引起的爆炸灾害等。

2）液相爆炸灾害。包括聚合爆炸灾害、由不同液体混合引起的爆炸灾害，如硝化甘油与强酸混合时引起的爆炸灾害。

3）固相爆炸灾害。包括失控爆炸性化合物爆炸引起的灾害。

(3) 按照爆炸的变化传播速度分类

化学爆炸可分为爆燃、爆炸和爆轰。

1）爆燃。爆炸物质的变化速率为每秒数十米至百米，爆炸时压力不激增，没有爆炸特征响声。例如，气体爆炸性混合物在接近爆炸浓度下限或上限的爆炸属爆燃。

2）爆炸。爆炸物质的变化速率为每秒百米至千米，爆炸时仅在爆炸点引起压力激增，有震耳的响声和破坏作用，如火药受摩擦或遇火源引起的爆炸。

3）爆轰。这种爆炸的特点是突然升起极高的压力，其传播是通过超音速的冲击波实现的，每秒可达数千米。这种冲击波能远离爆轰发源地而存在，并引起该处其他炸药的爆炸，具有很大的破坏力。

(4) 按照爆炸灾害发生原因与发生过程分类

1）燃烧类火灾与爆炸。指处于密闭、敞开或半敞开式空间的可燃物质，在某种火源作用下引起的火灾与爆炸事故。露天堆场火灾、建筑物火灾、各种设备（如釜、槽、罐、压缩机、管道等）的火灾或爆炸、交通工具火灾等多属于燃烧类火灾爆炸事故。

2）泄漏类火灾与爆炸。指处理、储存或运输可燃物质的容器、机械设备，因某种原因造成破裂而使可燃物质泄漏到大气中或进入有限空间内或外界空气进入装置内，遇引火源发生的火灾爆炸事故。

3）自燃类火灾与爆炸。可燃物不与明火接触而发生着火燃烧的现象称为自燃，由此引发的火灾爆炸事故为此类。物质自燃往往很难被人们注意到，很多自燃现象的发生又是很难预料的，绝大多数发生在生产装置区内的操作和检修过程中，危险性极大。

4）反应失控类火灾与爆炸。此类爆炸是由于正常的工艺条件发生失调，使反应加速，发热量增多，蒸气压力过大或反应物料发生分解、燃烧而引起的。正常的情况是当放热的化学反应进行时，其反应热要借助搅拌、夹套冷却移出反应体系之外，以维持热量平衡，保证反应正常进行；一旦热平衡被破坏，蒸气压力会剧增而引发事故。这种事故多发生在反应器（如釜、罐、塔、锅、槽等）中。

5）传热类蒸气爆炸。指热由高温物体急剧地向与之接触的低温液体传递，造成液相向气相的瞬间相变而发生的爆炸事故。这种爆炸事故属于潜热型火灾爆炸事故。容易产生传热类蒸气爆炸的物质，除水以外还有低温液化气等石油制品类液体。

6）破坏平衡类蒸气爆炸。指带压容器内的蒸气压平衡状态遭到破坏时，液相部分会立即转为过热状态，急剧沸腾而发生蒸气爆炸。按照爆炸前可燃液体的状态，可分成高压可燃液体的蒸气爆炸、加热可燃液体的蒸气爆炸和常温可燃液化气体的蒸气爆炸。

3. 爆炸极限及其影响因素

爆炸极限是表征可燃气体和可燃粉尘危险性的主要参数。当可燃性气体、蒸气或可燃粉尘与空气（或氧）在一定浓度范围内均匀混合，遇到火源发生爆炸的浓度范围称为爆炸浓度极限，简称爆炸极限。处于这一浓度范围的混合气体（或粉尘）称为爆炸性混合气体（或粉尘）。可燃性气体、蒸气的爆炸极限一般用可燃气体或蒸气在混合气体中所占的体积分数来表示；可燃粉尘的爆炸极限是以粉尘在混合物中的质量浓度（g/m^3）来表示。能发生爆炸的最低浓度称为爆炸下限；能发生爆炸的最高浓度称为爆炸上限。

（1）温度的影响

混合爆炸气体的初始温度越高，爆炸极限范围越宽，则爆炸下限降低，上限增高，爆炸危险性增加。这是因为在温度增高的情况下，活化分子增加，分子和原子的动能也增加，使活化分子具有更大的冲击能量，爆炸反应容易进行，使原来含有过量空气（低于爆炸下限）或可燃物（高于爆炸上限）而不能使火焰蔓延的混合物浓度变成可以使火焰蔓延的浓度，从而扩大了爆炸极限范围。

（2）压力的影响

混合气体的初始压力对爆炸极限的影响较复杂，在0.1～2.0 MPa的压力下，对爆炸下限影响不大，对爆炸上限影响较大；当大于2.0 MPa时，爆炸下限变小，爆炸上限变大，爆炸范围扩大。这是因为在高压下混合气体的分子浓度增大，反应速度加快，放热量增加，且在高气压下，热传导性差，热损失小，有利于可燃气体的燃烧或爆炸。

(3) 惰性介质的影响

若在混合气体中加入惰性气体（如氮、二氧化碳、水蒸气、氩等），随着惰性气体含量的增加，爆炸极限范围缩小。当惰性气体的浓度增加到某一数值时，使爆炸上下限趋于一致，使混合气体不发生爆炸。这是因为加入惰性气体后，使可燃气体的分子和氧分子隔离，它们之间形成一层不燃烧的屏障，而当氧分子冲击惰性气体分子时，活化分子失去活化能，使反应链中断。若在某处已经着火，则放出热量被惰性气体吸收，热量不能积聚，火焰不能蔓延到可燃气体分子上去，可抑制灾害的扩大。

(4) 爆炸容器对爆炸极限的影响

爆炸容器的材料和尺寸对爆炸极限有影响，若容器材料的传热性好，管径越细，火焰在其中越难传播，爆炸极限范围变小。当容器直径或火焰通道小到某一数值时，火焰就不能传播下去，这一直径称为临界直径或最大灭火间距。如甲烷的临界直径为 0.4～0.5 mm，氢和乙炔为 0.1～0.2 mm。目前一般采用直径为 50 mm 的爆炸管或球形爆炸容器。

(5) 点火源的影响

当点火源的活化能量越大，加热面积越大，作用时间越长，爆炸极限范围也越大。

三、火灾危险性分类

1. 生产的火灾危险性分类

根据物质性质和生产加工过程中的火灾危险性大小，按照《建筑设计防火规范》（GB 50016—2006），将生产的火灾危险性分为甲、乙、丙、丁、戊五个类别，见表 4—1。

表 4—1　　生产过程的火灾危险性分类

生产类别	火灾危险特征	举例
甲	(1) 闪点小于 28℃的易燃液体	提炼、回收或洗涤闪点小于 28℃的油品和有机溶剂的工序和车间，抽送闪点小于 28℃液体的泵房，农药厂的乐果厂房和敌敌畏厂房，甲醇、乙醇、丙酮、苯等的合成或精制厂房
	(2) 爆炸下限小于 10%的气体	乙炔站，氢气站，石油气体分馏厂房，液化石油气灌瓶间，电解水或电解食盐厂房
	(3) 常温下能自行分解或在空气中氧化即能导致迅速自燃或爆炸的物质	硝化棉生产厂房及其应用部位，赛璐珞厂房，丙烯腈厂房
	(4) 常温下受到水或空气中水蒸气的作用，能产生可燃气体并引起燃烧或爆炸的物质	金属钾、钠加工及其应用部位，聚乙烯厂房的一氯二乙基铝部位

续表

生产类别	火灾危险特征	举例
甲	(5)遇酸、受热、撞击、摩擦、催化以及遇有机物或硫黄等易燃的无机物，极易引起燃烧或爆炸的强氧化剂	氯酸钠、氯酸钾厂房及其应用部位，过氧化氢、过氧化钠、过氧化钾厂房，次氯酸钙厂房
	(6)受撞击、摩擦或与氧化剂、有机物接触时能引起燃烧或爆炸的物质	赤磷制备厂房及其应用部位，五硫化二磷厂房及其应用部位
	(7)在密闭设备内操作温度等于或超过物质本身自燃点的生产	涤剂厂房石蜡裂解部位，冰醋酸裂解厂房
乙	(1)闪点大于等于28℃，但小于60℃的液体	闪点大于等于28℃，但小于60℃的油品和有机溶剂的提炼、回收、洗涤部位及其泵房，松节油或松香蒸馏厂房及其应用部位，煤油灌桶间
	(2)爆炸下限大于等于10%的气体	一氧化碳压缩及净化部位，发生炉煤气或鼓风炉煤气净化部位，氨压缩机房
	(3)不属于甲类的氧化剂	发烟硫酸或发烟硝酸浓缩部位，高锰酸钾厂房，重铬酸钠厂房
	(4)不属于甲类的化学易燃危险固体	樟脑、松香提炼厂房，硫黄回收厂房
	(5)助燃气体	氧气站、空分厂房
	(6)能与空气形成爆炸性混合物的浮游状态的粉尘、纤维、闪点大于等于60℃的液体雾滴	铝粉、镁粉制粉厂房，活性炭制造及再生厂房
丙	(1)闪点大于等于60℃的液体	闪点大于60℃的油品和有机液体的提炼、回收工段及其抽送泵房，柴油灌桶间，润滑油再生部位，沥青加工厂房
	(2)可燃固体	橡胶制品的压延、成型和硫化厂房，化纤生产的干燥部位，泡沫塑料厂的发泡、成型、印片压花部位
丁	(1)对不燃烧物质进行加工，并在高热或熔化状态下经常产生强辐射热、火花或火焰的生产	金属冶炼、锻造、铆焊、热轧、铸造、热处理等厂房
	(2)利用气体、液体、固体作为燃料或将气体、液体进行燃烧作其他用的各种生产	锅炉房，玻璃原料熔化工序，石灰焙烧工序
	(3)常温下使用或加工难燃烧物质的生产	铝塑材料的加工，酚醛泡沫塑料的加工，化纤厂后加工润湿部位
戊	常温下使用或加工不燃烧物质的生产	石棉加工车间，不燃液体的泵房和阀门室，化学纤维厂的浆粕蒸煮工段

2. 储存物品的火灾危险性分类

根据物品的火灾危险性按物品本身的可燃性、氧化性和遇水燃烧等危险性的大小，在充分考虑其所处的盛装条件、包装的可燃程度和量的多少的基础上，按照《建筑设计防火规范》(GB 50016—2006)，将物品分为甲、乙、丙、丁、戊五类，见表4—2。

表4—2　　储存物品的火灾危险性分类

仓库类别	火灾危险特征	举例
甲	(1) 闪点小于28℃的液体	苯、甲苯、甲醇、乙醇、乙醚、汽油、丙酮、丙烯、乙醛
	(2) 爆炸下限小于10%的气体，以及受到水或空气中水蒸气的作用，能产生爆炸下限小于10%气体的固体物质	乙炔、氢气、甲烷、乙烯、丙烯、丁二烯、环氧乙烷、水煤气、硫化氢、氯乙烯、液化石油气
	(3) 常温下能自行分解或在空气中氧化即能导致迅速自燃或爆炸的物质	硝化棉、硝化纤维胶片、喷漆棉、赛璐珞棉、黄磷
	(4) 常温下受到水或空气中水蒸气的作用，能产生可燃气体并引起燃烧或爆炸的物质	金属钾、钠、锂、钙、锶、四氢化锂铝
	(5) 遇酸、受热、撞击、摩擦以及遇有机物或硫黄等易燃的无机物，极易引起燃烧或爆炸的强氧化剂	氯酸钾、氯酸钠、过氧化钾、过氧化钠
	(6) 受撞击、摩擦或与氧化剂、有机物接触时能引起燃烧或爆炸的物质	赤磷、五硫化磷、三硫化磷
乙	(1) 闪点大于等于28℃，但小于60℃的液体	煤油、松节油、丁烯醇、异戊醇、乙酸丁酯、溶剂油、冰醋酸、樟脑油、蚁酸
	(2) 爆炸下限大于等于10%的气体	氨气、一氧化碳、发生炉煤气
	(3) 不属于甲类的氧化剂	硝酸铜、亚硝酸钾、重铬酸钠、硝酸、发烟硫酸、漂白粉
	(4) 不属于甲类的化学易燃危险固体	硫黄、镁粉、铝粉、赛璐珞板(片)、樟脑、生松香、硝化纤维漆布、萘
	(5) 助燃气体	氧气、氯气、氟气、压缩空气
	(6) 常温下与空气接触能缓慢氧化，积热不散引起自燃的物品	漆布、油布、油纸
丙	(1) 闪点大于等于60℃的液体	动物油、植物油、沥青、蜡、润滑油、机油、重油、柴油、糠醛
	(2) 可燃固体	化学纤维及其织物、天然橡胶及其制品、计算机房已录制的数据磁盘
丁	难燃烧物品	自熄性塑料及其制品、酚醛泡沫塑料及其制品、水泥刨花板
戊	不燃烧物品	氮气、二氧化碳、氩气等惰性气体，钢材、铝材、玻璃及其制品、搪瓷制品、陶瓷制品、石棉、硅酸铝纤维、石膏、水泥、石料、膨胀珍珠岩

丁、戊类物品本身虽然是难燃烧或不燃烧的，但其包装很多是可燃的（如木箱、纸盒等），这两类物品，除考虑本身的燃烧性能外，还要考虑可燃包装的数量，当难燃物品、非燃物品的可燃包装重量超过物品本身重量的1/4时，其火灾危险性应为丙类。

四、爆炸和火灾危险场所区域

1. 爆炸和火灾危险场所区域划分

爆炸和火灾危险场所的区域划分见表4—3。

表4—3 爆炸和火灾危险场所的区域划分

类别	特征	分级	特征
1	有可燃气体或易燃液体蒸气爆炸危险的场所	0区	正常情况下能形成爆炸性混合物的场所
		1区	正常情况下不能形成，但在不正常情况下能形成爆炸性混合物的场所
		2区	不正常情况下整个空间形成爆炸性混合物可能性较小的场所
2	有可燃粉尘或可燃纤维爆炸危险的场所	10区	正常情况下能形成爆炸性混合物的场所
		11区	仅在不正常情况下才能形成爆炸性混合物的场所
3	有火灾危险性的场所	21区	在生产过程中，生产、使用、储存和输送闪点高于场所环境温度的可燃液体，在数量上和配置上能引起火灾危险的场所
		22区	在生产过程中，不可能形成爆炸性混合物的可燃粉尘或可燃纤维在数量上和配置上能引起火灾危险的场所
		23区	有固体可燃物质在数量上和配置上能引起火灾危险的场所

“正常情况”包括正常的开车、停车、运转（如敞开装料、卸料等），也包括设备和管线正常允许的泄漏情况。“不正常情况”包括装置损坏、误操作及装置的拆卸、检修、维护不当泄漏等。

2. 爆炸性混合物的分类、分级与分组

(1) 爆炸性混合物的分类

爆炸性混合物的危险性根据其爆炸极限、传爆能力、引燃度温度和最小点燃电流来判断。根据爆炸性混合物的危险性并考虑实际生产过程的特点，一般将爆炸性混合物分为三

类：Ⅰ类为矿井甲烷；Ⅱ类为工业气体（如工厂爆炸性气体、蒸气、薄雾等）；Ⅲ类为工业粉尘（如爆炸性粉尘、易燃纤维等）。

（2）爆炸性气体混合物的分级分组

在分类的基础上，各种爆炸性混合物是按最大试验安全间隙（MESG）和最小点燃电流（MIC）分级，按引燃温度分组，主要是为了配置相应电气设备，以达到安全生产的目的。爆炸性气体混合物，按最大试验安全间隙的大小分为ⅡA、ⅡB、ⅡC三级，安全间隙的大小反映了爆炸性气体混合物的传爆能力，间隙越小，其传爆能力就越强，危险性越大；反之，间隙越大，其传爆能力越弱，危险性也越小。爆炸性气体混合物，按照最小点燃电流的大小分为ⅡA、ⅡB、ⅡC三级，最小点燃电流越小，危险性就越大。爆炸性气体混合物按引燃温度的高低，分为T1、T2、T3、T4、T5、T6六组，引燃温度越低的物质，越容易引燃。

（3）爆炸性粉尘混合物的分级分组

爆炸性粉尘混合物级组根据粉尘特性（导电或非导电）和引燃温度的高低分为ⅢA、ⅢB二级，T11、T12、T13三组。引燃温度是爆炸性混合物不需要用明火即能引燃的最低温度。

第二节　火灾应急处置与扑救

一、火灾的发展过程和防治途径

1. 火灾的发展过程

室内火灾可分成三个阶段，即火灾初起阶段、充分发展阶段和衰减阶段。在前面两个阶段之间，有一个温度急剧上升的狭窄区，通常称为轰燃区，它是火灾发展的重要转折区。轰燃所占时间较短，因此，把它看成一个事件，不作为一个阶段。

（1）火灾初起阶段

火灾初起阶段燃烧面积较小，火焰不高，燃烧强度弱，火场温度和辐射热较低，火势向周围发展蔓延的速度较慢，此时只要能及时发现，用很少的人力和简单的灭火工具就可以将火扑灭。一般而言，油气类火灾的初起阶段都极为短暂。

（2）轰燃

目前对轰燃尚无通用的定义，但一般认为，它是由局部可燃物燃烧迅速转变为系统内所有可燃物表面同时燃烧的火灾特性。实验结果表明，在室内的上层温度达到400～600℃时会发生轰燃。

(3) 充分发展阶段

进入充分发展阶段后，火灾发展速度很快，燃烧强度增大，温度升高，附近的可燃物质被加热，气体对流增强，燃烧面积迅速扩大。随着时间的延长，燃烧温度急剧上升，燃烧速度不断加快，燃烧面积迅猛扩展，火焰包围整个设施或建筑物，火灾进入猛烈阶段。在火灾作用下，设备机械强度降低，开始遭到破坏，变形塌陷，甚至出现连续爆炸。扑救充分发展阶段的火灾是极为困难的，需要组织大批的灭火力量，经过较长时间的艰苦奋战，付出很大代价，才能控制火势，扑灭火灾。

(4) 衰减阶段

由于燃烧时间长，可燃物减少，或者由于燃烧空间密闭，有限空间内氧气被渐渐消耗，则燃烧速度减慢，直至逐渐熄灭。但此时燃烧空间内温度仍然很高，如果立即打开密闭空间，引入较多新鲜的空气，或停止灭火工作，则仍有发生爆燃的危险。

由于室外火灾的发展过程供氧充足，起火后很快便会发展到充分发展阶段，一般无明显发展阶段。

根据火灾发展的阶段性特点，在灭火中，必须抓紧时机，力争将火灾扑灭在初起阶段。同时要认真研究火灾充分发展阶段的扑救措施，正确运用灭火方法，以有效地控制火势，尽快扑灭火灾。

2. 火灾的防治途径

火灾防治途径一般分为设计与评估、阻燃、火灾探测、灭火等。在建筑及工程的设计阶段就应考虑到火灾安全，进行安全设计，对已有的建筑和工程可以进行危险性评估，从而确定人员和财产的火灾安全性能；对于建筑材料和结构可以进行阻燃处理，降低火灾发生的概率和发展的速率；一旦火灾发生，要准确、及时地发现它，并克服误报警因素；发现火灾之后，要合理配置资源，迅速、安全地扑灭火灾。目前，火灾防治的趋势是“清洁阻燃、智能探测、清洁高效灭火、性能化设计与评估”。火灾防治途径环环相扣，构成了火灾防治系统。

(1) 阻燃

对于材料和结构可以进行阻燃处理，降低火灾发生的概率和发展的速率。阻燃剂按其使用方法分为反应型和添加型两种。

反应型阻燃剂是作为一种反应单体参加反应，使聚合物本身含有阻燃成分。多用于缩聚反应，如聚氨酯、不饱和聚酯、环氧树脂、聚碳酸酯等。反应型阻燃剂具有赋予组成物或聚合物永久阻燃性的优点。

添加型阻燃剂可分为有机阻燃剂和无机阻燃剂，它们和树脂进行机械混合后赋予树脂一定的阻燃性能，主要用于聚烯烃、聚氯乙烯、聚苯乙烯等树脂中。它的优点是使用方便、适应面广，但对聚合物的使用性能有较大的影响。

(2) 火灾探测

在火灾的孕育与初期阶段，建筑物内会出现特殊现象或征兆：发热、发光、发声及散发烟尘、可燃气体、特殊气味等，分析研究这些特征，用探测器探测这些特征，可用于火灾报警或预报。

按照探测元件与探测对象的关系，火灾探测原理可分为接触式和非接触式两种基本类型。

1）接触式探测。在火灾的初期阶段，烟气是反映火灾特征的主要方面。接触式探测就是利用某种装置直接接触烟气来实现火灾探测的，只有当烟气到达该装置所安装的位置时，感受元件方可发生响应。烟气的浓度、温度、特殊产物的含量等都是探测火灾的常用参数。

2）非接触式探测。非接触式火灾探测器主要是根据火焰或烟气的光学效果进行探测的。由于探测元件不必触及烟气，可以在离起火点较远的位置进行探测，所以探测速度较快，适宜探测那些发展较快的火灾。这类探测器主要有光束对射式探测器、感光（火焰）式探测器和图像式探测器。

二、灭火

1. 灭火及其方法

(1) 灭火的基本概念

灭火一般是使着火物降到着火点以下，或者阻止其与空气的化学反应。

(2) 灭火方法

发生火灾时，要运用正确的方法进行灭火。灭火的基本原理，主要是破坏燃烧过程和维持物质燃烧的条件。通常采用表 4—4 中介绍的四种方法。

表 4—4　　**灭火方法分类**

灭火方法	原理
隔离法	隔离灭火法是将正在燃烧的物质和周围未燃烧的可燃物质隔离或移开，中断可燃物质的供给，使燃烧因缺少可燃物而停止
窒息法	窒息灭火法是阻止空气流入燃烧区或用不燃气体冲淡空气，使燃烧物得不到足够的氧气而熄灭的灭火方法
冷却法	冷却灭火法的原理是将灭火剂直接喷射到燃烧的物体上，把燃烧的温度降低到燃点之下，使燃烧停止。或者将灭火剂喷撒在火源附近的物质上，使其不因火焰热辐射作用而形成新的火点

续表

灭火方法	原理
化学抑制法	用含氟、氯、溴的化学灭火剂（如1211等）喷向火焰，让灭火剂参与燃烧反应，从而抑制燃烧过程，使火迅速熄灭

上述四种方法有时可以同时使用。例如，用水或灭火器扑救火灾，就同时具有两个方面以上的灭火的作用，但是，在选择灭火方法时，还要视火灾的原因采取适当的方法，不然，就可能适得其反，扩大灾害，如对电器火灾，就不能用水浇的方法，而宜用窒息法；对起火的油，宜用化学灭火剂等。

（3）火灾烟气控制

烟气控制指所有可以单独或组合起来使用以减轻或消除火灾烟气危害的方法。烟气控制方法见表4—5。

表4—5　　烟气控制方法

烟气控制方法	原理
挡烟	用某些耐火性能好的物体或材料把烟气阻挡在某些限定区域，不让它流到会对人和物产生危害的地方。这种方法适用于建筑物与起火区没有开口、缝隙或漏洞的区域
排烟	使烟气沿着对人和物没有危害的渠道排到建筑外，从而消除烟气的有害影响。排烟有自然排烟和机械排烟两种形式。排烟囱、排烟井是建筑物中常见的自然排烟形式，它们主要适用于烟气具有足够大的浮力、可能克服其他阻碍烟气流动的驱动力的区域。机械排烟可克服自然排烟的局限，有效地排出烟气

（4）点火源

点火源是指能够使可燃物与助燃物发生燃烧反应的能量来源。这种能量既可以是热能、光能、电能、化学能，也可以是机械能。根据点火源产生能量的来源不同，点火源可分为火焰、火星、高热物体、电火花、静电火花、撞击、摩擦、化学反应热、光线聚焦等，见表4—6。

表4—6　　常见点火源

常见点火源		特点
化学点火源	化学自热着火	化学自热着火是指在常温常压下，可燃物不需要外界加热，而是依靠特定条件下自身的反应放出的热量着火。这里讲的特定条件包括：与水作用、与空气作用、性质相抵触的物品相互作用等
	蓄热自热着火	煤、植物、涂油等可燃物质都有蓄热自热的特点，长期堆积在一起，会发生蓄热自热着火
电气点火源		电器短路或者负荷过载引起的点火源
机械点火源		机械点火源即由撞击和摩擦等机械作用形成的点火源

2. 灭火措施及其注意事项

(1) 冷却法灭火的措施及其注意事项

使用冷却法灭火时，可考虑选择以下措施。

1）用大量的水冲泼火区来降温。

2）用二氧化碳灭火剂灭火。由于雪花状固体二氧化碳本身温度很低，接触火源时又吸收大量的热，从而使燃烧区的温度急剧下降。

3）用水冷却火场上未燃烧的可燃物和生产装置，以防它们被引燃或受热爆炸。

使用冷却法灭火时应注意以下问题。

1）可燃固体类火灾中，镁粉、铝粉、钛粉、锆粉等金属元素的粉末类火灾不可用水施救，因为这类物质着火时，可产生相当高的温度，高温可使水分子和空气中的二氧化碳分子分解，从而引起爆炸或使燃烧更加猛烈。如金属镁粉燃烧时可产生 2 500℃的高温，而空气中还存在大量二氧化碳，高温就会把二氧化碳分解成氧气和碳原子，这样氧化还原反应会更加剧烈。三硫化四磷、五硫化二磷等硫的磷化物遇水或潮湿空气，可分解产生易燃有毒的硫化氢气体，所以也不可用水施救。还有遇湿易燃类物品着火，如碱金属、碱土金属等，绝对不可以用水和含水的灭火剂施救，这类物质可以与水发生强烈的氧化还原反应，直接导致火灾事故扩大。

2）氧化剂着火或被卷入火中，氧化剂中的过氧化物与水反应，能放出氧气加速燃烧或者爆炸，如过氧化钾、过氧化钙、过氧化钡等。此类物质起火后不能用水扑救，要用干沙土、干粉扑救。

3）密集的直流水用于扑救可燃粉尘（如煤粉、面粉等）聚集处的火灾时必须十分慎重。当直流水难以立即将全部高温物质降温时，有可能造成粉尘爆炸。因为粉尘原来处于聚集状态，燃烧从表面进行，但如果用直流水冲喷，在水流冲击作用下造成粉尘的扬起，形成粉尘的空气混合物，粉尘的表面积大量增加，化学活性增强，可能在没被扑灭的火星甚至火焰作用下发生更剧烈的燃烧、爆炸。

4）密度小于水的非水溶性可燃、易燃液体的火灾，原则上不用直流水扑救，如苯、甲苯等，若用水扑救，水会沉在液体下面造成喷溅、漂流，反而扩大火势。

5）高温设备、高温铁水、盐浴炉和电解铝槽火灾不能用水扑救，因为有可能引起设备破裂、铁水飞溅，导致火灾范围扩大；冷水遇到高温熔融物还可能引起水急剧汽化，发生传热型蒸气爆炸。这类情况宜用水蒸气扑救。

6）酸类腐蚀物品，遇加压密集水流，会立刻沸腾起来，使酸液四处飞溅，所以，发烟硫酸、氯磺酸、浓硝酸等发生火灾后，宜用雾状水、干沙土、二氧化碳扑救。

7）当遇到未切断电源的电器着火时，不能用直流水扑救，否则可能会引起更大的电气事故，宜使用干粉灭火剂灭火。

(2) 窒息法灭火的措施及其注意事项

使用窒息法灭火时，可考虑选择以下措施。

1）可采用石棉被、浸湿的棉被、帆布、灭火毯等不燃或难燃材料，覆盖燃烧物或封闭孔洞。

2）用低倍数泡沫覆盖燃烧液面灭火。

3）用水蒸气、惰性气体（如二氧化碳、氮气等）、高倍数泡沫充入燃烧区域内。

4）利用建筑物上原有的门、窗以及生产储运设备上的部件，封闭燃烧区，阻止新鲜空气流入，以降低燃烧区氧气的含量，达到窒息灭火的目的。

5）在万不得已而条件又允许的情况下，也可采用水淹没（灌注）的方法扑灭火灾。

窒息法灭火时应注意如下问题。

1）爆炸品一旦着火，一般只要不堆积过高，不装在密封的容器内，散装不一定会形成爆炸。炸药类燃烧（包括导火索、导爆索及炸药），如用沙土等覆盖层压盖窒息灭火，会造成爆炸。因为炸药等爆炸物在燃烧时自身会生成氧气维持燃烧，覆盖层根本隔绝不了氧气，反而造成炸药燃烧产生的大量气体难以扩散及大量热量难以散发。如果炸药类物质在房间内或在车厢、船舱内着火时，要迅速将门窗、厢门、舱盖打开，向内射水冷却，绝对不可用窒息灭火。

2）敞口容器内可燃液体的燃烧。如果用布、棉被等物覆盖容器口，而不能接触到液体表面时，覆盖层与液体之间的空气内仍有一定的氧气维持燃烧，继续产生气体与热量，但因为容器被覆盖而扩散受阻，压力不断上升会引起爆炸。

3）在某些火灾场合使用泡沫灭火剂来覆盖着火物质也会扩大火灾事故。一部分毒害品中的氰化物，如氰化钠、氰化钾以及其他氰化物等，遇泡沫中酸性物质能生成剧毒气体氰化氢。爆炸品着火禁止使用酸碱泡沫灭火剂灭火，因为化学反应会使爆炸更加剧烈。另外泡沫灭火剂中含有大量的水，所以，忌水性物质着火也不可以使用泡沫灭火剂。

4）遇水燃烧物品中锂、钠、钾、镁、铝粉等，禁止使用二氧化碳灭火剂窒息灭火，因为它们的金属性质十分活泼，能夺取二氧化碳中的氧，起化学反应而燃烧。还应避免使用二氧化碳及其他惰性气体扑救氧化剂火灾，由于氧化剂自身可以释放出氧气，所以，窒息法灭火是无效的。

5）采用惰性气体窒息灭火时，一定要保证充入燃烧区内惰性气体的数量，以迅速降低空气中氧的含量，达到窒息灭火的目的。

6）在有条件的情况下，为阻止火势迅速蔓延，争取灭火战斗的准备时间，可先采取临时性的封闭窒息措施，降低燃烧强度，而后组织力量扑灭火灾。

7）在采取窒息方法灭火以后，必须在确认火已熄灭、温度下降时，方可打开孔洞进行检查，严防因过早地打开封闭的房间或生产装置，而使新鲜空气流入燃烧区，引起复燃或烟雾气流中的不完全燃烧产物的爆燃，导致火势猛烈地发展。

(3) 隔离法灭火措施及其注意事项

使用隔离法灭火时，可考虑选择以下措施。

1）将火源附近的可燃、易燃、易爆和助燃物质，从燃烧区转移到安全地点。

2）关闭阀门，阻止气体、液体流入燃烧区；排除生产装置、设备容器内的可燃气体或液体。

3）设法阻拦流散的易燃、可燃液体或扩散的可燃气体。

4）拆除与火源相毗连的易燃建筑结构，形成防止火势蔓延的空间地带。

5）扑救油气井喷火灾时，可用水流或用爆炸等方法封闭井口。

隔离法灭火时应注意如下问题。

1）疏散火场的可燃物资可能夹带火种造成新的火场。如某棉麻仓库红麻堆垛发生火灾，被疏散出来的红麻因夹带的暗火阴燃导致临时堆垛起火，造成比主火场更大的损失。

2）任何曾经卷入火中或暴露于高温下的有机过氧化物包件在隔离后，都随时可能发生剧烈的分解，即使火已经扑灭，在包件未完全冷却之前，也不应接近这些包件，应用大量水冷却以防止爆炸事故的发生。

3）可燃物料泄漏火灾，无论使用何种灭火剂扑灭火灾时，都必须先切断气源或堵漏，如无可靠的断源、堵漏、倒液措施，只能在水枪冷却下让其稳定扩散燃烧，不可贸然灭火。否则火焰扑灭后可燃物料继续泄漏，形成更大范围内的可燃气体或蒸气与空气的混合物，产生这种情况是十分危险的，因为一旦再次燃烧爆炸，其剧烈程度更大，破坏更加严重。

4）工厂发生气体泄漏类火灾，在关闭气路阀门前应确保容器内的压力要保持正压，以防止空气进入引起爆炸。江苏省盐城市某化肥厂氢气泄漏后发生爆炸，就是紧急停机后没有维持系统正压而吸入空气造成的。

(4) 抑制法灭火措施及其注意事项

采用干粉、卤代烷灭火剂灭火，是一种抑制火区内的连锁反应，减少自由基的灭火方法。该方法灭火速度快，使用得当，可有效地扑灭初起火灾，减少人员和财产的损失。

抑制法灭火属于化学灭火方法，灭火剂参加燃烧反应。一些碱金属、碱土金属以及这些金属的化合物在燃烧时可产生高温，在高温下这些物质大部分可与卤代烷进行反应，使燃烧反应更加猛烈，故不能用其扑救，该方法对含氧化学品也不适宜。

三、常见灭火器材及其使用

1. 灭火器的类型及其选择

(1) 灭火器的类型

按充装灭火剂的种类不同，常用灭火器有水型灭火器、空气泡沫灭火器、干粉灭火器、二氧化碳灭火器、7150 灭火器。

1）水型灭火器。这类灭火器中充装的灭火剂主要是水，另外还有少量的添加剂。清水灭火器、强化液灭火器都属于水型灭火器，主要适用于扑救可燃固体类物质如木材、纸张、棉麻织物等的初起火灾。

2）空气泡沫灭火器。这类灭火器中充装的灭火剂是空气泡沫液。根据空气泡沫灭火剂种类的不同，空气泡沫灭火器又可分蛋白泡沫灭火器、氟蛋白泡沫灭火器、水成膜泡沫灭火器和抗溶泡沫灭火器等。主要适用于扑救可燃液体类物质如汽油、煤油、柴油、植物油、油脂等的初起火灾；也可用于扑救可燃固体类物质如木材、棉花、纸张等的初起火灾。对极性（水溶性）如甲醇、乙醚、乙醇、丙酮等可燃液体的初起火灾，只能用抗溶性空气泡沫灭火器扑救。

3）干粉灭火器。这类灭火器内充装的灭火剂是干粉。根据所充装的干粉灭火剂种类的不同，有碳酸氢钠干粉灭火器、钾盐干粉灭火器、氨基干粉灭火器和磷酸铵盐干粉灭火器。我国主要生产和发展碳酸氢钠干粉灭火器和磷酸铵盐干粉灭火器。碳酸氢钠适用于扑救可燃液体和气体类火灾，其灭火器又称 BC 干粉灭火器。磷酸铵盐干粉适用于扑救可燃固体、液体和气体类火灾，其灭火器又称 ABC 干粉灭火器。干粉灭火器主要适用于扑救可燃液体、气体类物质和电气设备的初起火灾。ABC 干粉灭火器也用于可以扑救可燃固体类物质的初起火灾。

4）二氧化碳灭火器。这类灭火器中充装的灭火剂是加压液化的二氧化碳，主要适用于扑救可燃液体类物质和带电设备的初起火灾，如图书、档案、精密仪器、电气设备等的火灾。

5）7150 灭火器。这类灭火器内充装的灭火剂是 7150 灭火剂（即三甲氧基硼氧六环），主要适用于扑救轻金属如镁、铝、镁铝合金、海绵状钛，以及锌等的初起火灾。

(2) 灭火器的选择

1）A 类火灾是普通可燃物如木材、布、纸、橡胶及各种塑料燃烧造成的火灾。对 A 类火灾，一般可采取水冷却灭火，但对于忌水物质，如布、纸等应尽量减少水渍所造成的损失。对珍贵图书、档案资料应使用二氧化碳灭火器、干粉灭火器灭火。

2）B类火灾是油脂及液体如原油、汽油、煤油、酒精等燃烧引起的火灾。对B类火灾，应及时使用空气泡沫灭火器进行扑救，还可使用干粉灭火器、二氧化碳灭火器。

3）C类火灾是可燃气体如氢气、甲烷、乙炔燃烧引起的火灾。对C类火灾，因气体燃烧速度快，极易造成爆炸，一旦发现可燃气体着火，应立即关闭阀门，切断可燃气来源，同时使用干粉灭火器将气体燃烧火焰扑灭。

4）D类火灾是可燃金属如镁、铝、钛、锆、钠和钾等燃烧引起的火灾。D类火灾燃烧时温度很高，而水及其他普通灭火剂在高温下会因发生分解而失去作用，应使用专用灭火器。金属火灾灭火器有两种类型：一是液体型灭火器，二是粉末型灭火器。例如，用7150灭火器扑救镁、铝、镁铝合金、海绵状钛等轻金属火灾，用原位膨胀石墨灭火器扑救钠、钾等碱金属火灾。少量金属燃烧时可用干沙、干的食盐、石粉等扑救。

2. 常用灭火器的使用

(1) 水型灭火器的使用

将清水或强化液灭火器提至火场，在距离燃烧物10 m处，将灭火器直立放稳。

1）摘下保险帽，用手掌拍击开启杆顶端的凸头。这时储气瓶的密膜片被刺破，二氧化碳气体进入筒体内，迫使清水从喷嘴喷出。

2）立即一只手提起灭火器，另一只手托住灭火器的底圈，将喷射的水流对准燃烧最猛烈处喷射。

3）随着灭火器喷射距离的缩短，使用者应逐渐向燃烧物靠近，使水流始终喷射到燃烧处，直到将火扑灭。

在喷射过程中，灭火器应始终与地面保持大致的垂直状态，切勿颠倒或横卧，否则会使加压气体泄漏而灭火剂不能喷射。

(2) 空气泡沫灭火器的使用

使用时，手提空气泡沫灭火器提把迅速赶到火场。

1）在距燃烧物约6 m处，先拔出保险销，一手握住开启压把，另一手握住喷枪，紧握开启压把，将灭火器密封开启，空气泡沫即从喷枪喷出。

2）泡沫喷出后对准燃烧最猛烈处喷射。如果扑救的是可燃液体火灾，当可燃液体呈流淌状燃烧时，喷射的泡沫应由远而近地覆盖在燃烧液体上；当可燃液体在容器中燃烧时，应将泡沫喷射在容器的内壁上，使泡沫沿壁淌入可燃液体表面而加以覆盖。应避免将泡沫直接喷射在容器内可燃液体表面上，以防止射流的冲击力将可燃液体冲出容器而扩大燃烧范围，增大灭火难度。

灭火时，应随着喷射距离的减缩，使用者逐渐向燃烧处靠近，并始终让泡沫喷射在燃烧物上，直至将火扑灭。在使用过程中，应紧握开启压把，不能松开。也不能将灭火器倒置或横卧使用，否则会中断喷射。

(3) 二氧化碳灭火器的使用

二氧化碳灭火器的密封开启后，液态的二氧化碳在其蒸气压力的作用下，经虹吸管和喷射连接管从喷嘴喷出。由于压力的突然降低，二氧化碳液体迅速汽化，但因汽化需要的热量供不应求，二氧化碳液体在汽化时不得不吸收本身的热量，结果一部分二氧化碳凝结成雪花状固体，温度下降至−78℃。所以，从灭火器喷出的是二氧化碳气体和固体的混合物。当雪花状的二氧化碳覆盖在燃烧物上时即刻汽化（升华），对燃烧物有一定的冷却作用。但二氧化碳灭火剂的冷却作用不大，而主要通过稀释空气，把燃烧区空气中的氧浓度降低到维持物质燃烧的极限氧浓度以下，从而使燃烧窒息。

1）手提式二氧化碳灭火器。使用时，手提灭火器的提把或把灭火器扛在肩上，迅速赶到火场，在距起火点约 5 m 处放下灭火器。

①一只手握住喇叭形喷筒根部的手柄，把喷筒对准火焰，另一只手压下压把，二氧化碳就喷射出来。

②当扑救流淌液体火灾时，应使二氧化碳射流由近而远向火焰喷射，如果燃烧面积较大，操作者可左右摆动喷筒，直至把火扑灭。

③当扑救容器内火灾时，应从容器上部的一侧向容器内喷射，但不要使二氧化碳直接冲击到液面上，以免将可燃物冲出容器而扩大火灾。

2）推车式二氧化碳灭火器。一般应由两人操作，先把灭火器拉到或推到火场，在距起火点约 10 m 处停下。

①一人迅速卸下安全帽，然后逆时针方向旋转手轮，把手轮开到最大位置。

②另一人迅速取下喇叭喷筒，展开喷射软管后，双手紧握喷筒根部的手柄，把喇叭喷筒对准火焰喷射，其灭火方法与手提式灭火器相同。

手提式二氧化碳灭火器在喷射过程中应保持直立状态，切不可平放或颠倒使用；当不戴防护手套时，不要用手直接握喷筒或金属管，以防冻伤；在室外使用时应选择在上风方向喷射，否则，室外大风会将喷射的二氧化碳气体吹散，灭火效果很差；在狭小的室内空间使用时，灭火后使用者应迅速撤离，以防被二氧化碳窒息而发生意外；室内火灾扑灭后，应先打开门窗通风，然后再进入，以防窒息。

(4) 7150 灭火器的使用

使用时，手提灭火器的提把迅速赶到火场，在距离燃烧物约 2 m 处停下。

1）一只手紧握导管末端的提把，把喷雾头对准火焰中心。

2）另一只手拔出保险销，紧握提把，用力压下压把开关，灭火剂便在氮气压力作用下，沿虹吸管进入喷枪，从喷雾头喷射出来。

喷射时要使喷雾头在火焰上方 1 m 左右，不断前后移动，将灭火剂均匀地喷撒在燃烧物表面上，使火焰熄灭；喷射时不能用喷嘴直接接触燃烧着的金属，以防止吹散，扩大火势，影响灭火效果；灭火时，使用者应采取适当的防护措施，以免金属爆燃而烧伤。

3. 常用固定灭火设施分类

常用的固定灭火设施可以分为以下几类。

（1）消防给水系统

它是扑救火灾的重要条件之一。应按防火规范的规定要求，设计消防给水设施，保证消防水源充足可靠，水量和水压满足灭火需要。消防给水系统由消防水源、消防给水管网、消火栓三部分组成。

（2）蒸汽灭火系统

它能有效地扑灭可燃气体和液体火灾。蒸汽灭火系统是一套释放水蒸气进行灭火的装置或设施，它具有设备简单、费用低、使用方便、维护容易、灭火时淹没性能好等优点。在正常生产需要大量水蒸气，且着火时能提供足够的灭火用水蒸气的场所，如石油化工厂、炼油厂、火力发电厂、燃油锅炉房、油泵房、重油罐区、露天生产装置区、重油油品库房等场所，一般适宜采用蒸汽灭火系统。

（3）泡沫灭火系统

它是设置在被保护对象附近可向可燃液体表面直接释放泡沫进行灭火的装置或设施，广泛用于保护可燃液体罐区及工艺设施内有火灾危险的局部场所。

（4）自动喷水系统

它是通过设置的喷头自动供水灭火和冷却的系统。该系统一般安装在建（构）筑物和工业设备上。当发生火灾时，它能发出火灾警报，自动喷水、冷却和灭火，具有工作性能稳定、灭火效率高、维护简便和使用期长等优点，是扑救工厂初起火灾的重要灭火设施。

4. 常用固定灭火设施的使用

（1）消防给水系统的使用

1）消防水源有天然水源和人工水源两大类。天然水源是指自然形成的江、河、湖、泊、池塘等。人工水源是指人工修建的给水管网、水池、水井、沟渠、水库等。工厂企业的消防用水一般由人工水源供给，即由专门修建的给水管网供给。如管网中的水量和水压无法满足时，则设消防水池和消水泵来保证。消防用水由工厂给水管网供给时，管网的进水管不应少于两条，而且当其中一条发生事故时，另一条应能供给100%的消防用水和70%的生产、生活用水。在消防用水由消防水池供给时，工厂给水管网的进水管应能供给消防水池的补充水量以及100%的生产、生活用水。

2）消防给水管网有高压和低压两种。高压消防给水管网指管网内经常保持有足够的消防用水量和水压，不需消防车或其他移动式消防设备加压，可直接从管网的消火栓接出水带、水枪出水实施灭火。高压消防给水管网内的压力为0.7～1.2 MPa。在工艺装置区或罐区，宜设独立的高压消防给水管网。低压消防给水管网是指管网内的压力较低，一般只用于为消防设备提供消防用水量。当通过消防车或其他移动式消防设备将其水加压后，它才能满足灭火时水枪产生充实水柱所需的水压要求。但要求低压消防给水管网应有能力保证管网上的每个地面消火栓出口处，在达到设计消防用水量时的压力不低于0.15 MPa（自地面算起）。消防给水管道应布置成环状，其环状管道的进水管不应少于两条；环状管道应用阀门分成若干独立管段，每段消火栓不宜超过5个。

3）消火栓是设置在消防给水管网上的消防供水装置，由阀、出水口和壳体等组成。其作用是供消防车或其他移动灭火设备从消防给水管网取水或直接接出水带、水枪实施灭火。消火栓按其水压可分为低压式和高压式；按其设置条件有室内式和室外式，地上式和地下式之分。工厂企业的消火栓一般以室外消火栓为主。室外消火栓的布置间距，应保证保护对象的任何部位都在两个室外消火栓的保护半径之内。结合道路布置情况，考虑火场供水需要，要求室外低压消火栓的最大布置间距不应大于120 m；室外高压消火栓的最大布置间距不应大于60 m。消火栓数量应按其保护半径及保护对象的消防用水量等综合计算确定。高压消防给水管道上的消火栓的出水量应根据管道内的水压及消火栓出口要求的水压确定。低压给水管道上公称直径为100 mm和150 mm的消火栓的出水量，可分别取15 L/s和30 L/s。

(2) 蒸汽灭火系统的使用

当采取全淹没灭火时，先关闭室内的机械通风装置及通风口，同时立即撤离室内所有人员；再依次开启蒸汽灭火管线的选择阀、总控制阀，释放蒸汽，使蒸汽充满整个房间进行灭火。同时，注意观察火情，必要时配合采取其他灭火手段。

使用半固定式系统时，先将橡胶管的一端接到接口短管上，另一端接到蒸汽挂钩上，或接到蒸汽输送管线上，然后打开接口短管上的手动阀，向保护物释放蒸汽进行灭火。

为使蒸汽灭火系统经常处于良好状态，保证灭火时能够正常应用，日常维修保养应达到下述要求：输气管线要完好，经常充满蒸汽；排除冷凝水装置正常，管内无积水；保温设备、补偿器及支座等应保持完好无损；所有阀门要灵活好用，不漏气；筛孔要畅通，配气管要清洁无阻塞。

蒸汽灭火系统不适用于下列场合：遇水蒸气发生剧烈化学反应和爆炸等事故的生产工艺装置和设备，体积大、面积大的火灾，电气设备、精密仪表、文物档案及其他贵重物品火灾。

(3) 固定、半固定式泡沫灭火系统的使用

1）对于固定式泡沫灭火系统，火灾发生后，应首先启动泵站的消防泵，向泡沫液管网

内充水，同时打开泡沫液供给阀，调整比例混合器指针至正确位置。

2）对于半固定系统，使用时泡沫消防车停靠在附近，连接消防水带至半固定系统在防火堤外的接口，依靠消防车的动力输送泡沫混合液至着火处，进行灭火。

在使用泡沫灭火系统灭火时应注意以下几个问题。

1）比例问题。泡沫产生器的发泡能力应与泡沫比例混合器指针所指刻度相一致。一般来讲，每个泡沫产生器的发泡能力是额定的，其中老式泡沫车上的比例混合器的刻度标为8、16、24、32、48、64等数字（指泡沫混合液产生量，用L/s表示），与产生器的发泡能力50、100、150、200、300、400（指泡沫发生量，用L/s表示）相对应；新式比例混合器的刻度为50、100、150、200、300、400等（指泡沫发生量，用L/s表示）。

2）压力问题。泡沫产生器的发泡效果需要在额定压力下才能得到保证。如果泡沫产生器处的压力不满足额定要求，则形成的泡沫质量差。特别是液下半固定灭火系统，应保证消防车的出口压力满足液下泡沫产生器的额定工作要求。

3）泡沫产生器的能力。泡沫灭火总用量确定后，应根据泡沫产生器的个数估计泡沫产生器的能力。

4）低倍数泡沫系统不适用于下列场所：流动着的可燃液体火灾，气体火灾，沸点低于0℃的液化气火灾和低温液体火灾，带电设备火灾，也不能与水枪和水喷雾系统同时使用灭火。

（4）自动喷水系统的使用

自动喷水系统主要由喷头、阀门、报警控制装置和管道、附件等组成。工厂企业采用的自动喷水系统主要有雨淋、水喷雾和水幕三种形式的系统。

1）雨淋喷水系统的启动。雨淋喷水系统由火灾探测器、报警控制器、传动装置、雨淋阀、管道、供水设施、开式喷头等组成。发生火灾时，探测器探测到火灾后，报警控制器发出声光报警信号，同时输出释放控制信号，打开传动管网上的传动阀门，自动释放掉传动管网中有压力的水，雨淋阀在进水管水压的推动下瞬间自动开启，水便立即充满管网并经开式喷头喷出，以倾盆大雨般的开花射流实现对整个保护区内的灭火或冷却保护。雨淋喷水系统除通过火灾探测系统控制雨淋阀自动来实现外，还设有手动开启阀门装置。雨淋系统报警控制器的功能包括火灾的自动探测报警和雨淋阀、消防泵的自动启动两个部分，而报警控制器则是实现和统一这两部分功能的一种电气控制装置。

2）水喷雾喷水系统的启动。水喷雾喷水系统的组成和工作原理与雨淋喷水系统基本相同，其区别主要在于喷头的结构和性能不同。雨淋喷水系统采用标准型开式喷头，而水喷雾系统采用中速或高速喷雾喷头。喷雾喷头能在一定压力下将水流分解为细小的水滴，以锥形喷出，在灭火中吸热面积大、冷却作用强；同时，水雾受热汽化形成的大量水蒸气对火焰起窒息作用。水喷雾喷水系统常用于冷却保护可燃液体、液化烃储罐及油浸电力变压器等，尤其是距地面40 m以上受热后可能发生爆炸的设备。中速型喷雾喷头主要用于对需要保护的设备提供整体冷却，高速型喷雾喷头可以扑灭涉及闪点高于45℃的油的容器或设备的火灾，多用于保护石油化工产品储存容器和电站设备。

3）水幕系统的启动。水幕系统是由水幕喷头、管道和控制阀等组成的阻火、冷却和隔火的喷水系统。水幕系统的工作原理与雨淋喷水系统基本相同。所不同的是水幕系统喷出的水为水帘状，而雨淋系统喷出的是开花射流。水幕系统一般设置在石油化工企业中的各防火分区、设备之间或简易防火分隔物（如防火卷帘、防火幕等）开口部位。其作用不是直接灭火，而是阻止火势蔓延扩大，阻隔火灾事故产生的辐射热，疏导和稀释泄漏的易燃、易爆、有害气体和液体。

4）系统启动后的恢复。在确认火灾已扑灭后，关闭水源闸阀，打开放水阀将管路内的水排空，取下已经开启的喷头，换上类型完全相同的喷头。然后按规定步骤，使系统恢复正常备用状态。

四、火灾扑救

1. 生产装置火灾扑救

（1）拟订事故应急预案，加强培训和演练

事故发生时，为了快速准确有效地启动应急救援行动，必须拟订事故救援应急预案，并定期组织应急救援能力的培训和演练，使员工了解和掌握在发生火灾时的应急措施和扑救初起火灾的方法，提高员工在事故应急救援过程中实际作战能力。

（2）及时报警

报警时，除自动报警系统会自动报警外，还可使用手动报警系统、电话报警、直接派人去较近的消防队报警、大声呼喊等。总之，要因地制宜，采用各种方法迅速将发生火灾的情况告诉消防部门和本单位人员，即使在场人员认为有能力将火扑灭，仍应向消防部门报警。

（3）抢救伤员

如果有人员受伤，必须首先抢救伤员，将受伤人员撤离事故现场，并进行必要的紧急处置，如进行止血、人工呼吸等。根据人员伤亡情况组织救人小组实施救人行动，利用直流水枪或喷雾水枪掩护救人行动，搜索被困人员，重点搜索压缩机房、仪器仪表室、生产控制室、油泵房里面或支撑装置的水泥构筑物的下面等。火势已经封锁救人途径时，要集中水枪，采取强行进攻、重点突破的方法抢救伤员和被困人员。

（4）冷却防爆

冷却保护是扑救生产装置火灾过程中消除着火设备、受火势威胁设备发生爆炸危险最

有效的措施，应重点冷却被火焰直接作用的压力设备和临近火势威胁的设备，把控制爆炸作为火灾扑救的主要方面。目前企业许多生产装置内部设置了稳高压消防水系统、固定水炮和消防箱等现场消防设施，这些设施操作简单，生产装置的操作员均可操作。所以，一旦发生火灾，操作员在报警的同时，要迅速启动可能发生爆炸的装置上设置的水喷淋系统实施冷却，马上利用就近的消防水炮、水枪对着火设备和受到火焰强烈辐射的设备、框架、管线、电缆等进行冷却，防止设备超温、超压和变形。

(5) 采用工艺灭火措施

工艺灭火措施主要有关阀断料、开阀导流、火炬放空、搅拌灭火等措施。工艺灭火措施是不可替代的、科学、有效地处置生产装置火灾的技术手段。

(6) 阻止火势蔓延

对于物料泄漏流淌的生产装置火灾现场，应尽早组织人员用沙袋或水泥袋筑堤堵截或导流，或在适当地点挖坑以容纳流淌的易燃可燃液体物料，防止燃烧液体向高温高压装置区蔓延，严防形成大面积流淌火或物料流入地沟、下水道引起大范围爆炸。对高大的塔、釜、炉等设备流淌火，应布置“立体型”冷却，组织内扑外截的强攻，必要时可注入惰性气体灭火。

扑救生产装置火灾应注意下列问题。

1）不可盲目灭火。若易燃可燃液体、气体只泄漏未着火时，则应在做好防护和出水掩护、防止打出火花的情况下，先实施堵漏，后处理已泄漏的物料。如果易燃可燃液体、气体泄漏燃烧后，在无止漏把握的情况下，只能对着火和邻近的储罐、设备、管道实施冷却保护，切不可盲目灭火，否则可能会发生爆炸、复燃、人员窒息、中毒等事故，造成更大的损失。

2）不可盲目进攻。进入封闭的生产车间，要先在适当位置用直流或开花射流喷射，破坏轰燃条件后再实施进攻，不要盲目实施灭火，进入灭火一线的人员要精干，且要选好撤退的路线或隐蔽的位置，无关人员不准进入。

3）充分发挥固定消防设施的功能。在安装有高压消防给水系统、固定泡沫系统等固定消防设施的场所，一定要发挥好固定水炮、泡沫炮的作用，同时，应从高压消火栓（水和泡沫）接出移动炮，对固定水炮达不到的地方进行冷却或扑救。高压消火栓压力高，消防队员抱枪困难，最好不要从高压消火栓上直接使用出水枪和泡沫枪，防止伤人。

4）防止复燃复爆。生产装置火灾应重视防止复燃复爆发生，对已经扑灭明火的装置必须继续进行冷却，直至达到安全温度。流淌火扑灭后，要注意冷却水对泡沫覆盖层的破坏，要根据情况及时复喷泡沫覆盖。对于被泡沫覆盖的可燃液体应尽快予以收集，防止复燃。要适时检测，严防溢流出的易燃液体挥发形成爆炸空间，避免无意中发生爆炸而造成无谓的伤亡事故。

5）重视防护。进入着火区域的人员应穿防火隔热服，保持皮肤不外露，防止灼伤。进入有毒区域的人员，应根据毒物特点确定防护等级，酌情佩戴空（氧）气呼吸器等安全防护器具，防止中毒。在冷却和灭火时要注意后方保护，充分利用好地形地物，防止爆炸造成人员伤亡。在扑救生产装置火灾时，应尽可能使用压力高、流量大的高压水枪、水炮，实施远距离射水灭火，在确认无爆炸危险时，可以实施登高或近距离灭火。对于执行关阀、堵漏等危险性较大任务的人员和辐射热强的前沿阵地人员，应用开花或喷雾水流对其实施不间断地掩护，要对有毒气体、易燃易爆气体（液体蒸气）的浓度进行不间断地检测，以防毒害物质和爆炸对人员造成伤害。生产装置火灾扑救过程中，要自始至终监视火场情况的变化（包括风向、风力变化，火势，有无爆炸、沸喷的前兆出现等情况）。当火场出现爆炸、倒塌等征兆时，应采取紧急避险措施。

6）防止造成环境污染。灭火时，应加强对火场灭火形成的流淌水的管理，阻止流淌水未经处理直接流入雨水排水系统，造成环境污染。

2. 气体或液化石油气泄漏火灾扑救

气体或液化气泄漏后遇火源形成稳定燃烧时，其发生爆炸或再次爆炸的危险性与可燃气体或液化气泄漏未燃时相比要小得多。根据气体或液化气体火灾的特点，应采取如下扑救方法。

(1) 控制火势蔓延，积极抢救人员

首先扑灭外围被火源引燃的可燃物火势，切断火势蔓延的途径，控制燃烧范围，并积极抢救受伤和被困人员。如果附近有受到火焰辐射热威胁的压力容器，能疏散的应尽量在水枪的掩护下疏散到安全地带。

(2) 关阀断气，创造有利的灭火条件

如果是输气管道泄漏着火，应设法找到气源阀门。阀门完好时，只要关闭气体的进出阀门，火势就会自动熄灭。在特殊情况下，只要判断阀门尚有效，可先扑灭火势，再关闭阀门。一旦发现关闭已无效，一时又无法堵漏时，应立即点燃，恢复稳定燃烧。

(3) 冷却降温，防止物理爆炸

开启固定水喷淋装置，出水冷却燃烧罐和与其相邻的储罐，对于火焰直接烧烤的罐壁表面和邻近罐壁的受热面，要加大冷却强度；必须保证充足的水源，充分发挥固定水喷淋系统的冷却保护作用。冷却要均匀，不要留下空白，避免物理爆炸事故发生。

(4) 灭火堵漏，消除危险源

要抓住战机，适时实行强攻灭火。对准泄漏口处火焰根部合理使用交叉射水分隔、密集水流交叉射水，或对准火点喷射干粉、二氧化碳或卤代烷，扑灭火焰。气体、液化气储罐或管道阀门处泄漏着火，且储罐或管道泄漏关阀无效时，应根据火势判断气体压力和泄

漏口的大小及其形状，准备好相应的堵漏器材（如塞楔、堵漏气垫、黏合剂、卡箍工具等）。堵漏工作准备就绪后，即可实施灭火，同时需用水冷却烧烫的罐或管壁。火扑灭后，应立即用堵漏材料堵漏，同时用雾状水稀释和驱散泄漏出来的气体或液化气。如果确认泄漏口非常大，根本无法堵漏，只需冷却着火容器及其周围容器和可燃物品，控制着火范围，直到燃气燃尽，火势自动熄灭。

(5) 实施现场监控，防止爆炸和复燃

现场扑救人员应注意各种爆炸危险征兆，遇有火势熄灭后无法堵漏，较长时间未能恢复稳定燃烧，或受热辐射的容器有下列情况：燃烧的火焰由红变白、光芒耀眼，燃烧处发出刺耳的呼啸声，罐体抖动，排气处、泄漏处喷气猛烈等。此时，火场指挥员要敏锐地觉察这些储罐爆炸前的征兆，做出爆炸判断，及时下达撤退命令，避免造成大的人员伤亡。

扑救气体或液化气泄漏火灾应注意如下事项。

1）查明情况，采取措施。根据泄漏是否着火采取相应的措施，防止盲目进入气体或液化气泄漏区域引发爆炸。根据泄漏的部位，是储罐泄漏，还是管线泄漏，携带相应的堵漏器材。根据泄漏点缺口形状决定堵漏材料。缺口为圆形时，可用尖木料堵塞。泄漏口为较长的带状时，应选择棉被、石棉被、加压气垫或汽车橡胶内胎等较平展的物品作垫，用安全绳、铜丝、石棉绳等加固，再给加压气垫或汽车橡胶内胎充气的方法堵漏。泄漏点为环状时，可用石棉绳、棉布条等进行缠绕堵漏。泄漏点为不规则的形状时，可用密封胶填塞，再用绷带、石棉绳加固的方法进行堵漏。液化气的泄漏应根据漏气和漏液两种情况采取措施。漏气时，由于液化气不再从空气中吸收热量，不会形成白雾；漏液时，由于漏出的液体在罐外汽化吸热，使环境温度迅速下降，空气中的水分凝固形成一片白茫茫的雾气，同时泄漏点会出现结冰现象。漏气比漏液的危险性小。当液化气系统发生漏气时，液化气在系统内汽化吸热，使系统内温度下降，压力也随之下降，有利于堵漏抢险作业。而漏液时液化气在系统外汽化吸热，系统内的压力和温度均没有下降，不利于堵漏作业。发生漏气和漏液时堵漏的方法也不同，漏液时可使用冻结的方法堵漏而漏气时则不能。

2）安全防护，必须到位。接近燃烧区域的人员要穿防火隔热服，佩戴空气呼吸器或正压式氧气呼吸器等安全防护器具，防止高温和热辐射灼伤和中毒。气体或液化气发生泄漏事故，消防车布置在离罐区 150 m 的上风方向和侧风方向，车头朝向便于撤退的方向。抢险救援应当选择从泄漏点的上风方向和地势较高方向接近泄漏点。在此方向上，爆炸危险区和伤害区半径小，而下风方向和地势较低方向爆炸危险区和伤害区半径大，因此，从上风方向和地势较高方向更容易接近泄漏点进行侦察和堵漏。水枪阵地要选择在靠近掩蔽物的位置，尽可能避开地沟、下水井的上方和着火架空管线的下方。进行冷却的人员应尽量采用低姿射水或利用现场坚实的掩蔽体防护。在卧式罐起火时，冷却人员应要尽量避开封头位置，选择储罐四侧角作为射水阵地，防止爆炸时封头飞出伤人。冷却和灭火的水枪阵地，应当设置后排水枪保护。

3）检测气体，防止爆炸。在火灾扑救中，要对燃烧区域外的储罐、液化石油气钢瓶、管线等进行检测。在扑救火灾没有结束之前，必须坚持连续不断地检测。当储罐、管线或者槽车的火灾扑灭后，泄漏已经制止，要继续检测。检测的主要部位是泄漏的部位、储罐、管线阀门处、火场的低洼处、墙角、背风以及下水道井盖处等。

4）实施堵漏，安全可靠。在抢险救援过程中，堵漏作业一定要抓紧时间在白天进行，以免照明灯具、开关等点燃气体或液化气。堵漏时要停止其他作业。其他作业不仅可能产生火星引发爆炸，而且增加了警戒区的人数。在扑救液化气火灾和堵漏中，由于液化气泄漏时快速汽化，吸收周围大量的热，在气体扩散源附近，形成冷地带，堵漏人员要做好防冻措施，防止液体直接喷到人的皮肤上，造成人员冻伤，防止液体溅入眼内导致失明。

5）无法堵漏，严禁灭火。在不能有效地制止气体或液化气泄漏的情况下，严禁将正在燃烧的储罐、管线、槽车泄漏处的火势扑灭。即使在扑救周围火势以及冷却过程中不小心把泄漏处的火焰扑灭了，在没有采取堵漏措施的情况下，必须立即用长点火棒将火点燃，使其恢复稳定燃烧。否则，大量可燃气体或液化气泄漏出来与空气混合，遇到引火源就会发生复燃复爆，造成更严重的危害。

3. 易燃液体泄漏火灾扑救

易燃液体不管是否着火，如果发生泄漏或溢出，都将顺着地面（或水面）漂散流淌，而且易燃液体还有密度和水溶性等涉及能否用水和普通泡沫扑救的问题，以及危险性很大的沸溢和喷溅问题，因此扑救工作需要十分谨慎。

(1) 切断火势蔓延途径，控制燃烧范围

首先应切断火势蔓延的途径，冷却和疏散受火势威胁的压力及密闭容器和可燃物，控制燃烧范围，并积极抢救受伤和被困人员。实施关阀断料，停止油品从工艺系统中溢出。对泄漏液体流淌火灾，应筑堤（或用围栏）拦截漂散流淌的易燃液体或挖沟导流；封闭工艺流槽，并用填沙土的方法封闭污水井。对受热辐射强烈影响区域的装置、设备和框架结构加以冷却保护，防止其受热变形或倒塌；开阀将着火或受威胁装置、设备和管道中的油品导流至安全储罐。在有爆炸危险的区域内，停止用火设备的工作和消除其他可能的引火源。

(2) 根据火情，采取针对性的灭火方法

1）易燃液体储罐泄漏着火，在切断蔓延把火势限制在一定范围内的同时，应迅速准备好堵漏工具，然后先用泡沫、干粉、二氧化碳或雾状水等扑灭地上的流淌火焰，为堵漏扫清障碍，再扑灭泄漏口的火焰，并迅速采取堵漏措施。

2）对大面积地面流淌性火灾，采取围堵防流、分片消灭的灭火方法；对大量的地面重

质油品火灾，可视情采取挖沟导流的方法，将油品导入安全的指定地点，利用干粉或泡沫一举扑灭。对暗沟流淌火，可先将其堵截住，然后向暗沟内喷射高倍泡沫，或采取封闭窒息等方法灭火。

3）对于固定灭火装置完好的燃烧罐（池），启动灭火装置实施灭火。对固定灭火装置被破坏的燃烧罐（池），可利用泡沫管枪、移动泡沫炮、泡沫钩管进攻或利用高喷车、举高消防车喷射泡沫等方法灭火。

4）对于在油罐的裂口、呼吸阀、量油口或管道等处形成的火炬型燃烧，可用覆盖物如浸湿的棉被、石棉被、毛毯等覆盖火焰窒息灭火，也可用直流水冲击灭火或喷射干粉灭火。

5）对于原油和重油等具有沸溢和喷溅危险的液体火灾，如果有条件，可采取排放罐底存积水防止发生沸溢和喷溅的措施。在灭火同时必须注意观察火场情况变化，及时发现沸溢、喷溅征兆，应迅速做出正确判断，及时撤退人员，避免造成伤亡和损失。

6）对于水溶性的液体如醇类、酮类等火灾，用抗溶性泡沫扑救。用干粉或卤代烷扑救时，灭火效果要视燃烧面积大小和燃烧条件而定，也需用水冷却罐壁。

(3) 充分冷却，防止复燃

燃烧罐的火势被扑灭后，要继续保持对罐壁的冷却，直至使油品温度降到其燃点以下为止，并保持油液面的泡沫覆盖。对于地面液体流淌火，在火势被扑灭后，液面仍需维持泡沫的覆盖，直到采取现场清理措施。

4. 电气线路和设备火灾扑救

带电电气线路或设备起火后，电力线路燃烧易形成一条快速蔓延的火龙，并发出强烈耀眼的弧光。油浸电力变压器或油开关由于在高温或电弧作用下发生爆炸还会引起绝缘油外溢或飞溅，使火势在瞬间蔓延扩大。此外火场存在扑救人员发生触电的危险性。

(1) 断电灭火方法

当扑救人员的身体或所使用的消防器材接触或接近带电部位，或在冷却和灭火中直流水柱、喷射出的泡沫等射至带电部位，电流通过水或泡沫导入身体，或电线断落接地短路在泄电地区形成跨步电压时，容易发生触电事故。为了防止在扑救火灾过程中发生触电事故，首先禁止无关人员进入着火现场，特别是对于有电线落地已形成了跨步电压或接触电压的场所，一定要划分出危险区域，并有明显的标志和专人看管，以防误入而伤人。同时，要与生产调度、电工技术人员合作，在允许断电时要尽快设法切断电源，为扑救火灾创造安全的环境。断电方法有以下几种。

1）利用变电所、配电室内电源主开关切断整个生产装置区、车间、库房的电源。应先断开自动空气开关或油断路器等主开关，然后拉开隔离开关，以免产生电弧发生危险。

2）利用建筑物内电源闸刀开关切断电源。在生产装置、车间发生火灾时，如果生产条件允许切断电源时，可利用绝缘操作杆、干燥的木棍，或者戴上干燥的绝缘手套进行关断。

3）利用动力设备的电源控制开关切断各个电动机的电源，在其停止运转后，再用总开关切断配电盘的总电源，以防止产生强烈电弧，烧坏设备和烧伤进行操作的人员。

4）利用变电所和户外杆式变电台上的变压器高压侧的跌落式熔断器切断电源。变压器发生火灾需要切断电源时，可用绝缘杆捅跌落式熔断器的鸭嘴，使熔线管跌落而切断电源。

5）采取剪断线路办法切断电源。对电压在 250 V 以下的线路或 380/220 V 的三相四线制线路时，可穿戴绝缘靴和绝缘手套，用断电剪将电线剪断，剪断的位置应在电源方向的支持物附近，以防止导线被剪断后掉落在地上而造成接地短路。需剪断非同相电线或一根相线一根零线的绝缘导线时，应在不同部位分两次剪断；当扭缠的单相两根导线和两芯、三芯、四芯的护套线需剪断时，也应在不同部位分两次剪断，不得使用断电剪同时在同一部位一次剪断两根和两根以上的线芯；否则，极易造成短路和人身触电事故。

(2) 带电灭火方法

当电气线路或设备发生火灾后，因火场情况紧急，或生产的连续性需要，或其他原因而无法切断电源的情况下，常需实施带电灭火。带电灭火必须在防止触电的前提下，实施有效的扑救措施。

1）用灭火器实施带电灭火。对于初起带电设备或线路火灾，应使用二氧化碳或干粉灭火器具进行扑救。扑救时应根据着火电气线路或设备的电压，确定扑救最小安全距离，在确保人体、灭火器的筒体、喷嘴与带电体之间距离不小于最小安全距离的要求下，操作人员应尽量从上风方向施放灭火剂实施灭火。

2）用固定灭火系统实施带电灭火。生产装置区、库区、装卸区和变、配电所等部位的蒸汽、二氧化碳、干粉固定灭火装置，以及雾状水等固定或半固定的灭火装置，可以直接用于带电灭火。当上述部位涉及带电火灾时，应及时启动，可取得良好的灭火效果。

3）用水实施带电灭火。因水能导电，用直流水柱近距离直接扑救带电的电气设备火灾，扑救人员会有触电伤亡危险，只有在通过水流导致人体的电流低于 1 mA 时，才能保障灭火人员的安全。

用水实施带电灭火时，为了既可用水实施带电灭火，又能确保人员的安全，可采取如下安全措施。

1）水枪射手必须穿戴绝缘胶靴、绝缘手套，必要时应穿均压服。

2）在金属水枪的喷嘴上安装接地线。接地线可用截面为 5～10 mm^2，长 20～30 m 的铜绞线；接地棒可用长 1 m 以上，直径 50 mm 的钢管或 50 mm×50 mm 的角钢钉入地下 0.5 m，接地棒处倒入盐水或普通水，或利用附近的避雷针引下线、自来水铁管、金属暖气管、电线杆拉线等作为接地装置；将接地线两端分别与水枪喷嘴和接地棒牢固连接即可。

3）使用铜网格作接地板。铜网格用粗铜线编制而成，面积为 0.6 m×0.6 m，将接地线与金属水枪喷嘴和铜网格接地板连接，根据电压高低选好距离，水枪射手在接地板上站好后，方可射水扑救火灾。

4）采用喷雾水流带电灭火。当喷雾水枪的喷嘴距离 127 kV 带电体 1.5 m，并在 7×10^5 Pa 水压下利用喷雾水进行带电灭火时，没有漏泄电流现象；故用喷雾水流进行带电灭火时，只要根据电压高低选好距离（最好超过 3 m），水枪可以不用接地线，直接带电灭火。

5）采用充实水柱实施带电灭火。在运用充实水柱带电灭火时，水枪喷嘴与带电体的距离应根据带电体电压高低，保持在相应最小安全距离以外，最好使用小口径水枪，采取点射射水灭火，或使水流向斜上方喷射，使水断续地呈抛物线形状落于火点而将火焰消灭。

带电灭火时的注意事项如下。

1）水枪喷嘴与带电体之间要保持安全距离。

2）使用直流水枪灭火时，如发现放电声或放电火花、有电击感时，应采取卧姿射水，将水带与水枪的接合部金属触地，以防触电伤人。

3）对架空带电线路进行灭火时，要求灭火人员至带电体的水平距离应大于带电体距地面的垂直高度，以防导线断落等危及灭火人员的安全。如果电线已断落，应划出 8～10 m 的警戒区，禁止人员入内。

4）在带电灭火过程中，没有穿戴防电用具的人员，不准许接近燃烧区，以防地面积水导电伤人。火灾扑灭后，如果设备仍有电压时，要求所有人员均不得接近带电设备和积水地区，以防发生触电造成人员伤亡。

5. 管道系统火灾扑救

生产管道同生产设备一样是生产装置中不可缺少的组成部分，起着把不同工艺功能的设备连接在一起的作用，以完成特定的工艺过程，在某些情况下，管道本身也同设备一样能完成某些化工过程，即“管道化生产”。生产管道布置纵横交错，管道种类繁多，被输送介质的理化性质多样，管道系统接点多，火灾爆炸事故发生率高。管道发生火灾爆炸事故，容易沿着管道系统扩展蔓延，使事故迅速扩大。

（1）可燃液体管道火灾扑救

液体物料管道因腐蚀穿孔、垫片损坏、管线破裂等引起泄漏，被引燃后，着火物料在管内液压的作用下向四周喷射，对邻近设备和建筑物有很大威胁。扑救这类火灾，应首先关闭输液泵、阀门，切断向着火管道输送的物料；然后采取挖坑筑堤的方法，限制着火液体物料流窜，防止蔓延，单根输液管线发生火灾，用直流水枪、泡沫、干粉等灭火；也可用沙土等掩埋扑灭。在同一地方铺设多根管线时，如其中一根破裂漏出可燃液体形成火灾时，火焰及其辐射热会使其他管线失去机械强度，并因管内液体或气体膨胀发生破裂，漏出物料，导致火势扩大。因此，要加强着火管道及其邻近管道的冷却。对空间管道流淌火，因其易形成立体或大面积燃烧，可从管道的一端注入蒸汽吹扫，或注入泡沫或水进行灭火。若油管裂口处形成火炬式稳定燃烧，应用交叉水流，先在火焰下方喷射，然后逐渐上移，将火焰割断灭火。若输油管线附近有灭火蒸汽接管，也可采用蒸汽灭火。

(2) 可燃气体管道火灾扑救

气体管道发生火灾时，不要急于灭火，应以防止蔓延和防止发生二次灾害为重点。应在确定关闭进气阀门或堵漏措施后，才可灭火。阀门受火势直接威胁，无法关闭时，首先应冷却阀门，在保证阀门完好的情况下，再进行灭火。同时，应掌握时机，选择火焰由高变低、声音由大变小，即压力降低的有利条件下灭火，灭火后迅速关闭阀门，并使用蒸汽或喷雾水，稀释和驱散余气。气体火灾，可选择水、干粉、蒸汽等灭火剂。灭火后对容器、管道要继续射水，以便驱散周围可燃余气。如扑救有毒的可燃气体火灾，消防人员必须佩戴防毒面具。

(3) 气流输送、通风、空调、除尘管道火灾扑救

工厂着火后，火苗有可能很快蹿入气流输送、通风、空调、除尘管道，并沿其蔓延扩大，必须截击阻止，消除余火，防止流窜。

1) 火苗吸入物料输送风道。立即停止生产设备操作，关闭输送风机和风道阀门，将火焰控制在风道的局部范围，制止延烧。打开输送风道的旁通漏斗，设法将着火物料引出，就地彻底扑灭。着火物料难以取出的，应根据发烟浓度、管壁温度，判明大致燃烧范围，破拆风道，强行清理，或用水枪深入风道灌注灭火。

2) 火苗蹿入吸尘管道。在生产过程中产生的火花或火苗，通过设在生产设备上的除尘装置吸入地沟、地面除尘管道时，应立即停止局部区域的吸尘风机工作，关闭局部除尘管道的阀门，尽量将火苗控制在局部区域内。查明火点位置，将着火物料粉尘通过旁通管引出清除，并就地扑灭。设有火星自动探除器的，要启动火星探除器，及时导出火星，并消灭余火。难以清除着火物料尘时，要破拆吸尘管道，清除着火物料尘，防止火苗蹿入邻近吸尘管道和除尘室，导致燃烧范围扩大。

3) 火苗蹿入空调管道。及时关闭局部空调设备和防火阀门，控制燃烧范围。先破拆空调管道的保温层，通过烟雾浓度、管道温度、管道颜色变化，确定起火点位置，在起火点两端，分别用金属切割设备拆开空调管道。用水枪消灭管道内火焰，同时冷却降低空调管道温度。火焰扑灭后，要清理出燃烧过的棉絮。燃烧范围大、火点多时，要多点同时破拆，逐点扑灭，不留死角。

(4) 下水道、管沟火灾扑救

工厂企业生产往往要消耗大量工业用水，需排放或送往净化处理的污水量很大，污水中经常混杂有易燃易爆或有毒的物质；装置或设备若发生泄漏，可燃蒸气易在下水道、管沟等低洼地方聚集，遇到明火就会发生爆炸或燃烧。污水管网一般遍及全企业区，一旦着火，易蔓延成灾。扑救下水道、管沟火灾的方法为：用湿棉被、沙土、堵塞气垫、水枪等卡住下水道、管沟两头，防止火势向外蔓延。若是暗沟，可分段堵截，然后向暗沟喷射高倍数泡沫或采取封闭窒息等方法灭火。火势较大时，应冷却保护邻近的物资和设施。用泡沫或二氧化碳灭火。若油料流入江河，则应于水面进行拦截，把火焰压制到岸边安全地点后用泡沫灭火。

6. 危险化学品火灾扑救

(1) 设置警戒线

危险化学品事故现场情况复杂，必须实施警戒，并及时疏散危险区域内的人员。根据仪器检测结果和现场气象情况，确定警戒区域，划定警戒范围。要在适当地方设置明显的警戒线。

(2) 选择适当的处置方法，防止盲目施救

危险化学品种类繁多，目前常见的，用途较广的就有 2 200 多种。各种危险化学品有各自的危险特性，处置方法也不同，所以，发生危险化学品运输事故首先一定要弄清楚运输的危险化学品的名称和危险性，再根据事故现场情况，选择适当的处置方法。因此，事故处置的组织机构中一定要有相关专家或专业技术人员参加并由他们提出事故涉及的危险化学品的应急处置方法、注意事项和防护要求等。由于危险化学品的种类多，即使有相关专家和技术人员参加救援处置，有时仍然有可能找不到适当的方法，就应向化学品登记中心或相关危险化学品应急技术中心进行咨询，或向“全国中毒控制中心网”进行查询，也可与生产厂家、托运方、使用单位等相关部门取得联系，寻找最适当的处置方法，千万不能盲目施救。没有妥善的处置方法，没有必要的防护设备，不能贸然处置，否则会加重事故的危害后果。

(3) 正确选用灭火剂

在扑救危险化学品火灾时，应正确选用灭火剂，积极采取针对性的灭火措施。大多数易燃、可燃液体火灾都能用泡沫扑救。其中，水溶性的有机溶剂火灾应使用抗溶性泡沫扑救，如醚、醇类火灾。可燃气体火灾可使用二氧化碳、干粉等灭火剂扑救。有毒气体和酸、碱液可使用喷雾、开花射流或设置水幕进行稀释。遇水燃烧物质，如碱金属及碱土金属，遇水反应物质，如乙硫醇、乙酰氯等，应使用干粉、干沙土或水泥粉等覆盖灭火。粉状物品，如硫黄粉、粉状农药等，不能用强水流冲击，可用雾状水扑救，以防发生粉尘爆炸，扩大灾情。

(4) 控制和消除引火源

大多数危险化学品都具有易燃易爆性，现场处置中若遇引火源，发生燃烧爆炸，对现场人员、周围群众、设施都会造成严重危害，也给事故处置增加难度。如果处置的危险化

学品是易燃易爆物品，现场和周围一定范围内要杜绝火源，所有电气设备都应关掉，进入警戒区的消防车辆必须带阻火器。现场上空的电线断电，固定电话、手机等通信工具也要关闭，防止打出电火花引燃引爆可燃气体、可燃液体的蒸气或可燃粉尘。堵漏或现场操作中应使用无火花处置工具。

(5) 清理和洗消现场

危险化学品火灾扑灭后，要对事故现场进行彻底清理，防止因某些危险化学品没有清理干净而导致复燃，并对火灾现场及参与火灾扑救的人员、装备等实施全面洗消。对现场进行再次检测，确保现场残留毒物达到安全标准后，解除警戒。

在处置危险化学品事故时，应注意以下几个问题。

1）救援人员注意自身安全。进入危险区域的消防人员个人防护要充分，穿着防化服。应遵守毒区行动规则，不得随意解除防护装备，不得随意坐下或躺下，不得在毒区进食和饮水等。扑救无机毒品中的氰化物，硫、砷和硒的化合物及大部分有机毒品，应尽可能站在上风方向，并佩戴防毒面具。

2）注意环境保护。在处置泄漏的化学物料时，能回收的要尽量回收，不能回收的要防止泄漏物料流入河道。若已流入河道，要采取相应措施进行消毒，并对污染河道进行连续、多点位、多层面地监测，既要做定性检测，又要做定量检测。同时要通报沿河群众不要取用河水、通知下游城市有关部门，密切关注污染水流情况。对受污染的土壤使用机械挖掘清除，并在安全地带采取焚烧或其他物理、化学方法进行安全处置。对于稀释过程产生的大量污染水也应尽可能收集到一处，集中处理。

7. 汽车火灾扑救

近年来，汽车火灾事故时有发生，给国家和人民的生命财产造成了不应有的损失，教训是深刻的。汽车火灾的扑救应采取如下措施。

(1) 当汽车发动机发生火灾时，驾驶员应迅速停车，让乘客人员打开车门自己下车，然后切断电源，取下随车灭火器，对准着火部位的火焰正面猛喷，扑灭火焰。

(2) 汽车车厢货物发生火灾时，驾驶员应将汽车驶离重点要害部位（或人员集中场所）停下，并迅速向消防队报警。同时驾驶员应及时取下随车灭火器扑救火灾，当火一时扑灭不了时，应劝围观群众远离现场，以免发生爆炸事故，造成无辜群众伤亡，使灾害扩大。

(3) 当汽车在加油过程中发生火灾时，驾驶员不要惊慌，要立即停止加油，迅速将车开出加油站（库），用随车灭火器或加油站的灭火器以及衣服等将油箱上的火焰扑灭，如果地面有流散的燃料时，应用库区灭火器或沙土将地面火扑灭。

(4) 当汽车在修理中发生火灾时，修理人员应迅速上车或钻出地沟，迅速切断电源，用灭火器或其他灭火器材扑灭火焰。

（5）当汽车被撞倒后发生火灾时，由于撞倒车辆零部件损坏，乘车人员伤亡比较严重，首要任务是设法救人。如果车门没有损坏，应打开车门让乘车人员逃出。同时驾驶员可利用扩张器、切割器、千斤顶、消防斧等工具配合消防队救人灭火。

（6）当停车场发生火灾时，一般应视着火车辆位置，采取扑救措施和疏散措施。如果着火汽车在停车场中间，应在扑救火灾的同时，组织人员疏散周围停放的车辆。如果着火汽车在停车场的一边时，应在扑救火灾的同时，组织疏散与火相邻的车辆。

（7）当公共汽车发生火灾时，由于车上人多，要特别冷静果断，首先应考虑到救人和报警，视着火的具体部位而确定逃生和扑救方法。如着火的部位在公共汽车的发动机，驾驶员应开启所有车门，令乘客从车门下车，再组织扑救火灾。如果着火部位在汽车中间，驾驶员开启车门后，乘客应从两头车门下车，驾驶员和乘车人员再扑救火灾、控制火势。如果车上线路被烧坏，车门开启不了，乘客可从就近的窗户下车。如果火焰封住了车门，车窗因人多不易下去，可用衣物蒙住头从车门处冲出去。

8. 人身着火扑救

人身着火多数是由于工作场所发生火灾、爆炸事故或扑救火灾引起的。也有因用汽油、苯、酒精、丙醇等易燃油品和溶剂擦洗机械或衣物，遇到明火或静电火花而引起的。当人身着火时应采取如下措施。

（1）若衣服着火又不能及时扑灭，则应迅速脱掉衣服，防止烧坏皮肤。若来不及或无法脱掉应就地打滚，用身体压灭火种。切记不可跑动，否则风助火势会造成严重后果。就地用水灭火效果会更好。

（2）如果人身溅上油类而着火，其燃烧速度很快。人体的裸露部分，如手、脸和颈部最容易烧伤。此时疼痛难忍，神经紧张，会本能地以跑动逃脱。在场的人应立即制止其跑动，将其搂倒，用石棉布、棉衣、棉被等物覆盖，用水浸湿后覆盖效果更好。用灭火器扑救时，不要对着脸部。

第三节　火灾现场避险

一、火灾发生后烟气的危害

在各种火灾事故中，死亡人员中有相当一部分人不是直接被火烧死的，而是由于烟气的毒害造成的。据美国学者对在建筑火灾中死亡的 1 464 人的死因进行的分析表明，其中

1 026人死于窒息和中毒，占总数的70%。现在由于建筑物内大量使用易燃、可燃材料，特别是用塑料材料进行装饰装修，火灾时有大量有毒气体、蒸气产生，因而严重威胁着被困人员的生命安全。

1. 火灾时烟气的危害

火灾时烟气的危害主要表现在以下三个方面。

(1) 烟气的毒害性可致人伤亡

当空气中二氧化碳浓度增大时，氧含量低于正常呼吸值时，人感到缺氧，因而活动能力减弱，思想混乱，甚至晕倒、窒息；当烟气中各种毒性气体含量超过人正常生理所允许的最低浓度时，就会发生中毒死亡事故。

(2) 烟气的减光性阻碍人员的疏散和灭火行动

烟气弥漫时，可见光受到烟气的遮蔽，能见度大大降低，且烟气又强烈地刺激人的眼睛，使人睁不开眼，不易辨别方向，不易查找起火点，严重影响人们的行动。

(3) 烟气的恐怖性造成人的心理恐慌

建筑物发生火灾时，烟气的流动速度比人在火场中的行动速度要快。人首先受到烟气的威胁，由于毒害性和减光性的影响，往往使人产生极大恐惧，甚至失去理智，惊慌失措，混乱无绪，采取不应该采取的措施，以致发生伤亡事故。

(4) 烟气携带高温热量

高温烟气载有热量，且温度很高，在燃气扩散弥漫的区域，可将其热量传给周围可燃建筑构件和可燃物，室内空间温度上升很快，待达到500℃时，会发生轰燃现象，即室内的可燃物大部分瞬间燃烧起来，使火势急剧扩大，人在这种场合会被严重烧伤。

2. 防止烟气危害的措施

防止烟气危害的措施有以下几项。

(1) 设法排烟，降低烟雾浓度

为了安全疏散和灭火施救活动，可采取的防排烟措施有：

1）自然换气排烟法。将着火的房间、楼层或其上层的窗户打开，借助烟的升力和风力排烟。

2）机械排烟法。用排烟机排烟，灵活性较大。如用吸气法，吸烟口应设在建筑物顶部，若用鼓风法，送风口应设在地面。

3）喷雾水驱烟法。从空气流入侧用水枪喷水雾，向下风侧驱赶烟雾，同时还可以净化空气。

(2) 采用毛巾防烟法

用折叠的毛巾捂口鼻能起到良好的防烟的作用。如果将干毛巾折叠8层，烟雾消除率

可达60%，实验证明，人在这种情况下于充满刺激性烟雾的15 m长走廊里慢速行走，没有刺激性感觉。如果用湿毛巾保护口鼻，则防烟效果更好，因为水能将一些有害气体溶解掉。捂口鼻时，要使过滤烟的面尽量增大。穿过烟雾区时，即使感到呼吸阻力增大，也绝不能将毛巾从口鼻拿开，以防烟气中毒。

3. 烟气流动方向和特点

当建筑内的某一个房间（舞厅、餐厅、客房、KTV包间等）发生火灾时，将会出现一股热的烟气流。这股气流在周围冷空气的阻挡下，可能形成一个热烟气包，在浮力的作用下向上飘升，在密闭型的房间内，该气包与房间顶棚相碰，形成一个超压区，与相随的烟雾弥漫整个着火房间。反之，如果该房间顶部有排气洞口或者有门窗，热气包和相随的烟雾便会由洞口排出着火房间，向外扩散。

(1) 烟气水平方向的流动特点

起火房间的烟气，如遇有打开的门、窗，则会由窗口的上部排向室外或者由门洞及其他洞口流向走道，又经过走道向其他房间、楼梯间、电梯间等处流动扩散。从起火房间流向走道的烟气，在天棚之下呈层流状态流动。在其流动过程中，如遇室外冷空气流入或室内进行排烟时，烟层下面的新鲜空气则流向起火房间，它与烟的流动方向正好相反，烟层的厚度约为走道高度的一半以上。可是在发生轰燃现象时，由于猛烈喷出大量的烟，故也会出现烟层瞬时下降的现象，有时几乎会降到地面。其后待火势进入发展阶段后，烟层的厚度又基本恢复到原来的状况。因此，逃生和疏散时，采用低姿方式行进可少受烟气的危害。

烟气的水平流动速度在火灾初期，因空气热对流形成的烟气的影响，其扩散速度为0.1 m/s。到了火灾发展阶段，特别是猛烈阶段时，由于高温下的热对流的作用，烟气扩散速度可达到0.3～0.8 m/s。在发生轰燃的瞬间，烟被喷出的速度可达10 m/s，烟气很快就会扩散到楼梯间等部位。此时可不要被楼梯间内少量烟雾封锁迷惑，应在自我保护下勇敢地冲出雾区，继续向下层撤离。

(2) 烟气垂直方向的流动特点

走道中的烟气除向其他房间蔓延外，还要通过楼梯间、电梯间、竖井、通风管道等部位迅速向上层流动。烟气的垂直上升速度达到3～5 m/s。可以看出，烟气不但垂直蔓延的速度快，并且很快就会对最上几层构成威胁。如果逃生人员认为上层离火层远而存在侥幸心理，则可能在短时间内就遭到危害。

对于天井式旅馆、饭店、商场，这种天井式结构和其他竖向井道一样，相当于一个烟囱。在平常状态下，天井因风力或温度差形成负压而产生抽力。当天井侧的某一房间着火后，因抽力的增大，大量热烟将进入天井并向上扩散。天井内的温度也随之升高，冷空气则由其他开启的窗洞口流入天井，形成循环气流。天井的高度越高，抽力也越大。在实验中测得：火灾初期，烟气在天井中的上升速度为 1～2 m/s；火灾发展期，热烟的上升速度增至 3～4 m/s；当出现轰燃进入最猛烈期时，速度可高达 9 m/s 左右，但持续时间相当短。

由此可知，烟气总是由压力高处向压力低处流动。当未起火部位处于负压时，烟气就可能侵入其中；处于正压的房间由于冷空气向外流动，则可有效地阻挡烟气侵袭。

值得重视的是由于空调通风管道四通八达，密布于办公楼、旅馆、饭店、大厅各处，烟气一旦蹿入空调系统便会迅速扩散到各房间。在国内外旅馆、商厦等建筑火灾中，常有人员在远离火点的房间内因吸入有毒烟气致死的实例。

在自我逃生和安全疏散中，必须做好个人防烟保护，尽量避开烟雾弥漫区域，充分利用各种防烟、排烟设施，防止出现熏倒、烟气中毒等事故。

二、火灾发生后安全疏散与逃生

火灾发生后，由于危险突然降临，人们容易形成恐慌心理，这种恐慌心理会严重干扰人们的行为，形成安全疏散和逃生的重要心理制约因素。因此，火灾发生后一定要保持冷静，做到临危不惧，临危不乱，增强自制能力，按照安全逃生路线安全撤离。

1. 及时迅速报告火警

发生火灾时不要惊慌失措，要保持镇静，要记清火警电话号码 119。火灾报警时应注意以下几个方面。

（1）火警电话打通后，应讲清楚着火单位，所在区县、街道、门牌或乡村的详细地址。

（2）要讲清什么东西着火，起火部位，燃烧物质和燃烧情况，火势怎样。

（3）报警人要讲清自己姓名、工作单位和电话号码。

（4）报警后要派专人在街道路口等候消防车到来，指引消防车去火场的道路，以便迅速、准确到达起火地点。

2. 火灾时人的心理特性

（1）惊慌失措

处在火灾现场的人们，尤其是没有经过特殊训练的人们，很容易产生不可抑制的恐惧心理，这就是常说的惊慌。惊慌之余，想到火灾危害，便会产生极其不安的惊慌失措的心态，茫然不知所措，想逃，怕选不准安全通道；想避，又不知道哪里是安全之地。尤其是那些平日心理调节能力差的人，对于火灾时疏散知识一无所知的人，更是如此。

（2）惶恐惧怕

人们面对浓烟烈火，常常是晕头转向，呼吸急促，反应迟钝；面对人群的纷乱骚动，深切感到生命将受到严重威胁，因而产生不能面对伤亡的强烈惧怕感。强烈的惊恐惧怕心态会严重干扰人的正常思维，减弱理性判断能力，失去与烟火拼搏的精神和身气，束手无策或丧失抗争能力。

（3）判断失误

惊慌惧怕的心态，还会导致人的非理智思维。非理智的思维会加深判断的失误，出现非理智的错误行动。另外，人处于高热环境中，先是口干舌燥，软弱无力，痛苦难熬，思维活动受到强烈干扰，进而眩晕心乱，直至昏迷休克猝然倒下。此外，当人处于缺氧和有毒有害气体大量存在的火场环境中时，因吸入毒气，可使人发生嗅觉刺激、呼吸困难、视线模糊，损伤内脏和脑神经系统等生理障碍，进而导致思维不清、行为错乱和心乱目眩，直至昏聩或中毒、窒息而亡。

（4）发生冲动

火灾时人们最容易惊慌失措，火、烟、热、毒等因素的作用所产生的惧怕与茫然，最容易使人做出不理智的或盲目的冲动行为，如跳楼、乱跑乱窜、大喊大叫、丧失信心、不听劝阻等。火场心理研究证明，乱跑乱窜、大喊大叫不但会使自己陷入危险境地，还会扰乱他人的平静思维，加剧其他人员的茫然心理，导致更多人的效仿，从而使火场中的人们更加混乱而难于疏导和控制。

（5）侥幸心理

侥幸心理是人们经常出现的一种心态。面临灾祸之际，还漫不经心，轻信事情不会那么严重或抱着车到山前必有路的态度，不是冷静沉着地采取措施，侥幸心理是妨碍正确判断的大敌。火场中人们必须首先排除这种心态，不能让其干扰理智的思维和正确的判断。

3. 火灾现场安全疏散和逃生自救方法

当火灾突然发生，一定要强制自己保持头脑冷静，根据周围环境和各种自然条件，选择恰当的安全疏散和自救方式。能否安全疏散，自救方式是否恰当，直接关系到生死命运。

2010年11月5日9时左右，吉林某商业大厦发生火灾，造成19人死亡，27人受伤。在这起突发事故中，也出现临危不乱、互助逃生的事例。其中一位叫张丽英的老人，看到有浓烟滚上来后，立刻组织大家逃生。她推开教室门时，发现楼梯内已漆黑一片。于是她带领大家从另一个小门走到第2教室，发现第2教室有一扇窗户打开了，趴着窗户看到有一处缓台，由于所有教室的80多人此时已经都挤在这个窗户跟前，但窗户狭小，由于都是老年人，又都十分慌张，个个腿脚发软，哭喊一片。她立刻大喊："大家不要慌张，我们排好队，这样都能逃出去了。"于是，按照年龄排队，年纪大的人，站在前面，60岁以下的老年人排在后面，这样大家找到主心骨，马上排了长队，她组织大家，从窗户跳到1米多高的缓台。她是最后一个跳过去的，并拨打119报警，最终大家都安全获救。

(1) 安全疏散注意事项

1）保持安全疏散秩序。在疏散过程中，始终应把疏散秩序和安全作为重点，尤其要防止发生拥挤、践踏、摔伤等事故。遇到只顾自己逃生，不顾别人死活的不道德行为和相互践踏、前拥后挤的现象，要想方设法坚决制止。如看见前面的人倒下去，应立即扶起；发现拥挤应给予疏导或选择其他的辅助疏散方法给予分流，减轻单一疏散通道的压力。实在无法分流时，应采取强硬手段坚决制止拥挤。同时要告诫和阻止逆向人流的出现，保持疏散通道畅通。制止逃生中乱跑乱窜、大喊大叫的行为，因为这种行为不但会消耗大量体力，吸入更多的烟气，还会妨碍别人的正常疏散和诱导混乱。尤其是前呼后拥的混乱状态出现时，绝不能贸然加入，这是逃生过程中的大忌，也是扩大伤亡的缘由。

2）应遵循的疏散顺序。就多层场所而言，疏散应以先着火层，后以上各层、再下层的顺序进行，以安全疏散到地面为主要目标。优先安排受火势威胁最严重及最危险区域内的人员疏散。此时若贻误时机，则极易产生惨重的伤亡后果。建筑物火灾中，一般是着火楼层内的人员遭受烟火危害的程度最重，要忍受高温和浓烟的伤害。如疏散不及时，极易发生跳楼、中毒、昏迷、窒息等现象和症状。因此当疏散通道狭窄或单一时，应首先救助和疏散着火层的人员。着火层以上各层是烟火蔓延将很快波及的区域，也应作为疏散重点尽快疏散。相对来说，下面各层较为安全，不仅疏散路径短，火势殃及的速度也慢，能够容许留有一段安全疏散时间。分轻重缓急按楼层疏散，可大大减轻安全疏散通道压力，避免人流密度过大、路线交叉等原因所致的堵塞、践踏等恶果，保持通道畅通。

疏散中先老、弱、病、残、孕，先旅客、顾客、观众，后员工，最后为救助人员疏散的顺序，这是单位负责人和消防队领导必须遵循的疏散原则。对于行动有困难的特殊人员，还应指派专人或青壮年人员协助撤离。负责疏导安全撤离的员工和消防队员，绝不可只顾自己逃生而抛下旅客、顾客、观众不管，这属于渎职行为。

3）发扬团结友爱、舍己救人的精神。火灾中善于保护自己顺利逃生是重要的，同时也要发扬团结友爱、舍己救人的精神，尽力救助更多的人撤离火灾危险境地。火灾疏散统计资料表明，孩子、老人、病人、残疾人和孕妇在火灾伤亡者中占有相当大的比例，这主要是由于他们的体质和智能不足，思维出现差错和行动迟缓造成的，如能及时给予协助，就能使他们得以逃生。

4）利用防火门、防火卷帘等设施控制火势，启用通风和排烟系统降低烟雾浓度，阻止烟火侵入疏散通道，及时关闭各种防火分隔设施等措施，都可为安全疏散创造有利条件，使疏散行动进行得更为顺利、安全。

5）疏散中原则上禁止使用普通电梯。普通电梯由于缝隙多，极易受到烟火的侵袭，而且电梯竖井又是烟火蔓延的主要通道，所以采用普通电梯作为疏散工具是极不安全的，曾有中途停电、蹿入烟火和成为火势蔓延通道的多起悲剧案例。因而发生火灾时，原则上应首先关闭普通电梯。

6）不要滞留在没有消防设施的场所。逃生困难时，可将防烟楼梯间、前室、阳台等作为临时避难场所。千万不可滞留于走廊、普通楼梯间等烟火极易波及又没有消防设施的部位。

7）逃生中注意自我保护。学会逃生中的自我保护的基本方法，是保证逃生安全的重要组成部分。如在逃生中因中毒、撞伤等原因对身体造成伤害，不但贻误逃生行动，还会遗留后患甚至危及生命。

火场上烟气具有较高的温度，但安全通道的上方烟气浓度大于下部，贴近地面处浓度最低，所以疏散时穿过烟气弥漫区域时要以低姿行进为好，例如弯腰行走、蹲姿行走、爬姿等。但当采用上述这些姿势逃离时动作速度不宜过猛过快，否则会增大烟气的吸入量，因视线不清发生碰壁、跌倒等事故。

8）注意观察安全疏散标志。在烟气弥漫能见度极差的环境中逃生疏散时，应低姿细心搜寻安全疏散指示标志和安全门的闪光标志，按其指引的方向稳妥进行，切忌只顾低头乱跑或盲目跟随别人。

9）脱下着火衣服。如果身上衣服着火，应迅速将衣服脱下，或就地翻滚，将火压灭。如附近有浅水池、池塘等，可迅速跳入水中。如果身体已被烧伤，应注意不要跳入污水中，以防感染。

（2）火场逃生的自救方法

火场逃生自救方法主要有以下几点。

1）熟悉所处环境。对于经常工作或居住的建筑物，我们可事先制订较为详细的逃生计划，并进行必要的逃生训练和演练。必要时可把确定的逃生出口（如门窗、阳台、室外楼梯、安全出口、楼梯间等）和路线绘制在图上，并贴在明显的位置上，以便大家平时熟悉，在发生火灾时按图上的逃生方法、路线和出口顺利逃出危险地区。

当人们走进商场或到影剧院、歌舞厅、娱乐厅等不熟悉的环境时，应留心看一看太平门、楼梯、安全出口的位置，以及灭火器、消火栓、报警器的位置，以便发生火灾时能及时逃出险区或将初起火灾及时扑灭，并在被围困的情况下及时向外面报警求救。

2）选择逃生方法。逃生的方法有多种。应该根据火场上的火势大小，被围困的人员所处位置和可供使用的救生器材不同，采取不同的逃生方法。在火场上发现或意识到自己可能被烟火围困，生命受到威胁时，要立即放下手中的工作，采取相应的逃生措施和方法，切不可延误逃生时机。

应根据火势情况，优先选择最简便、最安全的通道和疏散设施。如楼房着火时，首先选择安全疏散楼梯、室外疏散楼梯、普通楼梯间等。防烟楼梯间、室外疏散楼梯更安全可靠，在火灾逃生时，应充分利用。火场上不得乘坐普通电梯。当您身处房间，要打开门、窗时，必须先摸摸门、窗是否发热。如果发热，就不能打开，应选择其他出口；如果不热，也只能小心慢慢打开，并迅速撤出，然后将门立即关好。

当经常使用的通道被烟火封锁后，应该先向远离烟火的方向疏散，然后再向靠近出口和地面的方向疏散。向远离烟火的方向疏散时，应以水平疏散为主，尽量避免向楼上疏散。同时，一旦到达一个较为安全的地方，绝不要停留在原地，应迅速采取措施，利用一切逃生手段，向靠近地面的方向逃生。

当一时想不出更好的疏散路线时，而他人的疏散路线又比较安全可靠，则可模仿他人的行为进行疏散，但千万不要盲目、消极地效仿他人的行为。如果盲目地跟着别人跑，盲目地跟着别人跳楼，这样做会导致更加惨痛的悲剧。如果门窗、通道、楼梯等已被烟火封锁但未倒塌，还有可能冲得出去时，则可向头部、身上浇些冷水或用湿毛巾等将头部包好，用湿棉被、毯子将身体裹好冲出危险区。

当各通道全部被烟火封死时，应保持镇静，寻找可利用的逃生器材和办法进行自救。如果被烟火困在2层楼内，在没有逃生器材或得不到救助的不得已的情况下，也可采取跳楼逃生办法。但跳楼之前，应先向地面扔一些棉被、床垫等柔软物件，然后用手扒住窗台或阳台，身体下垂，自然落下，同时注意屈膝双脚着地，这样可缩短距离，保护身体免得受伤。如果被困在3楼以上的楼层内，千万不要急于往下跳，可转移到其他较安全的地点，耐心等待救援。

3）利用避难层逃生。在高层建筑和大型建筑物内，在经常使用的电梯、楼梯、公共厕所附近，以及袋形走廊末端都设有避难层和避难间。火灾时，可将短时间内无法疏散到地面的人员、行动不便的人员，以及在灭火期间不能中断工作的人员，如医护人员和广播、通信工作人员等，暂时疏散到避难间。其他被困人员在短时间内无法疏散到地面时，也可先疏散到避难层逃生。

4）充分利用各种逃生器材和设施。

利用缓降器逃生。缓降器由挂钩（或吊环）、吊带、绳索及速度控制器组成，是一种靠人的自身重量缓慢沉降的安全救生装置，可以用安装器具固定在建筑物的窗口、阳台，屋顶外沿等处。

利用救生袋逃生。救生袋是两端开口，供逃生者从高处进入其内部缓慢滑降的长条袋状物。被困人员入袋内，可依靠自重和不同姿势来控制降落速度，缓慢降落至地面脱险。

利用自救绳逃生。在紧急情况下，可利用粗绳索，或利用床单、窗帘、衣服等系在一起作为自救绳，将绳的一端固定好，另一端投到室外，而后沿自救绳滑到安全地带或地面。

利用自然条件逃生。被困人员在疏散时，在疏散设施无法使用，又无其他应急材料可作为救生器材的情况下，则可充分利用建筑物本身及附近的自然条件，进行自救。如阳台、窗台、屋顶、落水管、避雷线，以及靠近建筑物的低层建筑屋顶或其他构筑物等。但要注

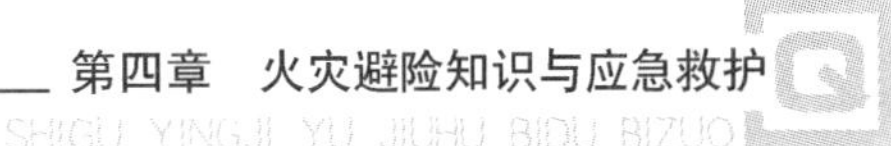

意查看落水管、避雷线是否牢固，否则不能利用。

5）暂时避难方法。在各种通道被切断，火势较大，一时又无人救援的情况下，对于没有避难间的建筑里，被困人员应开辟临时避难场所与浓烟烈火搏斗。当被困在房间里时，应关紧迎火的门窗，打开背火的门窗，但不能打碎玻璃，要是窗外有烟进来时，还要关上窗子。如门窗缝隙或其他孔洞有烟进来时，应该用湿毛巾、湿床单等物品堵住或挂上湿棉被等物品，并不断向物品上和门窗上洒水，最后向地面洒水，并淋湿房间的一切可燃物，以延缓火势向室内蔓延，运用一切手段和措施与火搏斗，直到消防队到来，救助脱险。

开辟避难间时，要选择在有水源和能同外界联系的房间，目的是有水源可以降温、灭火、消烟，以利避难人员生存，同时又能与外面联系以获得救助。有电话要及时报警，无电话，可向窗外伸出彩色鲜艳的衣物或抛出小物件发出求救信号，或用其他明显标志向外报警，夜间可开灯或用手电筒向外报警。

6）互救和救助。互救是在火灾中使他人免于受害的疏散行为。引起互救行为的原因各不相同，如同情、救难、助人等，但其共同之处都是为了使别人获得方便和利益，而把个人生死置之度外的表现。这是人类社会高尚的美德，是值得大力赞美和弘扬的。

自发性互救。自发性互救是指在火灾现场单独的个人或几个人，在无组织的情况下，采用特殊手段帮助他人的疏散行为。如告知起火。首先发现起火的受灾者，在报警同时高喊“着火了!”或敲门向左邻右舍报警；指示安全疏散走道和安全出口等。

帮助疏散。在火情紧急时，年轻力壮的受灾者帮助年老体弱者首先逃离火灾现场。其具体方法是：对于神志清醒者，可指定通路，让他们自行疏散；对于在烟雾中迷失方向者、年老体弱者，应该引导他们疏散；对病人、不能行走的儿童以及失去知觉的人，可运用背、抱、抬、扛等救人方法，把他们疏散到安全地点。

7）采取防烟措施。利用防毒面具防烟、防毒。大型豪华的宾馆饭店有的备有过滤式防毒面具，它能过滤烟雾中的烟粒子和CO等毒气。若确认已发生火灾，应迅速戴上防毒面具，其方法是，将面罩下方先套住下颚，然后将头带拉紧，使面罩紧贴面部以防漏气。

利用毛巾、衣服、软席垫布等织物叠成多层捂住口鼻，以防烟、防毒。将毛巾等织物润湿，则除烟效果更好。实践证明将干毛巾叠成16层，就能使透过毛巾的烟雾浓度减少到10％以下，即烟雾的消除率达90％以上。但考虑实用，一条毛巾以叠成8层为宜，其烟雾消除率可达60％。若利用其他织物，应视其薄厚、疏密来确定折叠的层数，一般层数越多，除烟效果越好。使用毛巾和其他织物捂住口鼻时，一定要使滤烟的面积尽量增大，确实将口鼻捂严。在穿过烟雾区时，即使感到呼吸阻力大（呼吸困难），也绝不能把毛巾从口鼻上移开。因为一旦移开，毒气达到一定的浓度，吸上几口就会立即中毒。

在火灾的初起阶段，靠近地面的烟气和毒气比较稀薄，能见度相对比较高。受灾者在逃生时，应采取低姿行走、探步前进的方法，若烟雾太浓，判断准确方向后，应沿地面爬行，逃离现场。

三、火灾现场相关急救知识

火灾是日常生活中最常见的一种灾害，常由高温、沸水、烟雾、电流等造成烧伤。更严重的是使人的皮肤、躯体、内脏等造成复合伤，甚至可致残或死亡。

1. 烧伤深度的区分

我国多采用三度四分法区分烧伤深度。

Ⅰ度，称红斑烧伤。只伤表皮，表现为轻度浮肿，热痛，感染过敏，表皮干燥，无水疱，需 3～7 天痊愈，不留疤痕。

浅Ⅱ度，称水泡性烧伤。可达真皮，表现为剧痛，感觉过敏，有水泡，创面发红，潮湿、水肿，需 8～14 天痊愈，有色素沉着。

深Ⅱ度，真皮深层受累。表现为痛觉迟钝，可有水泡，创面苍白潮湿，有红色斑点，需 20～30 天或更长时间才能治愈。

Ⅲ度，烧伤可深达骨。表现为痛觉消失，皮肤失去弹性，干燥，无水泡，似皮革，创面焦黄或炭化。

烧伤面积越大，深度越深，危害性越大。头、面部烧伤易出现失明，水肿严重；颈部烧伤严重者易压迫气道，出现呼吸困难，窒息；手及关节烧伤易出现畸形，影响工作、生活；会阴烧伤易出现大小便困难，引起感染。老、幼、弱者治疗困难，愈合慢。

2. 火灾烧伤的急救原则

火灾烧伤的急救原则是：一脱，二观，三防，四转。

一脱：急救头等重要的问题是使伤员脱离火场，灭火应分秒必争。

二观：观察伤员呼吸、脉搏、意识如何，目的是分出轻重缓急进行急救。

三防：防止创面受污染，包括清除眼、口、鼻的异物。

四转：把重伤者迅速安全地送往医院。

3. 火灾烧伤的现场急救方法

火灾烧伤的现场急救方法主要有以下几种。

（1）清理创面。先口服镇痛药杜冷丁 50～100 mg/次，最好用生理盐水稀释 1 倍从静脉缓慢推入。止痛后，用微温清水或肥皂水清除泥土、毛发等污物，再用蘸 75%酒精（或白酒）的棉球轻轻清洗创面，不要把水泡挤破。然后用无菌纱布或毛巾、被单敷盖，再用

绷带或布带轻轻包扎。也可采用暴露法，但要用无菌或干净的大块纱布、被罩盖上，保护创面，防止感染。

（2）轻度烧伤者可饮 1 000 mL 水，水中加 3 g 盐、50 g 白糖，有条件再加入碳酸氢钠 1.5 g。严重者按体重进行静脉输液。

（3）清除呼吸道污物，呼吸困难者要进行人工呼吸，心跳失常者进行胸外按压，同时拨“120”请急救中心来急救。

4. 火灾烧伤现场急救注意事项

火灾烧伤现场进行急救时，还需要注意的事项如下。

（1）在使用交通工具运送火灾伤员时，应密切注意伤员伤情，要进行途中医疗监测和不间断地治疗。注意伤员的脉搏、呼吸和血压的变化，对重伤员需要补液治疗，路途较长时需要留置导尿管。

（2）冷却受伤部位，用冷自来水冲洗伤肢，冷却伤处。

（3）不要刺破水泡，伤处不要涂药膏，不要粘贴受伤皮肤。

（4）头面部烧伤时，应首先注意眼睛，尤其是角膜有无损伤，并优先予以冲洗。

第四节　本章习题集

一、填空题

1. 燃烧现象发生必须具备一定的条件，作为特殊的氧化还原反应，燃烧反应必须有________和________参加，此外，还要有引发燃烧的________。

2. 按损失严重程度，火灾可分为________、________和________。

3. 按照爆炸灾害产生的原因和性质，爆炸可分为________和________。

4. 可燃物不与明火接触而发生着火燃烧的现象称为________，由此引发的火灾爆炸事故为此类。

5. 当可燃性气体、蒸气或可燃粉尘与空气（或氧）在一定浓度范围内均匀混合，遇到火源发生爆炸的浓度范围称为________。

6. 当点火源的活化能量越大，加热面积越大，作用时间越长，________也越大。

7. 爆炸性混合物的危险性是由它的________、________、________和________决定的。

8. 根据爆炸性混合物的危险性并考虑实际生产过程的特点，一般将爆炸性混合物分为三类：Ⅰ类为________；Ⅱ类为________（如工厂爆炸性气体、蒸气、薄雾等）；Ⅲ类为________（如爆炸性粉尘、易燃纤维等）。

9. 室内火灾可分成三个阶段，即________、________和________。在前面两个阶段之间，有一个温度急剧上升的狭窄区，通常称为________，它是火灾发展的重要转折区。

10. 进入________后，火灾发展速度很快，燃烧强度增大，温度升高，附近的可燃物质被加热，气体对流增强，燃烧面积迅速扩大。

11. 火灾防治途径一般分为________、________、________、________等。

12. 发生了火灾，要运用正确的方法进行灭火。灭火的方法有四种，即________、________、________和________。

13. ________是指能够使可燃物与助燃物发生燃烧反应的能量来源，这种能量既可以是热能、光能、电能、化学能，也可以是机械能。

14. 可燃固体类火灾中，镁粉、铝粉、钛粉、锆粉等金属元素的粉末类火灾不可用水施救，因为这类物质着火时，可产生相当高的温度，高温可使水分子和空气中的二氧化碳分子分解，从而引起________或使燃烧________。

15. ________着火或被卷入火中，氧化剂中的过氧化物与水反应，能放出氧加速燃烧或者爆炸，如过氧化钾、过氧化钙、过氧化钡等。起火后不能用水扑救，要用________、________扑救。

16. 当遇到未切断电源的电气火灾时，不能用直流水扑救，可能会引起更大的电气事故，宜使用________灭火。

17. 可燃物料泄漏火灾，无论使用何种灭火剂扑灭火灾时，都必须先________，如无可靠的断源、堵漏、倒液措施，只能在水枪冷却下让其________燃烧，不可贸然灭火。

18. ________属于化学灭火方法，灭火剂参加燃烧反应。一些碱金属、碱土金属以及这些金属的化合物在燃烧时可产生高温，在高温下这些物质大部分可与________进行反应，使燃烧反应更加猛烈，故不能用其扑救，对含氧化学品也不适宜。

19. 按充装灭火剂的种类不同，常用灭火器有________、________、________、________、________。

20. C类火灾是可燃气体如________、________、________燃烧引起的火灾，因气体燃烧速度快，极易造成爆炸，一旦发现可燃气着火，应立即关闭阀门，切断可燃气来源，同时使用干粉灭火剂将气体燃烧火焰扑灭。

21. 当扑救________火灾时，应使二氧化碳射流由近而远向火焰喷射，如果燃烧面积较大，操作者可左右摆动喷筒，直至把火扑灭。

22. 常用的固定灭火设施可以分为________、________、________和________。

23. 消火栓是设置在消防给水管网上的消防供水装置，由________、________和

________等组成。

24. 自动喷水系统主要由________、________、________、________等组成。工厂企业采用的自动喷水系统主要有________、________和________三种形式系统。

25. 水幕系统是由________、________和________等组成的阻火、冷却和隔火的喷水系统。

26. 对于物料泄漏流淌的生产装置火灾现场，应尽早组织人员用________或________筑堤堵截或导流，或在适当地点挖坑以容纳导流的易燃可燃液体物料，防止燃烧液体向高温高压装置区________，严防形成大面积流淌火或物料流入地沟、下水道引起大范围爆炸。

27. 若易燃可燃液体、气体只泄漏未着火时，则应在做好防护和出水掩护、防止打出火花的情况下，先实施________，后________。

28. 在扑救生产装置火灾时，应尽可能使用________、________的高压水枪、水炮，实施________灭火，在确认无爆炸危险时，可以实施登高或近距离灭火。

29. 当液化气系统发生漏气时，液化气在系统内汽化吸热，使系统内温度下降，压力也随之下降，有利于________。

30. 接近燃烧区域的人员要着________，佩戴________或________等安全防护器具，防止高温和热辐射灼伤和中毒。

31. 易燃液体储罐泄漏着火，在切断蔓延把火势限制在一定范围内的同时，应迅速准备好________，然后先用________、________、________或________等扑灭地上的流淌火焰，为堵漏扫清障碍，然后再扑灭泄漏口的火焰，并迅速采取堵漏措施。

32. 对于水溶性的液体如醇类、酮类等火灾，用________扑救。用干粉或卤代烷扑救时，灭火效果要视________和________而定，也需用水冷却罐壁。

33. 当扑救人员的身体或所使用的消防器材接触或接近带电部位，或在冷却和灭火中________、________等射至带电部位，电流通过水或泡沫导入射手身体，或电线断落对地短路在泄电地区形成________时，容易发生触电事故。

34. 对于初起带电设备或线路火灾，应使用________或________灭火器进行扑救。

35. 在带电灭火过程中，没有________的人员，不准许接近燃烧区，以防地面积水导电伤人。

36. 气体管道发生火灾时，不要急于灭火，应以防止________和防止发生________为重点。

37. 在扑救危险化学品火灾时，应正确选用灭火剂，积极采取________的灭火措施。大多数易燃、可燃液体火灾都能用________扑救。

38. 大多数危险化学品都具有________性，现场处置中若遇________，发生燃烧爆炸，对现场人员、周围群众、设施都会造成严重危害，也给事故处置增加难度。

39. 当汽车发动机发生火灾时，驾驶员应迅速停车，让乘车人员________，然后切断电源，取下随车灭火器，对准________正面猛喷，扑灭火焰。

40. 火灾时烟气中的各种________超过人正常生理所允许的最低浓度时，就会发生中毒死亡事故。

41. 起火房间的烟气，如遇有打开的门、窗，则会由窗口的________排向室外或者由门洞及其他洞口流向走道，又经过走道向其他房间、楼梯间、电梯间等处流动扩散，从起火房间流向走道的烟气，在天棚之下呈________流动。

42. 在火灾自我逃生和安全疏散中，必须做好个人________，尽量避开烟雾弥漫区域，充分利用各种________、________设施，防止出现熏倒、烟气中毒等事故。

43. 发生火灾不要惊慌失措，要保持镇静，拨打火警电话号码________报警，报警后要派专人在街道路口等候消防车到来，指引消防车________的道路，以便迅速、准确到达起火地点。

44. 当火灾突然发生，一定要强制自己保持头脑冷静，根据周围环境和各种自然条件，选择恰当的________和________方式。

45. 在火灾疏散过程中，始终应把________作为重点，尤其要防止发生拥挤、践踏、摔伤等事故。

46. 就多层场所而言，火灾疏散应以先________，后________、再________的顺序进行，以安全疏散到地面为主要目标。

47. 火灾疏散中原则上禁止使用________电梯。

48. 火灾逃生困难时，可将________、________、________等作为临时避难场所。

49. 在烟气弥漫能见度极差的环境中逃生疏散时，应低姿细心搜寻________和________，按其指引的方向稳妥进行，切忌只顾低头乱跑或盲目跟随别人。

50. 当经常使用的通道被火灾烟火封锁后，应该先向________的方向疏散，然后再向________的方向疏散。向远离烟火的方向疏散时，应以________为主，尽量避免向________疏散。

二、单项选择题

1. 燃烧必须具备的条件是________。

A. 氧化剂　　B. 还原剂　　C. 点火源　　D. 以上三点都是

2. 以下不属于点火源的是________。

A. 自燃发热　　B. 电火花　　C. 汽油　　D. 热辐射

3. 可燃金属燃烧造成的火灾属于________类火灾。

A. A 类火灾　　B. B 类火灾　　C. C 类火灾　　D. D 类火灾

4. ________是指死亡 3 人以上，受伤 10 人以上，死亡、重伤 10 人以上，受灾 30 户以上，烧毁财物损失 30 万元以上。

A. 特大火灾　　B. 重大火灾　　C. 一般火灾　　D. 特别重大火灾

5. 爆炸是物质系统的一种极为迅速的物理的或化学的能量释放或转化过程，是系统蕴藏的或瞬间形成的大量能量在有限的体积和极短的时间内，骤然释放或转化的现象，系统的能量将转化为________。

A. 机械功　　B. 光　　C. 热辐射　　D. 以上所有项

6. 可燃气体或粉尘与空气形成的爆炸性混合物爆炸灾害属于________。

A. 物理爆炸灾害　　B. 化学爆炸灾害

C. 气相爆炸灾害　　D. 固相爆炸灾害

7. 当可燃性气体、蒸气或可燃粉尘与空气（或氧）在一定浓度范围内均匀混合，遇到火源发生爆炸的浓度范围称为________。

A. 爆炸浓度　　B. 爆炸范围　　C. 爆炸极限　　D. 爆炸条件

8. 若在混合气体中加入惰性气体（如氮、二氧化碳、水蒸气、氩等），随着惰性气体含量的增加，爆炸极限范围________。

A. 缩小　　B. 扩大　　C. 不变　　D. 不稳定

9. 根据物质性质和生产加工过程中的火灾危险性大小，以下属于甲类危险生产作业区域的是________。

A. 松节油或松香蒸馏厂房及其应用部位

B. 硝化棉生产厂房及其应用部位

C. 硫黄回收厂房

D. 活性炭制造及再生厂房

10. 根据物品的火灾危险性按物品本身的可燃性、氧化性和遇水燃烧等危险性的大小，在充分考虑其所处的盛装条件、包装的可燃程度和量的多少的基础上，将________等作为乙类火灾危险物质。

A. 氯酸钾、氯酸钠、过氧化钾、过氧化钠

B. 赤磷、五硫化磷、三硫化磷

C. 氧气、氯气、氟气、压缩空气

D. 动物油、植物油、沥青、蜡、润滑油、机油、重油、柴油、糠醛

11. 根据爆炸和火灾危险场所的区域划分，正常情况下不能形成，但在不正常情况下能形成爆炸性混合物的场所属于________。

A. 0 区　　B. 1 区　　C. 2 区　　D. 3 区

12. 根据爆炸性混合物的危险性并考虑实际生产过程的特点，一般将爆炸性混合物分类，其中工业粉尘属于________。

A. Ⅰ类　　B. Ⅱ类　　C. Ⅲ类　　D. Ⅳ类

13. 室内火灾可分为不同阶段，其中，火灾发展速度很快，燃烧强度增大，温度升高，附近的可燃物质被加热，气体对流增强，燃烧面积迅速扩大是________。

A. 火灾初起阶段　　B. 火灾轰燃阶段

C. 火灾充分发展阶段　　D. 火灾衰减阶段

14. 以下不属于火灾防治途径的是________。

A. 设计与评估　　B. 火灾探测　　C. 阻燃　　D. 人员救治

15. 将灭火剂直接喷射到燃烧的物体上，以降低燃烧的温度于燃点之下，使燃烧停止，这种方法叫做________灭火。

A. 隔离法　　B. 窒息法　　C. 冷却法　　D. 化学抑制法

16. 对电器火灾应使用________灭火。

A. 隔离法　　B. 窒息法　　C. 冷却法　　D. 化学抑制法

17. 以下不属于化学点火源的是________。

A. 自燃着火　　B. 自热着火　　C. 电气火源　　D. 摩擦化学热

18. 窒息法灭火常用的材料包括________。

A. 低倍数泡沫　　B. 水　　C. 干粉　　D. 卤代烷灭火剂

19. ________主要适用于扑救可燃液体类物质如汽油、煤油、柴油、植物油、油脂等的初起火灾。

A. 水型灭火器　　B. 空气泡沫灭火器

C. 干粉灭火器　　D. 二氧化碳灭火器

20. 空气泡沫灭火器使用时，应选择在距燃烧物________m左右操作。

A. 3　　B. 4　　C. 5　　D. 6

21. 二氧化碳灭火器使用时，手提灭火器的提把或把灭火器扛在肩上，迅速赶到火场在距起火点约________m处放下灭火器。

A. 3　　B. 4　　C. 5　　D. 6

22. 7150灭火器使用时，手提灭火器的提把迅速赶到火场，在距离________m左右处停下。

A. 2　　B. 4　　C. 36　　D. 10

23. 常用的固定灭火设施一般是________。

A. 消防给水系统　　B. 蒸汽、泡沫灭火系统

C. 自动喷水系统　　D. 以上都是

24. 考虑火场供水需要，要求室外低压消火栓的最大布置间距不应大于________ m。

A. 60　　B. 80　　C. 100　　D. 120

25. 火灾现场，如发现受热辐射的容器有下列情况：燃烧的火焰由红变白、光芒耀眼，燃烧处发出刺耳的呼啸声，罐体抖动，排气处、泄漏处喷气猛烈等，应及时________。

A. 强攻扑灭　　B. 冲水冷却

C. 增加消防力量　　D. 撤离

26. 车气体或液化气发生泄漏事故，消防车布置在离罐区________ m的上风方向和侧风方向，车头朝向便于撤退的方向。

A. 50　　B. 100　　C. 150　　D. 200

27. 因水能导电，用直流水柱近距离直接扑救带电的电气设备火灾，扑救人员会有触电伤亡危险，只有在通过水流导致人体的电流低于________ mA时，才能保障灭火人员的安全。

A. 1　　B. 5　　C. 10　　D. 12

28. 可燃气体火灾可使用________扑救。

A. 泡沫灭火剂　　B. 二氧化碳　　C. 干沙土　　D. 雾状水

29. 火灾时烟气的危害主要表现在________。

A. 烟气的毒害性可致人伤亡

B. 烟气的减光性阻碍人员的疏散和灭火行动

C. 烟气的恐怖性造成人的心理恐慌

D. 以上全部

30. 烟气的水平流动速度在火灾初期，因空气热对流形成的烟气的影响，其扩散速度为________ m/s。

A. 0.1　　B. 0.3　　C. 0.6　　D. 1.0

31. 发生火灾不要惊慌失措，要保持镇静，拨打火警电话________。

A. 110　　B. 119　　C. 120　　D. 999

三、判断题

1. 氧化剂、还原剂和点火源三个条件通常被称为燃烧三要素，他们同时存在两个，相互作用，就会发生燃烧。（　）

2. 不同的可燃物所需引火能量的强度，即引起燃烧的最小引火能量不同。（　）

3. D类火灾是指普通固体可燃物燃烧而引起的火灾。（　）

4. 爆炸是物质系统的一种极为迅速的物理的或化学的能量释放或转化过程，是系统蕴藏的或瞬间形成的大量能量在有限的体积和极短的时间内，骤然释放或转化的现象。在这种释放和转化的过程中，系统的能量将转化为机械功以及光和热的辐射等。（　）

5. 处理、储存或运输可燃物质的容器、机械设备，因某种原因造成破裂而使可燃物质泄漏到大气中或进入有限空间内或外界空气进入装置内，遇引火源发生的火灾爆炸事故称为反应失控类火灾与爆炸。（　）

6. 混合爆炸气体的初始温度越高，爆炸极限范围越宽，则爆炸下限增高，上限增高，爆炸危险性增加。（　）

7. 若在混合气体中加入惰性气体（如氮、二氧化碳、水蒸气、氩等），随着惰性气体含量的增加，爆炸极限范围扩大。（　）

8. 爆炸容器的材料和尺寸对爆炸极限有影响，若容器材料的传热性好，管径越细，火焰在其中越难传播，爆炸极限范围扩大。（　）

9. 当点火源的活化能量越大，加热面积越大，作用时间越长，爆炸极限范围也越大。（　）

10. 爆炸性混合物的危险性是由它的爆炸极限、传爆能力、引燃度温度和最小点燃电流决定的。（　）

11. 室内火灾可分成四个阶段，即火灾初起阶段、充分发展阶段、轰燃阶段和衰减阶段。（　）

12. 由于燃烧时间长，可燃物减少，或者由于燃烧空间密闭，有限空间内氧气被渐渐消耗，则燃烧速度减慢，直至逐渐熄灭。但此时燃烧空间内温度仍然很高，如果立即打开密闭空间，引入较多新鲜的空气，或停止灭火工作，则仍有发生爆燃的危险。（　）

13. 在火灾的初起阶段，火光是反映火灾特征的主要方面。（　）

14. 对电器火灾，就不能用水浇的方法，而宜用窒息法。（　）

15. 点火源是指能够使可燃物与助燃物发生燃烧反应的能量来源。这种能量既可以是热能、光能、电能、化学能，也可以是机械能。（　）

16. 可燃固体类火灾中，镁粉、铝粉、钛粉、锆粉等金属元素的粉末类火灾可用大量水施救。（　）

17. 如果炸药类物质在房间内或在车厢、船舱内着火时，要迅速将门窗、厢门、舱盖打开，向内射水冷却，万万不可用窒息灭火。（　）

18. 易燃固体、自燃物品一般都可用水和泡沫扑救。（　）

19. 在有条件的情况下，为阻止火势迅速蔓延，争取灭火战斗的准备时间，可先采取临时性的封闭窒息措施，降低燃烧强度，而后组织力量扑灭火灾。（　）

20. 一些碱金属、碱土金属以及这些金属的化合物在燃烧时可产生高温，在高温下这些物质大部分可与卤代烷进行反应，使燃烧反应更加猛烈，故不能用其扑救，对含氧化学品

也不适宜。（　）

21. 泡沫灭火器主要适用于扑救可燃液体类物质和带电设备的初起火灾，如图书、档案、精密仪器、电气设备等的火灾。（　）

22. 手提式二氧化碳灭火器在喷射过程中应保持直立状态，切不可平放或颠倒使用。（　）

23. 泡沫灭火系统是设置在被保护对象附近可向可燃液体表面直接释放泡沫进行灭火的装置或设施，广泛用于保护可燃液体罐区及工艺设施内有火灾危险的局部场所。（　）

24. 消火栓是设置在消防给水管网上的消防供水装置，由阀、出水口和壳体等组成。（　）

25. 工厂企业采用的自动喷水系统主要有雨淋、水喷雾和水幕三种形式系统。（　）

26. 火灾现场如果有人员受伤，必须首先抢救伤员，将受伤人员撤离事故现场，并立即送往医院。（　）

27. 扑救生产装置火灾应注意进入封闭的生产车间后，要先在适当位置用直流或开花射流喷射，破坏轰燃条件后再实施进攻，不要盲目实施灭火。（　）

28. 接近燃烧区域的人员要着防火隔热服，佩戴空气呼吸器或正压式氧气呼吸器等安全防护器具，防止高温和热辐射灼伤和中毒。（　）

29. 易燃液体储罐泄漏着火，在切断蔓延、把火势控制在一定范围内的同时，应迅速准备好堵漏工具，然后先用大量水扑灭地上的流淌火焰，为堵漏扫清障碍，然后再扑灭泄漏口的火焰，并迅速采取堵漏措施。（　）

30. 对于初起带电设备或线路火灾，应使用二氧化碳或干粉灭火器具进行扑救。（　）

31. 在带电灭火过程中，没有穿戴防电用具的人员，不准接近燃烧区，以防地面积水导电伤人。（　）

32. 液体物料管道因腐蚀穿孔、垫片损坏、管线破裂等引起泄漏，被引燃后，应首先关闭输液泵、阀门，切断向着火管道输送的物料。然后采取挖坑筑堤的方法，控制着火液体物料流窜，防止蔓延，单根输液管线发生火灾，用直流水枪、泡沫、干粉等灭火。（　）

33. 在扑救危险化学品火灾时，应正确选用灭火剂，积极采取针对性的灭火措施。大多数易燃、可燃液体火灾都能用水扑救。（　）

34. 进入危险区域的消防人员个人防护要充分，穿着防化服。遵守毒区行动规则，不得随意解除防护装备，不得随意坐下或躺下，不得在毒区进食和饮水等。（　）

35. 当公共汽车发生火灾时，由于车上人多，要特别冷静果断，首先应考虑到救人和报警，视着火的具体部位而确定逃生和扑救方法。（　）

36. 若衣服着火又不能及时扑灭，则应迅速脱掉衣服，防止烧坏皮肤。若来不及或无法脱掉应就地打滚，用身体压灭火种。也可急速跑到水塘边用水扑灭。（　）

37. 在各种火灾事故中，死亡人员中有相当一部分人不是直接被火烧死的，而是由于烟气的毒害造成的。（　）

38. 就多层场所而言，火灾疏散应以先着火层，后以下层、再上层的顺序进行，以安全疏散到地面为主要目标。（　）

39. 火灾疏散中原则上尽量使用普通电梯，快速疏散。（　）

40. 在火灾紧急情况下，可利用粗绳索，或利用床单、窗帘、衣服等系在一起作为自救绳，将绳的一端固定好，另一端投到室外，而后沿自救绳滑到安全地带或地面。（　）

四、简答题

1. 燃烧必须具备哪三个条件？
2. 简述火灾的分类。
3. 爆炸如何分类？
4. 影响爆炸的主要因素有哪些？
5. 简述火灾发展过程。
6. 火灾的灭火方法有哪些？
7. 冷却法灭火应注意哪些问题？
8. 常见的灭火器材有哪些？
9. 简述常见灭火器材的使用方法。
10. 常用的固定灭火设施有哪些？
11. 扑救生产装置火灾应注意哪些方面的问题？
12. 扑救气体或液化气泄漏火灾应注意哪些事项？
13. 带电电气线路或设备起火后，如何正确扑救？
14. 如何实施带电灭火？
15. 在处置危险化学品火灾事故时，应注意哪几个问题？
16. 人体着火后该怎么办？
17. 简述防止火灾烟气危害的措施。
18. 如何正确及时地报告火警？
19. 简述火灾现场安全疏散方法。
20. 简述火灾现场自救逃生方法。
21. 火灾烧伤的现场急救方法主要有哪些？
22. 火灾烧伤现场急救注意事项有哪些？

五、本章习题参考答案

1. 填空题

(1) 氧化剂　还原剂　引火源；(2) 特大火灾　重大火灾　一般火灾；(3) 物理爆炸灾害　化学爆炸灾害；(4) 自燃；(5) 爆炸浓度极限；(6) 爆炸极限范围；(7) 爆炸极限　传爆能力　引燃度温度　最小点燃电流；(8) 矿井甲烷　工业气体　工业粉尘；(9) 火灾初起阶段　充分发展阶段　衰减阶段　轰燃区；(10) 充分发展阶段；(11) 设计与评估　阻燃　火灾探测　灭火；(12) 隔离法　窒息法　冷却法　化学抑制法；(13) 点火源；(14) 爆炸　更加猛烈；(15) 氧化剂　干沙土　干粉；(16) 干粉灭火剂；(17) 切断气源或堵漏　稳定扩散；(18) 抑制法灭火法　卤代烷；(19) 水型灭火器　空气泡沫灭火器　干粉灭火器　二氧化碳灭火器　7150 灭火器；(20) 氢气　甲烷　乙炔；(21) 流淌液体；(22) 消防给水系统　蒸汽灭火系统　泡沫灭火系统　自动喷水系统；(23) 阀　出水口　壳体；(24) 喷头　阀门　报警控制装置和管道　附件　雨淋　水喷雾　水幕；(25) 水幕喷头　管道　控制阀；(26) 沙袋　水泥袋　蔓延；(27) 堵漏　处理已泄漏的物料；(28) 压力高　流量大　远距离射水；(29) 堵漏抢险作业；(30) 防火隔热服　空气呼吸器　正压式氧气呼吸器；(31) 堵漏工具　泡沫　干粉　二氧化碳　雾状水；(32) 抗溶性泡沫　燃烧面积大小　燃烧条件；(33) 直流水柱　喷射出的泡沫　跨步电压；(34) 二氧化碳　干粉；(35) 穿戴防电用具；(36) 蔓延　二次灾害；(37) 针对性　泡沫；(38) 易燃易爆　引火源；(39) 打开车门自己下车　着火部位的火焰；(40) 毒性气体含量；(41) 上部　层流状态；(42) 防烟保护　防烟　排烟；(43) 119　去火场；(44) 安全疏散　自救；(45) 疏散秩序和安全；(46) 着火层　以上各层　下层；(47) 普通；(48) 防烟楼梯间　前室　阳台；(49) 安全疏散指示标志　安全门的闪光标志；(50) 远离烟火　靠近出口和地面　水平疏散　楼上。

2. 单项选择题

(1) D；(2) C；(3) D；(4) B；(5) D；(6) B；(7) C；(8) A；(9) B；(10) C；(11) B；(12) C；(13) C；(14) D；(15) C；(16) B；(17) C；(18) A；(19) B；(20) D；(21) C；(22) A；(23) D；(24) D；(25) D；(26) C；(27) A；(28) B；(29) D；(30) A；(31) B。

3. 判断题

(1) ×；(2) √；(3) ×；(4) √；(5) ×；(6) ×；(7) ×；(8) ×；(9) √；(10) √；(11) ×；(12) √；(13) ×；(14) √；(15) √；(16) ×；(17) √；(18) ×；(19) √；(20) √；(21) ×；(22) √；(23) √；(24) √；(25) √；

(26) ×；(27) √；(28) √；(29) ×；(30) √；(31) √；(32) √；(33) ×；(34) √；(35) √；(36) ×；(37) √；(38) ×；(39) ×；(40) √。

4. 简答题

答案略。

第五章　职业卫生事故应急救护

第一节　职业性有害因素

不同的劳动条件存在着各种职业性有害因素，它们对健康产生不良影响，会导致职业性病损。本章重点介绍的物理化学性职业有害因素导致的作业现场伤害和急性职业病发作的救护知识。

一、职业性有害因素的分类

职业性有害因素按照其来源可以分为生产工艺过程中产生的有害因素、劳动过程中的有害因素和生产环境中的有害因素三大类。

1. 生产工艺过程中产生的有害因素

（1）化学因素

1）有毒物质，如铅、汞、氯、一氧化碳、苯、有机磷农药等。

2）生产性粉尘，如矽尘、煤尘、石棉尘、有机粉尘等。

（2）物理因素

1）异常气象条件，如高温、低温、高湿等。

2）异常气压，如高气压、低气压。

3）噪声、振动。

4）非电离辐射，如可见光、射频辐射、紫外线、红外线、激光等。

5）电离辐射，如 X 射线、γ 射线等。

（3）生物因素

如炭疽杆菌、布氏杆菌、森林脑炎病毒等传染性病原体。

2. 劳动过程中的有害因素

（1）劳动组织和制度不合理，劳动作息制度不合理等。

（2）心理性职业紧张。

（3）劳动强度过大或生产定额不当，如安排的作业与劳动者的生理状况不相适应等。

（4）劳动时个别器官或系统过度紧张，如视力紧张等。

(5) 长时间处于不良体位、使用不合理的工具等。

3. 生产环境中的有害因素

(1) 自然环境中的因素，如炎热季节的太阳辐射。

(2) 厂房建筑或布局不合理，如将有毒与无毒的工段安排在同一车间里。

(3) 不合理生产过程所引起的环境污染。

实际上，在生产场所中常常同时存在多种有害因素对劳动者的健康产生联合作用。

二、常见职业性有害因素

1. 金属与类金属

金属主要是指原子结构中外层电子数目较少，容易放出电子形成带正电阳离子的一类元素。金属多具有导电性、延展性、传热性，并有较高的熔点和硬度，有光泽，除汞外，在室温下均呈固态。这里所提到的金属与类金属包括铅、汞、砷、镉、镍、锰、铬、锌、硒、铊、锡、磷、硼等。

生产环境中经常可以见到金属化合物，如金属氧化物、金属硫化物、金属盐类和金属有机化合物等。有些金属与一氧化碳结合生成羰基金属，其特性是易挥发、毒性较大，如羰基镍 [$Ni(CO)_4$] 等。金属的有机化合物与其无机化合物在理化性质、毒性及临床表现方面有很大差别，如铅和四乙基铅、汞和甲基汞、锡和有机锡等。

金属和类金属在工业上的应用很广泛，特别是在建筑业、汽车、航空航天、油漆、电子、涂料、催化剂等生产上。这些物质常常污染工作场所，给作业人员的健康造成潜在危害。

(1) 铅

铅的毒性的强弱与铅化合物在体内的溶解度，铅烟尘颗粒大小、中毒途径及铅化合物的形态等有关。

铅化合物可经呼吸道和消化道吸收。生产过程中，主要经呼吸道吸入，其次是消化道。无机铅化合物不能通过完整皮肤，四乙基铅可通过皮肤和黏膜吸收。铅由呼吸道吸收较为迅速，吸入的氧化铅烟中约有40%吸收入血循环，其余由呼吸道排出。铅尘的吸收取决于颗粒大小和溶解度。直径大于5 μm的铅尘，主要沉积在鼻腔和咽喉部，小于1 μm的铅尘可以进入肺泡，被阻留在肺中的铅尘占总吸入铅尘的35%～50%。正常情况下，经消化道摄入的铅化合物中有5%～10%被十二指肠吸收，剩余经粪便排出。

机体对铅的吸收不仅与铅的浓度、理化性状有关，而且还受机体因素如年龄、生理状

况、营养状况、遗传因素等影响。

（2）汞

汞广泛存在于自然界。岩石风化、湖海蒸发、火山爆发等自然现象可使大量汞进入大气，大气中的汞再随雨雪降落重返地面被微生物、植物吸收，经生物转化及食物链富集，进入人体。人类生产活动则是环境中汞的另一重要来源，如燃煤、石油炼制及石油制品燃烧、金属冶炼、矿石焙烧、水泥和磷酸盐制造、耗汞性工业生产等。

汞主要以蒸气形式经呼吸道进入体内。汞蒸气具有脂溶性，可迅速弥散，透过肺泡壁被吸收，吸收率可达70%以上。金属汞很难经消化道吸收，但汞盐、有机汞易被消化道吸收。汞及其化合物可分布到全身的很多组织，最初集中在肝，再转移至肾脏。汞在体内可诱发生成金属硫蛋白，这是一种低分子富含巯基的蛋白质，主要蓄积在肾脏，可能对汞在体内的解毒及保护肾脏起到一定的作用。

2. 刺激性气体与窒息性气体

（1）刺激性气体

刺激性气体是指对眼、呼吸道黏膜和皮肤具有刺激作用的一类有害气体，多具有腐蚀性。刺激性气体多为化学工业的重要原料和副产品。生产过程中常因设备、管道被腐蚀而发生刺激性气体的跑、冒、滴、漏现象，或因管道、容器内压力增高而大量外溢造成中毒事故，其危害不仅限于工厂车间，还会污染周围环境。在失火、爆炸和大量泄漏等情况下可造成人群的急性中毒。

刺激性气体种类繁多，常见的刺激性气体有氯、氨、光气、氮氧化物、氟化氢、二氧化硫、三氧化硫等。

刺激性气体的毒性作用形式各有不同。例如，卤素、氮和硫的氧化物遇水可形成酸；臭氧、二氧化氮不仅可以直接氧化很多细胞成分，而且还可以通过自由基损伤细胞等。刺激性气体对机体毒性作用的共同点是对眼结膜、呼吸道黏膜及皮肤产生不同程度的刺激作用。通常，刺激性气体以局部损伤为主，严重刺激作用条件下可产生全身反应，例如头晕、头痛、乏力。

病变程度主要取决于毒物的浓度和溶解度、作用时间与病变的部位等。水溶性大的刺激性气体，如氨、氯、氯化氢、二氧化硫、三氧化氯等极易溶于水，接触到较湿润的眼结膜和上呼吸道黏膜时，会立即引起局部刺激作用，表现为流泪、流涕、咽痒和呛咳等症状。这种刺激作用较为明显，易使人察觉，较少造成严重中毒。若在意外事故中吸入较高浓度的刺激性气体时，可引起化学性肺炎或肺水肿，吸入极高浓度的刺激性气体时，会出现昏迷或休克。

水溶性小的刺激性气体，如氮氧化物、光气等的刺激作用较小，但可引起严重的肺水肿。因此，当吸入水溶性小的刺激性气体后，尽管开始没有明显的上呼吸道刺激症状，还是应该密切观察，积极治疗，以防肺水肿的发生。

氯气（Cl_2）为黄绿色、具有强烈刺激性的气体，可溶于水和碱性溶液，易溶于二硫化碳和四氯化碳等有机溶液，遇水可生成次氯酸和盐酸，次氯酸再分解为盐酸和新生态氧。氯气是一种刺激性气体，低浓度可侵犯眼睛和上呼吸道，对局部黏膜有烧灼和刺激作用。高浓度接触过长，可引起支气管痉挛，呼吸道深部甚至肺水肿。吸入高浓度氯气还可出现电击样死亡。

（2）窒息性气体

以气体形式侵入机体直接影响氧的供给、摄取、运输和利用，造成机体缺氧的化学性毒物，称为窒息性气体。

窒息性气体按其作用机制可分为三种：

1）单纯窒息性气体。这类气体本身毒性很低或属惰性气体，常见有氮气、二氧化碳、甲烷、乙烷、乙烯等。通常，因它们在空气中的大量存在，使得空气中氧的相对含量明显降低，导致机体缺氧窒息。例如，当气压在 101 kPa 时，空气中氧的相对含量约为 20.96%，当氧的相对含量低于 16%时，机体会出现缺氧表现；当氧的相对含量低于 10%时，可引起昏迷甚至死亡。

2）血液窒息性气体。血液窒息性气体可阻碍血红蛋白与氧气的化学结合或阻碍它们向组织细胞释放携带的氧气，从而导致组织供氧障碍，此类气体也称化学窒息性气体，如一氧化碳等。

3）细胞窒息性气体。这类气体主要影响细胞对氧的利用，使生物氧化过程不能进行，造成机体发生细胞内的“窒息”，如氰化氢和硫化氢等。

上述三类窒息性气体主要引起机体缺氧。脑是机体耗氧量最大的组织，尽管它只占体重的 2%～3%，但耗氧量却占全身总耗氧量的 20%～25%。因此，大脑对缺氧最为敏感。通常，大部分神经细胞在缺氧时只发生功能性改变，经适当治疗后可恢复其正常功能。若供氧继续受到抑制，则很难恢复神经细胞的正常功能，甚至造成这些细胞死亡。

一氧化碳（CO）为无色、无味、无臭、无刺激性气体，几乎不溶于水，易溶于氨水，易燃、易爆，在空气中爆炸极限为 12.5%～74%，不容易被活性炭吸附。含碳物质的不完全燃烧过程均可产生一氧化碳。生产中接触一氧化碳的作业不下 70 余种，主要有冶金工业中的炼钢、炼焦、炼铁等；化学工业中用一氧化碳做原料制造光气、甲醇、甲酸、丙酮、合成氨；采矿的爆破作业；机械制造工业中的铸造、锻造车间；耐火材料、玻璃、陶瓷、建筑材料等工业使用的窑炉、煤气发生炉等。一氧化碳主要会引起机体组织缺氧。

3. 有机溶剂

有机溶剂是指能够溶解油脂、树脂、蜡、橡胶和染料等有机化合物的液体，其本身也

为有机化合物。有机溶剂的种类很多，用途广泛，可以作为化学工业的基本原料或重要的中间产物。除用作溶剂外，还可作为燃料、稀释剂、萃取剂、麻醉剂、清洁剂及灭火剂等。

几乎各种类型的工业都会接触到有机溶剂。使用最多的行业有涂料工业、化学工业、塑料工业、橡胶工业、机械制造、汽车制造、印刷业、制鞋业、皮革业、医药卫生以及生活服务方面的洗染业等。目前已在工业及科学研究领域获得广泛应用的有机溶剂有500多种，按其化学结构可大致分为烃类、卤代烃类、醇、酮、醚等几大类。

在脂肪族烃类化合物中，随着碳原子数的增加，其毒性相应增强，如丁醇、戊醇的毒性较甲醇、乙醇大；卤代烃对肝脏的毒性也随着卤代原子数的增加而增加，如四氯化碳＞氯仿＞二氯乙烷＞氯甲烷＞甲烷。化学结构除可影响其毒性大小外，还可影响其毒性作用的性质，如苯可抑制造血功能，当苯环中的氢原子被氨基或硝基取代时，就具有形成高铁血红蛋白的危险。

有机溶剂多具有挥发性，其挥发性的大小，决定其在生产环境空气中的浓度。挥发性越大，其致毒危险度越大。许多有机溶剂如苯、甲苯、四氯化碳和汽油等都具有高挥发性。凡是溶于脂类的化学物质，在机体内就呈现亲脂现象，而易溶于水就呈疏脂性。若一种化学物的油/水分配系数大，即具有亲脂性，就容易穿透生物膜，但经体液转运相对较慢。相反，油/水分配系数小，呈疏脂性，虽然其在体液中易于转运，但不易通过生物膜，易经肾脏排出。例如，乙醇（酒精）不仅具有良好的脂溶性，而且还具有良好的水溶性，进入机体能很快分布到全身多个脏器，大量饮用对人体的危害很大。

有机溶剂的接触途径多以吸入为主，主要经呼吸道进入人体。空气中的溶剂由肺部吸入向血流及组织中扩散，其动力首先取决于吸入空气中的溶剂浓度。有机溶剂进入机体的另一途径是皮肤。

(1) 苯

苯在工农业生产中被广泛使用，主要经煤焦油分馏或石油裂解制取。常用作化工原料，如生产含苯环的染料、塑料、农药、香料、合成纤维、合成橡胶、炸药等，以及作为有机溶剂、萃取剂、稀释剂用于油漆、油墨、树脂、喷漆等。某些苯系化合物中也含有苯，如工业汽油与甲苯中苯的含量可高达10%以上，使用中也能接触到苯。

苯属中等急性毒类。苯中毒表现为病人状态兴奋，乱跑或震颤，然后发生剧烈的全身抽搐，吸入时间稍久会进入麻醉状态，出现剧烈、持久、阵发性痉挛，最后因呼吸中枢麻痹而死亡。

(2) 苯的氨基和硝基化合物

苯的氨基和硝基化合物属芳香族氨基和硝基化合物，是苯及其同系物如甲苯、二甲苯、酚等的苯环不同位置上代入不同数量的氨基（$—NH_2$）或硝基（$—NO_2$）以及卤素或烷基而生成的多种衍生物。常见的有苯二胺、联苯胺、二硝基苯、三硝基甲苯和硝基苯等。苯胺和硝基苯是这类化合物的代表。这类化合物在常温下是挥发性低的固体或液体。大多数沸点高，难溶或不溶于水，易溶于脂肪、三氯甲烷（氯仿）、醚、醇及其他有机溶剂，广泛用于染料制造、药物、橡胶、油墨、炸药、塑料、鞋油、香料、农药、涂料等化学工业。

在正常生产条件下，该类化合物主要以粉末或蒸气的形态存在于空气中，可经呼吸道吸入和皮肤吸收。对于液态化合物，经皮肤吸收途径更为严重。常因生产过程中热料喷洒到身上，或因搬运及装卸过程中，外溢的液体经浸湿的衣服、鞋袜沾染皮肤而吸收中毒，其吸收率随气温、相对湿度的增加而增加。

该类化合物吸入体内后发生化学反应（如苯胺经氧化、硝基苯经还原），两者均转化为对氨基酚，经肾脏随尿排出。但硝基苯远比苯胺转化慢，所产生的中间代谢物的毒性常比母体大，如苯基羟胺的高铁血红蛋白形成能力比苯胺大 10 倍。

苯的氨基、硝基化合物的毒性作用有许多共同之处，大多数可引起高铁血红蛋白血症、溶血症。由于苯环上的氨基或硝基的结合位置及数目不同，毒物的毒性作用有所不同，如苯胺以形成高铁血红蛋白为主要毒性作用，硝基苯对神经系统毒性明显，三硝基甲苯则以肝、晶体损伤最为明显，邻甲苯胺可引起血尿，联苯胺和 β-萘胺可诱发膀胱癌。一般来说，氨基或硝基取代的数目越多，毒性也越大。烷基、羧基、磺基取代或乙酰化可使毒性大大减弱。在苯胺和硝基苯分子中含有氯时，对血液的毒性更大。

4. 高分子化合物生产中的毒物

高分子化合物范围极广，包括塑料、合成纤维、合成橡胶、黏合剂、离子交换树脂等。由于高分子化合物具有许多优点和特殊性能，如高强度、耐腐蚀、绝缘性能好、成品无毒或毒性很小等，所以人工合成的高分子化合物在工农业生产、国防建设以及日常生活中获得广泛应用。

高分子化合物又名聚合物或共聚物，其相对分子质量高达几千至几百万，但其化学组成比较简单，都是由一种或几种单体经聚合或缩聚而成。聚合是指由许多单体连接形成高分子化合物的过程，此过程不产生任何副产品，如由许多乙烯单体聚合成聚乙烯，许多氯乙烯单体聚合成聚氯乙烯。缩聚是指单体间先缩合析出一分子水、氨、氯化氢或醇以后，再聚合成高分子化合物的过程，如苯酚与甲醛缩合为酚醛，析出一分子水，酚醛再聚合为酚醛树脂。

高分子化合物生产中的毒物主要来自三个方面：①生产基本化工原料、单体过程中产生的毒物；②生产中的助剂；③树脂、氟塑料在加工、受热时产生的毒物。

高分子化合物的生产过程中的有害物质对作业人员健康的危害问题比较突出。例如，在棉纶生产中先制造己内酰胺单体，经聚合成聚己内酰胺再加工成各种纺织用品。其中在前两个过程中作业人员接触毒物的机会较多。此外，聚合物在塑制和加工过程中会产生毒

性更大的热裂解产物，如聚四氟乙烯热裂解产生的八氟异丁烯，其毒性比聚四氟乙烯大几千倍。高分子化合物本身对人无毒或毒性很小，但高分子化合物的粉尘吸入后可致肺轻度纤维化。高分子化合物生产中某些化学物质的长期作用值得重视，如临床资料证实氯乙烯可致接触作业者发生肝血管肉瘤，丙烯腈对动物有致癌作用，氯乙烯、丙烯腈、氯丁二烯、苯乙烯都是致突变物质，对人类遗传物质DNA具有损伤作用。

工业上通常用乙炔和氯化氢反应、甲烷氯化以及乙烷或乙烯的氧氯化来制取氯乙烯。氯乙烯用途极为广泛，如生产聚氯乙烯树脂，与乙酸乙烯及丙烯腈制成共聚物，用作黏合剂、涂料、绝缘材料和合成纤维，也用作化学中间体或溶剂。从事氯乙烯的合成生产、设备检修、特别是清洗和维修氯乙烯的合成反应釜或者氯乙烯生产设备发生意外事故时，可接触到大量氯乙烯。

常温下氯乙烯主要经呼吸道吸入人体。氯乙烯急性毒性的靶器官为中枢神经系统，慢性毒性的靶器官为肝脏。氯乙烯还具有致癌、致畸作用。

5. 粉尘

生产性粉尘是指在生产中形成的、并能长时间飘浮在空气中的固体微粒。它是污染作业环境、损害劳动者健康的重要职业性有害因素，可引起多种职业性肺部疾患。尘肺是在生产过程中长期吸入粉尘而发生的以肺组织纤维化为主的疾病。

粉尘的分类方法很多，按粉尘的性质可概括为三大类：①无机粉尘。矿物性粉尘，如石英、石棉、滑石、煤等；金属性粉尘，如铅、锰、铁、锡、锌等及其化合物；人工无机粉尘，如金刚砂、水泥、玻璃纤维等。②有机粉尘。动物性粉尘，如皮毛、丝、骨质等；植物性粉尘，如棉、麻、谷物、茶等粉尘；人工有机粉尘，如有机染料、农药、合成树脂、橡胶、纤维等粉尘。③混合性粉尘。在生产环境中，以单纯一种粉尘存在的情况较少见，大部分情况下为两种或多种粉尘混合存在，一般称为混合性粉尘。

作业场所空气中粉尘的化学成分和浓度是直接决定其对人体危害性质和严重程度的重要因素。根据化学成分的不同，粉尘对人体可有致纤维化、刺激、中毒和致敏作用。同一种粉尘，作业环境空气中浓度越高，暴露时间越长，对人体危害越严重。坚硬的尘粒能引起呼吸道黏膜机械损伤；某些有毒粉尘可在呼吸道溶解吸收，溶解度越高，对人体毒作用越强；石英粉尘很难溶解，可在体内持续产生危害作用；物质在粉碎过程中和流动中相互摩擦或吸附空气中离子而带电，对人体有害；可氧化的粉尘如煤、铅、面粉等，在适宜的浓度下，一旦遇到明火、电火花和放电时，即会发生爆炸，导致人员伤亡和财产损失。

6. 物理因素

(1) 高温

生产环境的气象条件主要指空气的温度、湿度、风速和热辐射。生产环境中的气温除取决于大气温度外，还受太阳辐射、生产上的热源和人体散热等影响。热源通过传导、对流使生产环境的空气加热，并通过辐射加热四周物体，形成第二热源，扩大了直接加热空气的面积，使气温升高。

生产环境的气湿（空气湿度）以相对湿度表示。相对湿度在80%以上称为高气湿，在30%以下称为低气湿。高气湿主要由于水分蒸发和释放蒸汽所致，如纺织、印染、造纸、屠宰和潮湿的矿井、隧道等作业。低气湿可见于冬季高温车间中的作业。

生产环境的气流除受外界风力的影响外，主要与厂房中的热源有关。室内外温差越大，产生的气流也越强。

热辐射主要指红外线及一部分可视线。太阳和生产环境中的各种熔炉、开放的火焰等热源均能产生大量热辐射。红外线不直接加热空气，但可加热周围物体。

高温作业类型：①高温、强热辐射作业。如冶金工业的炼焦、炼铁、轧钢等车间，机械制造工业的铸造、锻造等车间，陶瓷、玻璃、搪瓷、砖瓦等工业的炉窑车间，火力发电厂和轮船的锅炉间等。②高温、高湿作业。如印染、造纸等工业中液体加热或蒸煮时，车间气温可达35℃以上，相对湿度90%以上。③夏季露天作业。如夏季的农田劳动、建筑等露天作业，除受太阳的辐射作用外，还受被加热的地面和周围物体放出的热辐射作用。

（2）噪声

生产过程中产生的声音频率和强度没有规律，听起来使人感到厌烦，称为生产性噪声或工业噪声。

按照来源，噪声可分为：①机械性噪声。由于机械的撞击、摩擦、转动所产生的噪声，如冲压、打磨等发出的声音。②流体动力性噪声。气体压力或体积的突然变化或流体流动所产生的声音，如空气压缩或施放发出的声音。③电磁性噪声，如变压器所发出的声音。

影响噪声对机体作用的因素有：①噪声的强度和频谱特性。一般来讲，噪声强度大、频率高则危害大。现场调查表明，接触噪声作业工人中耳鸣、神经衰弱综合征的检出率随噪声强度增加而增加。②接触时间和接触方式。同样的噪声，接触时间越长对人体影响越大，噪声性耳聋的发生率与工龄有密切关系，缩短接触时间有利于减轻噪声的危害。③噪声的性质。脉冲声比稳态声危害大，接触脉冲噪声的工人无论耳聋、高血压及中枢神经系统调节功能等异常改变的检出率均较稳态噪声的工人高。④其他有害因素共同存在。振动、高温、寒冷或有毒物质共同存在时，能增加噪声的不良作用，对听觉器官和心血管系统方面的影响更为明显。⑤机体健康状况及个人敏感性。在同样条件下，对噪声敏感或有病的人，特别是患有耳病者会加重噪声的危害程度。⑥个体防护。有无防护设备和是否正确使用防护设备也与噪声危害有直接关系。

（3）振动

振动是指一个质点或物体在外力作用下沿直线或弧线围绕于一平衡位置来回重复地运

动。长期接触生产性振动可对机体产生不良影响。

根据振动作用于人体的部位和传导方式，可将生产性振动分为局部振动和全身振动。局部振动常称为手传振动，是指手部接触振动工具、机械或加工部件，振动通过手臂传导至全身。如使用风动工具风铲、风镐、气锤等；使用电动工具如电钻、电锯等。全身振动是指工作地点或座椅的振动，人体足部或臀部接触振动，通过下肢或躯干传导至全身。例如，驾驶拖拉机、汽车、火车、飞机等；在作业台如钻井平台、振动筛操作台等。

有些作业如驾驶摩托车，可同时接触全身振动和局部振动。

三、职业中毒

在生产环境中，由工业毒物引起的作业人员中毒称为职业中毒。职业中毒的局部作用表现为引起皮肤黏膜的刺激和腐蚀作用，全身作用表现为接触部位以外的器官损害如缺氧和麻醉等全身损伤，以及肝、肾、血液等损害。

1. 职业中毒分型

职业中毒可分为急性、慢性和亚急性三种临床类型。

(1) 急性中毒

急性中毒是指毒物一次或在短时间（几分钟至数小时）大量进入人体而引起的中毒。

(2) 慢性中毒

慢性中毒是指毒物少量长期进入人体而引起的中毒，如慢性铅中毒。

(3) 亚急性中毒

发病情况介于急性和慢性之间，接触浓度较高，一般工龄在一个月内发病者，称为亚急性中毒或亚慢性中毒，如亚急性铅中毒。

各种工业毒物的毒性作用特点不同。有些毒物在作业环境中，难以达到引起急性中毒的浓度，一般只有慢性中毒，如铅、锰、镉等金属毒物；有些毒物的毒性大，且易散发到车间空气中或污染作业人员的皮肤，往往引起急性中毒，如氯气、二氧化硫、二氧化氮、苯等；有些毒物在生产过程中才会易引起急性中毒，通常它们在体内的蓄积作用不明显，如氰化氢、硫化氢、一氧化碳、二氧化碳等。

2. 职业中毒命名

职业中毒可按工业毒物的化学名称来命名，如铅中毒、汞中毒、苯中毒等；也可按工业毒物的类别来命名，如金属中毒、苯的氨基和硝基化合物中毒等；还可按工业毒物的毒性作用来命名，如刺激性气体中毒、窒息性气体中毒等；以及按工业毒物的用途来命名，如有机溶剂中毒、农药中毒等。

3. 职业中毒的临床表现

工业毒物的种类很多，可引起人体不同系统的损伤，甚至多系统损害，出现各种临床表现。同一毒物，不同中毒类型对人体的损害有时可累及不同的靶器官。以苯为例，急性苯中毒主要影响中枢神经系统，慢性苯中毒则主要引起造血系统损害。职业中毒按主要受损系统而具有不同表现。

（1）神经系统

工业毒物进入人体后，可造成中枢神经系统缺氧，也可直接造成神经系统损伤，临床上可出现不同的症状和体征。例如，慢性铅中毒的早期表现为头晕、失眠、记忆力减退、情绪不稳定、乏力等症状，这些症状多属于功能性改变，脱离铅接触后可逐渐恢复；急性汽油中毒的临床表现则是哭笑异常、易怒、妄想等；一氧化碳中毒后遗症的表现为痴呆、严重记忆力减退等。

（2）呼吸系统

在作业环境中，工业毒物进入机体的主要途径为呼吸系统。因此，工业毒物可引起呼吸系统多种损害。例如，刺激性气体氯气、氮氧化物、二氧化硫等可引起咽炎、喉炎、气管炎、支气管炎等呼吸道病变，严重时可产生化学性肺炎、化学性肺水肿；汽油可引起胸闷、剧咳、咳痰、咯血等；氮氧化物、有机磷农药中毒可引起明显的呼吸困难、发绀、剧咳；长期吸入砷和铬等可引起肺癌。

（3）血液系统

工业毒物对血液系统的影响通常表现为贫血、出血、溶血、白血病等。例如，铅可引起低色素性贫血；苯、三硝基甲苯可抑制骨髓造血功能，引起白细胞、血小板减少，甚至造成再生障碍性贫血；苯的氨基和硝基化合物、亚硝酸盐可引起高铁血红蛋白血症。

（4）消化系统

消化系统是工业毒物吸收、生物转化、排出和肝肠循环再吸收的场所。例如，经口进入人体的汞盐、三氧化二砷所致的急性中毒，可引起恶心、呕吐等症状；铅、汞中毒时，可见牙釉质脱落；慢性铅中毒时，经常出现脐周或全腹剧烈的持续性或阵发性绞痛等症状；工业毒物中许多亲肝毒物，如黄磷、砷、四氯化碳、三氯甲烷、氯乙烯和三硝基甲苯及其他苯的氨基、硝基化合物等，均可引起急性或慢性肝损伤，其症状和体征与病毒性肝炎相似。

（5）泌尿系统

职业性泌尿系统损害大致有四种临床类型。它们分别是急性中毒性肾病、慢性中毒性肾病、中毒性泌尿道损害及泌尿道肿瘤，前两种类型较多见。例如，铅、汞、镉、砷及砷化物、四氯化碳、乙二醇、苯酚等均可引起肾损伤，但其机制各不相同。β萘胺和联苯胺可诱发膀胱癌。

(6) 循环系统

许多金属毒物和有机溶剂可直接损害心肌。窒息性气体和刺激性气体中毒可导致心肌缺氧；有机溶剂、有机磷农药中毒可引起心律不齐；慢性二硫化碳中毒可诱发冠心病的发生。

(7) 生殖系统

毒物对生殖系统的毒性作用涉及对接触者本人及其对子代发育过程的不良影响，即所谓“生殖毒性与发育毒性”。生殖毒性表现为对接触者本人生殖器官、有关的内分泌系统、性周期和性行为、生育能力、妊娠结局、分娩过程等方面的影响。发育毒性包括可引起胎儿畸形、发育迟缓、功能缺陷，甚至死亡等。

有研究显示，对睾丸有损伤的工业毒物有二硫化碳、二溴氯丙烷、铅、三硝基甲苯等；对女性生殖产生危害的工业毒物有铅、汞、镉、农药、氯乙烯等。

(8) 皮肤

职业性皮肤病占职业病总数的40%～50%，其致病涉及因素很多，其中化学因素占90%以上。

1）化学烧伤。常由酸、碱等引起，出现剧烈疼痛等症状。

2）接触性皮炎。常由酸、碱、有机溶剂等引起，出现红斑、水肿、丘疹等症状。

3）光感性皮炎。常见于沥青作业人员，受日光照射后皮肤出现发红、刺痛、水疱、痒感等症状。

4）职业性痤疮。常见于接触各种矿物油、卤代芳烃化合物等的作业人员。

5）职业性皮肤溃疡。常见于接触铬、铍等的人群。

6）职业性疣赘。常见于接触焦油、沥青、砷等的人群，少数人可转变为鳞状上皮癌。

7）职业性角化过度和皲裂。常见于接触有机溶剂、碱性物质等的人群，可使皮肤脱脂、粗糙、干裂等。

8）职业性毛发改变。氯丁二烯可引起暂时性脱发。

9）皮肤肿瘤。常见于接触砷、煤焦油等的人群。

(9) 眼部改变

工业毒物可引起多种眼部病变。酸、碱可引起急性结膜炎、角膜炎，主要表现为羞明、流泪、灼痛；腐蚀性强酸、强碱进入眼部可引起化学烧伤，常引起结膜、角膜的坏死、糜烂；镍、铍等可引起过敏反应，表现为眼睑及结膜充血、水肿等；三硝基甲苯、二硝基酚可引起白内障；甲醇可引起视神经炎、视网膜水肿、视神经萎缩，甚至失明等。

(10) 发热

五氯酚、二硝基酚等中毒可引起发热。吸入锌、铜等金属烟后，可引起发热，称“金属烟尘热”。吸入聚四氟乙烯的热解物可产生“聚合物烟尘热”。

第二节　常见物理因素职业病伤害及其救护

一、高温、低温伤害急救

1. 烧伤急救

一旦发生烧伤，特别是较大面积的烧伤，死亡率与致残率较高，严重影响了人类的健康。由于烧伤防治知识普及性较差，广大人民群众更是对其基本知识及防治知识知之甚少，使一些烧伤病人得不到及时有效的治疗，以至丧失了宝贵的生命。

(1) 热力烧伤的现场急救

热力烧伤一般包括热水、热液蒸气、火焰和热固体以及辐射所造成的烧伤，在日常生活中发生最多，因而民间的急救措施也多种多样，最常见的是在创面上涂抹牙膏、酱油、香油等，这些物品都不利于热量散发，同时还可能加重创面污染。

有效的措施：应立即去除致伤因素并给予降温。如热液烫伤，应立即脱去被浸渍的衣物，使热力不再继续作用并尽快用凉水冲洗或浸泡，使伤部冷却减轻疼痛和损伤程度。

去除致伤因素后，创面应用冷水冲洗，这样做的好处是能防止热力的继续损伤，可减少渗出和水肿，减轻疼痛。冷疗需在伤后半小时内进行，否则无效。具体方法是烧伤后创面立即浸入自来水或冷水中，水温 15～20℃，可用纱布垫或毛巾浸冷水后敷于局部 0.5～1 h或更长，直到停止冷疗后创面不再感觉疼痛。冷水冲洗的水流与时间应结合季节、室温、烧伤面积、伤员体质而定，气温低、烧伤面积大、年老体弱的则不能耐受较大范围的冷水冲洗，冲洗后的创面不要随意涂抹药物，即使基层医疗单位和家庭常用的一些外用药如龙胆紫、红汞等也不行，以免影响清创和对烧伤深度的诊断，创面可用无菌敷料覆盖，没有条件的可用清洁布单或被服覆盖，尽量避免与外界直接接触，并尽快送医院诊治。

(2) 吸入性损伤的现场急救

吸入性损伤是指热空气、蒸气、烟雾等有害气体、挥发性化学物质的致伤因素和其中某些物质中的化学成分被人体吸入所造成的呼吸道和肺实质的损伤，以及毒性气体和物质吸入引起的全身性化学中毒。

吸入性损伤主要归纳为以下三个方面：一是热损伤，吸入的干热或湿热空气直接造成呼吸道黏膜、肺的实质性损伤。二是窒息，因缺氧或吸入窒息剂引起窒息，是火灾中常见的死亡原因，由于在燃烧过程中，尤其是密闭环境中大量的氧气被急剧消耗，高浓度的二氧化碳可使伤员窒息；另一方面含碳物质不完全燃烧可产生一氧化碳，含氮物质不完全燃烧可产生氰化氢，两者均为强力窒息剂，吸入人体后可引起氧代谢障碍导致窒息。三是化学损伤，火灾烟雾中含有大量的粉尘颗粒和各种化学性物质，这些有害物质可引起局部刺激或吸收引起呼吸道黏膜的直接损伤和广泛的全身中毒反应。

此时应迅速使伤员脱离火灾现场，置于通风良好的地方清除口鼻分泌物和炭粒，保持呼吸道通畅，有条件者给予导管吸氧。判断是否有窒息剂，如一氧化碳、氰化氢中毒的可能性，及时送医疗中心进一步处理，途中要严密观察防止因窒息而死亡。

(3) 电烧伤的现场急救

电烧伤时首先要用木棒等绝缘物或橡胶手套切断电源，立即进行急救维持病人的呼吸和循环，对出现呼吸和心跳停止者，应立即进行口对口人工呼吸和胸外心脏按压，不要轻易放弃。

(4) 烧伤伴合并伤的现场急救

火灾现场造成的损伤往往还伴有其他损伤，如煤气、油料爆炸可伴有爆震伤；房屋倒塌、车祸时可伴有挤压伤，另外还可造成颅脑损伤、骨折内脏损伤、大出血等。在急救中对危急病人生命的合并伤应迅速给予处理，如活动性出血应给予压迫或包扎止血，开放性损伤争取灭菌包扎或保护。合并颅脑、脊柱损伤者，应小心搬动，合并骨折者给予简单固定。

(5) 现场急救后转送前的注意事项

经过现场急救后为使伤员能够得到及时、系统的治疗应尽快转送医院，送医院的原则是尽早、尽快、就近。但是由于一些基层医院没有烧伤外科专业人员，因此，烧伤伤员经常遇到再次转院的问题。对轻中度烧伤一般可以及时转送，但对重度伤员，因伤后早期易发生休克，故对此类伤员应首先及时建立静脉补液通道，给予有效的液体复苏，能有效预防休克的发生或及时纠正休克，减轻创面损伤程度可降低烧伤并发症的发生率，该工作若由火场消防医护人员或就近医疗单位负责，则能避免耽误时间。一般来讲，成人烧伤面积大于15%，儿童大于10%，其中Ⅱ度以上烧伤面积占1/2以上者即有发生低血容量性休克的可能性，多需要静脉补液治疗。

2. 中暑急救

(1) 中暑及其分类

中暑是高温影响下的体温调节功能紊乱，常因烈日暴晒或在高温环境下重体力劳动所致。

正常人体温恒定在37℃左右，是通过下丘脑体温调节中枢的作用，使产热与散热取得平衡，当周围环境温度超过皮肤温度时，散热主要靠出汗，以及皮肤和肺泡表面的蒸发。人体的散热还可通过循环血流，将深部组织的热量带至上下组织，通过扩张的皮肤血管散热，因此经过皮肤血管的血流越多，散热就越多。如果产热大于散热或散热受阻，体内有过量热蓄积，即产生高热中暑。

1）先兆中暑。先兆中暑为中暑中最轻的一种。表现为在高温条件下劳动或停留一定时间后，出现头昏、头痛、大量出汗、口渴、乏力、注意力不集中等症状，此时的体温正常或稍高。这类病人经积极处理后，病情很快会好转，一般不会造成严重后果。处理方法也比较简单，通常是将病人立即带离高热环境，来到阴凉、通风条件良好的地方，解开衣服，口服清凉饮料及 0.3％的冰盐水或十滴水、人丹等防暑药，经短时间休息和处理后，症状即可消失。

2）轻度中暑。轻度中暑往往因先兆中暑未得到及时救治发展而来，除有先兆中暑的症状外，还同时出现体温升高（通常大于 38℃），面色潮红，皮肤灼热；比较严重的会出现呼吸急促，皮肤湿冷，恶心，呕吐、脉搏细弱而快，血压下降等呼吸、循环早衰症状。处理时除按先兆中暑的方法外，应尽量饮水或静脉滴注 5％葡萄糖盐水，也可用针刺人中、合谷、涌泉、曲池等穴位。如体温较高，可采用物理方法降温；对于出现呼吸、循环衰竭倾向的中暑病人，应送医院救治。

3）重症中暑。重症中暑是中暑中最严重的一种，多见于年老、体弱者，往往以突然谵妄或昏迷发病，出汗停止可为其前驱症状。患者昏迷，体温常在 40℃以上，皮肤干燥、灼热，呼吸快、脉搏大于 140 次/min。这类病人治疗效果很大程度上取决于抢救是否及时。因此，一旦发生中暑，应尽快将病人体温降至正常或接近正常。降温的方法有物理和药理两种。物理降温简便安全，通常是在病人颈项、头顶、头枕部、腋下及腹股沟加置冰袋，或用凉水加少许酒精擦拭，一般持续半小时左右，同时可用电风扇向病人吹风以增加降温效果。药物降温效果比物理方式好，常用药为氯丙嗪，但应在医护人员的指导下使用。由于重症中暑病人病情发展很快，且可出现休克、呼吸衰竭，时间长可危及病人生命，所以应争分夺秒地抢救，最好尽快送条件好的医院施治。

（2）中暑的急救措施

1）搬移。迅速将患者抬到通风、阴凉、干爽的地方，使其平卧并解开衣扣，松开或脱去衣服，如衣服被汗水湿透应更换衣服。

2）降温。患者头部可捂上冷毛巾，可用 50％酒精、白酒、冰水或冷水进行全身擦拭，然后用电扇吹风，加速散热，有条件的也可用降温毯给予降温，但不要快速降低患者体温，当体温降至 38℃以下时，要停止一切冷敷等强降温措施。

3）补水。患者仍有意识时，可给一些清凉饮料，在补充水分时，可加入少量盐或小苏打水。但千万不可急于补充大量水分，否则，会引起呕吐、腹痛、恶心等症状。

4）促醒。若病人已失去知觉，可指掐人中、合谷等穴，使其苏醒。若呼吸停止，应立即实施人工呼吸。

5）转送。对于重症中暑病人，必须立即送医院诊治。搬运病人时，应用担架运送，不可让患者步行，同时运送途中要注意，尽可能地用冰袋敷于病人额头、枕后、胸口、肘窝及大腿根部，积极进行物理降温，以保护大脑、心肺等重要脏器。

3. 冷冻伤急救

低温引起人体的损伤为冷冻伤，分为非冻结性冷伤和冻结性冷伤。

(1) 非冻结性冷伤

1）主因。非冻结性冷伤由10℃以下至冰点以上的低温，加以潮湿条件所造成，如冻疮、战壕足、浸渍足。暴露在低温的机体局部皮肤、血管发生收缩，血流缓慢，影响细胞代谢。当局部达到常温后，血管扩张、充血、有渗液。

2）主症。首先足、手和耳部红肿，伴痒感，有水泡，合并感染后糜烂或溃疡。

3）急救。局部表皮涂冻疮膏，每日温敷2～3次。有糜烂或溃疡者用抗生素。

(2) 冻结性冷冻伤

1）主因。冻结性冷冻伤大多发生于意外事故或战争时期，人体接触冰点以下的低温和野外遇暴风雪，掉入冰雪中或不慎被制冷剂，如液氮、干冰损伤所致。

2）主症。局部冻伤分为以下四度。

Ⅰ度冻伤：伤及表皮层。局部红肿，有发热，有痒、刺痛感。数天后干痂脱落而愈，不留疤痕。

Ⅱ度冻伤：损伤达真皮层。局部红肿明显，有水泡形成，感觉疼痛，若无感染，局部结痂愈合，很少有疤痕。

Ⅲ度冻伤：伤及皮肤全层和深达皮下组织。创面由苍白变为黑褐色，周围有红肿、疼痛，有血性水泡。若无感染，坏死组织干燥结痂，愈合后留有疤痕，恢复慢。

Ⅳ度冻伤：伤及肌肉、骨等组织。局部似Ⅲ度冻伤。治愈后留有功能障碍或致残。

3）急救复温是救治基本手段。首先脱离低温环境和冰冻物体。衣服、鞋袜等同肢体冻结者勿用火烘烤，应用温水（40℃左右）融化后脱下或剪掉。然后用38～40℃温水浸泡伤肢或浸浴全身，水温要稳定，使局部在20 min、全身在30 min内复温。到肢体红润，皮温达36℃左右为宜。对呼吸心搏骤停者，施行心脏按压和人工呼吸。

二、高、低气压伤害预防

1. 高气压下作业对人体的影响

一般情况下人体习惯居住地区的大气压，同一地区的气压变动较小，对正常人无不良影响，但人们有时需要在异常气压下工作，如在高压下的潜水或潜涵作业，低气压下的高空或高原作业。此时气压与正常气压相差甚远，如不注意防护可影响人体健康。

高气压下进行的作业，有潜水作业和潜涵作业。潜水作业一般用于水下施工、打捞沉船等作业。潜水员每下沉 10 m，所受到的压力会增加一个标准大气压，称附加压。潜水员在水下工作，需穿特制的潜水服，下潜和上升到水面时随时调节压缩空气的阀门。潜涵作业是在地下水位以下深处或在沉降于水下的潜涵内进行的作业。如建桥墩时，所采用的潜涵逐渐下沉，到一定深度，为排出潜涵内的水，需用与水下的压力相等或大于水下压力的高气压通入，以保证水不致进入潜涵。

健康人能耐受 3～4 个标准大气压，若超过此限度，则会对机体产生影响。在加压过程中，由于外耳道的压力较大，使鼓膜向内凹陷产生内耳充满塞感、耳鸣及头晕等症状，甚至可压破鼓膜。在高气压下，则可发生神经系统和循环系统功能性改变。在 7 个标准大气压以下时，高的氧分压引起心脏收缩节律和外周血流速度减慢。在 7 个标准大气压以上时，主要为氮的麻醉作用，如酒醉样、意识模糊、幻觉等；对血管运动中枢的刺激，引起心脏活动增加、血压升高以及血流速度加快。

2. 低气压下作业对人体的影响

高空、高原和高山均属于低气压环境。高山与高原是指海拔在 3 000 m 以上的地点，海拔越高，氧分压越低。在低气压下工作，还会遇到强烈的紫外线和红外线、日温差大、温湿度低、气候多变等不利条件。

在高原低氧环境下，人体为保持正常活动和进行作业，首先发生功能的适应性变化，逐渐过渡到稳定的适应，需 1～3 个月。人对缺氧的适应个体差异很大，一般在海拔 3 000 m 以内，能较快适应；3 000 m 以上，部分人需较长时间适应。

低气压对人体的影响，主要是人体对缺氧的适应性及其影响，特别是呼吸和循环系统受到的影响更为明显。在高原地区，大气中氧气随高度的增加而减少，直接影响肺泡气体交换、血液携氧和结合氧在体内释放的速度，使机体供氧不足，产生缺氧。初期，大多数人肺通气量增加，心率加快，部分人血压升高；适应后，心脏每分钟输出量增加后，脉搏输出量也增加。由于肺泡低氧引起肺小动脉和微动脉的收缩，造成肺动脉高压，使右心室肥大，这是心力衰竭的基础。血液中红细胞和血红蛋白有随海拔升高而增多的趋势。血液比重和血液黏度的增加也是加重右心室负担因素之一。此外，初登高原由于外界低气压，而致腹内气体膨胀，胃肠蠕动受限，消化液，如唾液、胃液和胆汁减少，常见腹胀、腹泻、上腹疼痛等症状。轻度缺氧可使神经系统兴奋性增高，反射增强，海拔继续升高，则会出现抑郁症状。

3. 减压病及其预防

减压病是在高气压下工作一定时间后，转向正常压力时，因减压过速、降压幅度过大所引起的一种疾病。此时人体的组织和血管中产生气泡，导致血液循环障碍和组织损伤。

急性减压病大多在数小时内发病，减压越快症状出现越早，病理变化也越重。出现较早较多的症状为皮肤奇痒，并有灼热感、青紫，呈大理石样斑纹，可发生浮肿或皮下气肿。由于神经受损、血管痉挛局部缺氧、肌肉痉挛、骨关节损伤可能引起疼痛和肌肉酸痛。如有大量气体在肺小动脉及毛细血管内，可引起肺水肿。如脑血管被气管栓塞会出现头痛、头晕、呕吐、运动失调、昏迷、偏瘫等症状。视觉和听觉器官受累会发生眼球震颤、失明、复视、听力减退、内耳眩晕综合征。

减压病的防治原则：对减压病的唯一根治手段是消除气泡，及时加压治疗。患者需在特殊的高压氧舱内，按规定逐渐减压，待症状消失后出舱。

为了防止减压病的发生，首先，必须对潜水人员进行安全教育，使其了解发病的原因及预防措施，同时严格遵守潜水作业规程。

其次，保证潜水作业安全，必须从技术上做到潜水技术保证、潜水供气保证和潜水医务保证三者密切协调配合，严格遵守潜水作业制度。同时进行技术革新，如建桥墩时采用管柱钻孔法代替潜涵，使工人可以在江面上工作而不必进入高压环境。

再次，预防减压病的保健措施也很重要，工作前防止过劳、严禁饮酒、加强营养。工作时注意防寒、防潮。工作后饮热饮料，洗热水澡等。潜水员在就业前、下潜前要定期进行体格检查。

减压病的职业禁忌证有听觉器官、心血管系统、呼吸系统及神经系统疾病。此外，重病后体弱者、嗜酒者、肥胖者也不宜从事此项工作。

4. 高山病及其预防

高山病又称高原病或高原适应不全症，按发病急缓分为急性和慢性高原病。

（1）急性高原病

急性高原病有以下三种类型。

1）急性高原反应。短时间进入 3 000 m 以上的高原，表现为头痛、头晕、目眩、心悸、气短，重者食欲减退、恶心、失眠、疲乏、胸闷、面部浮肿等。急性高原反应多发生在登山后 24 h 内，大多数 4～6 天内症状消失。

2）高原肺水肿。多发生在海拔 4 000 m 以上处，多为未经习服的登山者。早期反应与急性高原反应不易区别，严重者有干咳、多量血性泡沫痰、呼吸极度困难、胸痛、烦躁不安，两肺广泛性湿罗音。

3）高原脑水肿。发病率低，死亡率高。由于缺氧引起脑部小血管痉挛而产生脑水肿。缺氧又可直接损害大脑皮层，故患者除有急性高原反应外，可出现剧烈头痛、兴奋，呼吸困难，随后嗜睡转入昏迷，少数可有脑膜刺激症状及抽搐等。

（2）慢性高原病

慢性高原反应有五种类型，主要见于较长期生活于高原的人，由于某种原因失去了对缺氧的适应能力，现分述如下。

1）慢性高原反应。有些患者虽然在高原居住一定时间，但始终存在高原反应症状。常表现为神经衰弱综合征，有时出现心率失常或短暂昏厥。

2）高原心脏病。以儿童为多见，由于缺氧引起肺血管痉挛，导致肺动脉高压，右心室因持续负荷过重而增大，使右心衰竭。

3）高原红细胞增多症。发生在 3 000 m 以上处，红细胞、血红蛋白随海拔增高而递增，伴有紫绀、头痛、呼吸困难及全身乏力等。

4）高原高血压。一般移居高原一年内为适应不稳定期，血压波动明显而升高者多，以后趋于稳定。

5）高原低血压。此病患病率较低。

预防高原病的发生，首先应进行适应性锻炼，实行分段登高，逐步适应。在高原地区应逐步增加劳动强度，对劳动定额和劳动强度应相应减少和严格控制。同时摄取高糖、多种维生素和易消化的食物，多饮水，不饮酒；注意保暖防寒、防冻、预防感冒。对进入高原地区的人员，应进行全面体格检查，凡有心、肝、肺、肾等疾病，高血压、严重贫血者，均不宜进入高原地区。

由于高原病是较单纯的低氧性缺氧，因此较长时间不能适应的较重者，只能移居平原或低海拔处才能治愈。对于急性发病或症状较重者，可以采用休息、吸氧对症治疗。

三、常见生物伤害急救

1. 毒蛇咬伤急救

中国蛇类有 160 余种，其中毒蛇约有 50 余种，剧毒、危害大的约有 10 种，如眼镜王蛇、金环蛇、眼镜蛇、五步蛇、银环蛇、蝰蛇、蝮蛇、竹叶青蛇、烙铁头、海蛇等，咬伤后能致人死亡。这些毒蛇夏秋季在南方森林、山区、草地中出现，当人在野外作业时易被毒蛇咬伤。蛇毒主要含蛋白质、多肽类及多种酶。依成分作用不同可分为神经毒、血液循环毒和混合毒。含神经毒素的毒蛇有金环蛇、银环蛇及海蛇；含血液循环毒素的毒蛇有蝰蛇、五步蛇及竹叶青蛇；含混合毒素的毒蛇有眼镜蛇及蝮蛇等。

毒蛇的头部多呈三角形，颈部较细，尾部短粗，色斑较艳。毒蛇最重要的标志，是牙裂前端有两颗又粗又长的毒牙，被蛇咬后观察其伤口，可发现被咬的地方留下两排牙痕，如果其顶端有两个特别粗而深的牙印儿，就说明是被毒蛇咬的。如果只有两排细小的牙印，就可能不是毒蛇，但还应密切观察是否出现中毒症状。如果被蛇咬的牙印看不清楚，就应按被毒蛇咬伤急救。

（1）毒蛇咬伤判断方法

1）神经毒素中毒。伤部症状较轻，仅感麻木，无肿胀渗液。伤后 1～3 h 后，全身症状出现，并发展迅速，有头昏、头痛、嗜睡、萎靡、视力模糊、眼睑下垂、声音嘶哑、言语困难、流涎、吞咽障碍、恶心、呕吐、牙齿紧闭、共济失调、瞳孔散大、光反射消失、大小便失禁、发热、寒战等症状。重症者出现肢体瘫痪、惊厥、昏迷、休克、呼吸麻痹。

2）血液循环毒素。中毒伤部疼痛剧烈、肿胀明显、并迅速向肢体近心端蔓延，伴有出血、水疱、局部坏死，引起淋巴管炎、淋巴结炎、鼻衄、呕吐、咯血、便血、血尿、贫血，可有溶血性黄疸，病重时出现急性肾衰竭、休克等。

3）混合毒素中毒兼有上述两者特征，但不同毒蛇各有侧重，如眼镜蛇以神经毒为主，血液循环毒为次；蝮蛇以血液循环毒为主，神经毒次之。

（2）毒蛇咬伤急救方法

1）保持安静，卧床休息，限制患肢活动。

2）被毒蛇咬伤以后，立即用止血带或其他替代物（撕下衣服或其他带子），在下肢或上肢伤口的近心端 5 cm 处用力勒紧，阻止静脉血和淋巴液回流，防止毒液继续在体内扩散。也可用火柴烧伤口，破坏蛇毒毒素，然后捆扎止血带。

如果手指被咬伤，就用带子扎紧手指根部；前臂被咬伤，扎在胳膊肘上方。小腿被咬伤，扎在膝盖上方。要特别注意，每隔 15～20 min 放松 1～2 min，以防肢体缺血坏死。当伤口得到彻底排毒处理和服用有效蛇药 3～4 h 后，方可解除结扎。

3）头面或躯体部位被毒蛇咬伤时，不可能用带子勒。这时加强排毒更显重要，应立即用各种可行的方法吸出毒血，如用拔火罐、吸奶器等负压吸附伤口，吸除毒液，紧急时用嘴对伤口吸吮毒汁出来，急救者一边吸，一边立即吐出，并用清水或 1∶5 000 高锰酸钾溶液漱口，口腔黏膜有破损或有龋齿的人不能用嘴吸，以免中毒。

4）尽快用井水、泉水、茶水、自来水、生理盐水、1∶5 000 高锰酸钾液、3%双氧水、

1∶5 000 呋喃西林或5%乙二胺四乙酸二钠钙溶液反复冲洗蛇咬的伤口，把留在伤口浅处的毒液冲掉。然后用干净刀片或三棱针在牙痕上做“十”字形切开，深度约 1 cm，肿胀部也可用粗针刺入或做“十”字形切口若干以排毒液，接着用拔火罐等负压吸附，还可由近心端向远心端挤压排毒。

5）在进行上述处理的同时，应用最快的方法尽快抬送病人到医院救治。运送过程中，尽量不让病人活动，以减少毒液吸收扩散。

6）咬伤超过 24 h，肿胀严重时，可用钝针在肿胀下端每隔 2～3 cm 处刺一针孔，使患肢下垂，自上而下按压，使毒汁从针眼流出，每日 2～3 次，连续 2～3 天。

7）解毒药的应用。

①南通蛇药（季德胜蛇药），轻者每次服 5 片，3 次/日。重者每次服 10 片，4～6 h 服 1 次。

②将上述药片用温水溶化后涂于伤口周围半寸处。

③上海蛇药，首次服 10 片，以后每 4 h 服 5 片。

④新鲜半边莲（蛇疗草）30～60 g，水煎服，或捣烂涂伤口周围。

8）抢救过程中忌用的药物。

①中枢抑制药，如吗啡、苯海拉明、巴比妥类、氯丙嗪。

②肾上腺素。

③横纹肌松弛药，如箭毒、司可林。

④抗凝血药，如肝素、枸橼酸钠、双香豆素等。

2. 狂犬咬伤急救

狂犬病毒主要侵犯人的神经。一旦侵犯了神经，短期内可死亡。不过，根据经验来看，从咬伤到出现症状，时间却可长可短，短时只有 2～4 天；长时可迟至 3～5 年发作。

(1) 狂犬咬伤的症状

1）疲乏无力。

2）不想吃饭。

3）头痛、恶心。

4）晚间不能入睡。

5）嗓子发紧，怕声响，怕强光。

6）无缘无故有恐惧感。

7）伤口发痛发麻，或者感到有蚂蚁在爬行的特殊感觉。

8）以上症状持续 1～2 天后，病情转重，这时病人会出现烦躁、出汗、流口水。嗓子发紧加重，连咽东西和呼吸都十分费力。口渴想喝水，但一见到水，嗓子发紧更加厉害，根本咽不下去；即使咽了，会不断咳呛，还能引发抽风。到后来不光看不得水，即使听到水的声音（如倒水时的声响）都会难以忍受，引发抽风。所以，专家们又称此病为恐水症。

病人神志可以清醒，表情却很痛苦，有些病人会狂躁不安、胡言乱语；但1～2天后，渐转安静，全身瘫痪，瞳孔散大，心力衰竭，呼吸紊乱、微弱。

(2) 狂犬咬伤急救方法

急救时分两步，一是伤口处理，二是注射预防针。

1）伤口处理。被咬伤口可能流血，只要流血不多，不用立即止血，这样可以冲出伤口内的狂犬病毒。伤口处理越早越好。经验告诉我们，伤后2 h之内，趁狂犬病病毒尚未深入处理后的效果最佳。

处理伤口的方法：先用肥皂水、清水洗净双手；用浓肥皂水（20%）和干净的软刷（没有刷子，用新的牙刷或干净纱布或软布块都可以）刷洗伤口；洗刷要适当用力、彻底，尤其在伤口内部一定刷到，使病毒和狗的口水能够洗刷掉；不妨多刷几次，反复用清水冲洗；洗刷完毕，用碘酒涂抹伤口2～3次；伤口处理完毕后不必包扎伤处。

2）简单处理后，立即送病人到医院。医生做进一步伤口处理后，还可以向伤口四周注射抗狂犬病免疫血清。有时，病人还应注射破伤风预防针、抗生素等消炎药。

3. 蜈蚣咬伤急救

蜈蚣又称百脚、天龙，多生活于腐木石隙或荒芜阴湿的地方，昼伏夜出，南方较多。它分泌的毒汁含有组织胺和溶血蛋白。当人被它咬伤时，其毒汁通过它的爪尖端注入人体而中毒。

(1) 蜈蚣咬伤判断方法

蜈蚣咬伤多在炎热天气，被咬部位红肿、疼痛、有水疱、坏死及发生淋巴结、淋巴管炎，同时发热、恶心、呕吐、头痛、头晕、昏迷及休克等。

(2) 蜈蚣咬伤急救方法

1）蜈蚣毒液是酸性的，可以用碱性液体来中和。可用稀碱水、肥皂水清洗或浸泡伤口，有条件时可用3%氨水或用5%～10%碳酸氢钠溶液冲洗。

2）痛甚者用水、冰敷局部，在伤口周围注射吗啡或杜冷丁；也可涂六神丸，或用中药芋头、鲜桑叶、鲜扁豆适量捣烂外敷。

3）严重者用镇静、抗休克治疗，或立即送医院。

4. 蜂蜇伤急救

蜂的种类有蜜蜂、黄蜂、大黄蜂、土蜂等。其腹部后端有毒腺与蜇刺相连，当刺入人体时，将毒液中的甲酸（蚁酸）、神经毒素和组织胺等注入人体内，并将毒刺遗弃在伤处，会引起溶血、出血、过敏反应。

(1) 蜂蜇伤的症状

伤口有剧痛、灼热感，有红肿、水疮形成，1～2 天自行消失。如被蜂群蜇伤多处后，有发热、头晕、恶心、烦躁不安、痉挛及昏厥。过敏者，可出现荨麻疹，口唇及眼睑水肿，腹痛、腹泻、呕吐，甚者喉水肿、气喘、呼吸困难、血压下降、昏迷，因呼吸、循环衰竭而死亡。

(2) 蜂蜇伤的急救方法

1）蜜蜂毒液是酸性的，用镊子将毒刺拔出，用肥皂水、3%氨水、3%碳酸氢钠溶液、盐水或糖水清洗伤口。

2）黄蜂蜇后其毒液是碱性的，用食醋敷或用鲜马齿苋汁涂于伤口。

3）用南通蛇药（季德胜蛇药）以温水溶后涂伤口周围。

4）用紫花地丁、七叶一枝花、鲜蒲公英、半边莲捣烂外敷，效果也较好。

5）过敏者口服扑尔敏 4 mg，或非那根 25 mg，3 次/日。重者可肌内注射肾上腺素 0.5～1 mg，或麻黄碱 30 mg，或地塞米松 5～10 mg。

四、触电与雷击事故急救

1. 触电现场急救

电击伤俗称触电，是由于电流或电能（静电）通过人体，造成机体损伤或功能障碍，甚至死亡。大多数是由于人体直接接触电源所致，也有被数千伏以上的高压放电所致。

接触 1 000 V 以上的高压电时多出现呼吸停止，220 V 以下的低压电易引起心肌纤颤及心脏停搏，220～1 000 V 的电压可致心脏和呼吸中枢同时麻痹。

(1) 触电症状

轻者症状表现为心慌，头晕，面苍白，恶心，神志清楚，呼吸、心跳规律，四肢无力，如脱离电源，安静休息，注意观察，不需特殊处理。重者呼吸急促，心跳加快，血压下降，昏迷，心室颤动，呼吸中枢麻痹以致呼吸停止。

触电局部可有深度烧伤，呈焦黄色，与周围正常组织分界清楚，有两处以上的创口，一个入口、一个或几个出口，重者创面深及皮下组织、肌腱、肌肉、神经，甚至深达骨骼，呈炭化状态。

(2) 触电急救措施

1）尽快切断电源。立即拉下总闸或关闭电源开关，拔掉插头，使触电者很快脱离电源。急救者可用绝缘物（干燥竹竿、扁担、木棍、塑料制品、橡胶制品、皮制品）挑开接触病人的电源，使病人迅速脱离电源。

2）如患者仍在漏电的机器上时，赶快用干燥的绝缘棉衣、棉被等将病人推拉开。在高空高压线触电抢救中，注意不要再造成摔伤。

3）未切断电源之前，抢救者切忌用自己的手直接去拉触电者，这样自己也会立即触电受伤，因为人体是良导体，极易导电。急救者最好穿胶鞋，踏在木板上保护自身。

4）确认心跳停止时，在用人工呼吸和闭胸心脏按压后，才可使用强心剂。心跳、呼吸停止还可心内或静脉注射肾上腺素、异丙肾上腺素。血压仍低时，可注射间羟胺（阿拉明）、多巴胺，呼吸不规则注射尼可刹米、洛贝林（山梗菜碱）。

5）触电烧伤应合理包扎。

（3）注意事项

1）救护人员应在确认触电者已与电源隔离，且救护人员本身所处环境安全距离内无危险电源时，方能接触伤员进行抢救。

2）在抢救过程中，不要为图方便而随意移动伤员，如确需移动，应使伤员平躺在担架上并在其背部垫以平硬阔木板，不可让伤员身体蜷曲着进行搬运。移动过程中应继续抢救。

3）任何药物都不能代替人工呼吸和胸外心脏按压，对触电者用药或注射针剂，应由有经验的医生诊断确定，慎重使用。

4）抢救过程中，要每隔数分钟再判定一次，每次判定时间均不得超过 1 s。做人工呼吸要有耐心，不能轻易放弃。

5）如需送医院抢救，在途中也不能中断急救措施。

6）在医务人员未接替抢救前，现场救护人员不得放弃现场抢救，只有医生有权做出伤员死亡的诊断。

2. 雷击现场急救

我国雷暴活动主要集中在每年的 6—8 月。打雷时，出现耀眼的闪光，发出震耳的轰鸣。打雷时放电的时间短，电流大，电压高。

雷击损伤一般伤情较重，非死即伤。主要造成烧伤，神经系统损伤，耳鼓膜破裂、爆震性耳聋、白内障、失明、肢体瘫痪或坏死，重则呼吸心跳停止、休克、死亡等。雷击与高压电击伤类似。

（1）雷电致人伤害的因素

1）高电压。打雷时正负电位差可达几千万甚至几亿伏特，遭遇雷击时的电压足以致人死亡。

2）强电流。超出人体忍受强度的电流即可对人造成伤害。电流越强，伤害越大。雷击的电流足以致人体神经、肌肉痉挛、烧伤甚至休克或死亡。

3）雷击部位与触电时间。一般雷击电流通过大脑、心脏等重要器官者危害大，触电时间长者危害更大。

（2）雷击造成的主要伤害

1）大脑神经系统损伤致昏迷、休克、惊厥、神经失能、痉挛、伤后遗忘等。

2）心血管系统损伤造成心脏停跳，血管烧伤、断裂，形成血栓、供血中断等。

3）呼吸系统损伤。由于脑、神经传导及呼吸肌的痉挛等，造成呼吸功能失常，导致呼吸停止或异常。

4）运动系统损伤。由于昏迷、休克、惊厥，或肌肉烧伤，可致运动功能丧失；高空作业者从高处坠落，伤亡更重。

（3）雷击的特点

雷击（电击）损伤瞬间发生，伤情严重，生命危在旦夕，必须立即施救。多数患者要给予心肺复苏、脑复苏抢救。有心室纤颤、心律异常者，应给予除颤整律治疗。

雷击损伤较为复杂，要求多学科综合救治。重点在于维持呼吸、稳定血压、纠正酸中毒、医治烧伤等。

（4）雷击伤的急救

1）伤者就地平卧，松解衣扣、乳罩、腰带等。

2）立即口对口人工呼吸和胸外心脏按压，坚持至病人苏醒为止。

3）送医院急救。

第三节　常见急性中毒现场急救

一、急性中毒与现场急救

1. 急性中毒毒物的判断

要认定人员是否中毒并快速判断中毒物质，通常我们可以从病人呼出的气味或吐出物质发出的味道或其他体征来作出判断。

（1）呼气、呕吐物和体表的气味

1）蒜臭味：有机磷农药、磷、砷化合物。

2）酒味：乙醇（酒精）及其他醇类化合物。

3）苦杏仁味：氰化物及含氰苷的果仁。

4）酮味（刺鼻甜味）：丙酮、三氯甲烷（氯仿）、指甲油去除剂。

5）辛辣味：氯乙酰乙酯。

6）香蕉味：乙酸乙酯、乙酸异戊酯等。

7）梨味：水合氯醛。

8）酚味：苯酚、来苏。

9）氨味：氨水、硝酸铵。

10）其他特殊气味：煤油、汽油、硝基苯等。

（2）皮肤黏膜

1）樱桃红：氰化物、一氧化碳。

2）潮红：酒精、阿托品类、抗组胺类。

3）绀紫：亚硝酸盐、氮氧化合物、含亚硝酸盐的植物、氯酸盐、磺胺、非那西丁、苯的氨基与硝基化合物、对苯二酚。

4）紫癜：毒蛇和毒虫咬伤、硫酸盐。

5）黄疸：四氯化碳、砷、磷化合物、蛇毒、毒草、其他肝脏毒物。

6）多汗：有机磷毒物、毒蕈、毒扁豆碱、毛果芸香碱、吗啡、消炎痛、硫酸盐。

7）无汗：抗胆碱药（如阿托品类）、BZ类失能剂、曼陀罗等茄科植物（以下简称曼陀罗）。

8）红斑：水疮芥子气、氮芥、路易氏剂、光气肟。

（3）眼

1）瞳孔缩小：有机磷毒物、毒扁豆碱、毛果芸香碱、毒茸阿片类、巴比妥类、氯丙嗪类。

2）瞳孔扩大：抗胆碱药、曼陀罗、BZ类失能剂、抗组织胺类、苯丙胺、可卡因。

3）眼球震颤：苯妥英钠、巴比妥类。

4）视力障碍：有机磷毒物、甲醇、肉毒毒素、苯丙胺。

5）视幻觉：麦角酸二乙胺、抗胆碱药、曼陀罗、BZ类失能剂。

（4）口腔

1）流涎：有机磷毒物、毒蕈、毒扁豆碱、毛果芸香碱、砷、汞化合物。

2）口干：抗胆碱药，曼陀罗、BZ类失能剂、抗组织胺类、苯丙胺、麻黄碱。

（5）神经系统

1）嗜睡、昏迷：巴比妥和其他镇静安眠药、抗组织胺类、抗抑郁药、醇类、阿片类、有机磷毒物、有机溶剂（苯、汽油等）。

2）肌肉颤动：有机磷毒物、毒扁豆碱、毒蕈。

3）抽搐惊厥：有机磷毒物，毒扁豆碱、毒蕈、抗组织胺；氯化烃类、氰化物、异烟肼、肼类化合物、士的宁、三环类抗抑郁制剂、硫酸盐、呼吸兴奋剂、氟乙酰胺、毒鼠强。

4）谵妄：抗胆碱药、BZ 类失能剂、曼陀罗，安眠酮、水合氯醛、硫酸盐。

5）瘫痪：箭毒、肉毒毒素、高效镇痛制、可溶性钡盐。

(6) 消化系统

1）呕吐：有机磷毒物毒扁豆碱、毒蕈、重金属盐类、腐性毒物。

2）腹绞痛：有机磷毒物、毒蕈、重金属盐类、斑蝥、乌头碱、巴豆、砷、汞、磷化合物、腐蚀性毒物。

3）腹泻：有机磷毒物、毒蕈、砷、汞化合物、巴豆、蓖麻子。

(7) 循环系统

1）心动过速：抗胆碱药、BZ 类失能剂、曼陀罗、拟肾上腺素药、甲状腺（片）、可卡因、醇类。

2）心动过缓：有机磷毒物、毒扁豆碱、毛果芸香碱、毒蕈、乌头、可溶性钡盐、毛地黄类、β受体阻断剂、钙拮抗剂。

3）血压升高：拟肾上腺素药、有机磷毒物。

4）血压下降：亚硝酸盐类、氯丙嗪类、各种降压药。

(8) 呼吸系统

1）呼吸加快：呼吸兴奋剂、抗胆碱药、曼陀罗、BZ 类失能剂。

2）呼吸减慢：阿片类、镇静安眠药、有机磷毒物、蛇毒、高效痛剂。

3）哮喘：刺激性气体、有机磷毒物。

4）肺水肿：有机磷农药、毒蕈、窒息性气体（光气、双光气、氮氧化合物、硫化氢、磷化氢、氯、氯化氢、二氧化硫、氨、二氯亚砜等）、硫酸二甲酯。

(9) 尿色的改变

1）血尿：磺胺、毒蕈、氯胍、酚、斑蝥。

2）葡萄酒色：苯胺、硝基苯。

3）蓝色：姜蓝。

4）棕黑色：酚、亚硝酸盐。

5）棕红色：安替比林、辛可芬、山道年。

6）绿色：香草酚。

2. 急性中毒的急救

发生中毒后，可分除毒、解毒和对症急救三步进行急救。

(1) 除毒方法

1）吸入毒物的急救。应立即将病人救离中毒现场，搬至空气新鲜的地方，解开衣领，以保持呼吸道的通畅，同时可吸入氧气。病人昏迷时，如有假牙要取出，将舌头牵引出来。

2）清除皮肤毒物。迅速使中毒者离开中毒场地，脱去被污染的衣物，将皮肤、毛发等彻底清除和清洗，常用流动清水或温水反复冲洗身体，清除沾污的毒性物质。有条件者，可用1%乙酸或1%～2%稀盐酸、酸性果汁冲洗碱性毒物；3%～5%碳酸氢钠或石灰水、小苏打水、肥皂水冲洗酸性毒物。敌百虫中毒忌用碱性溶液冲洗。

3）清除眼内毒物。迅速用0.9%盐水或清水冲洗5～10 min。酸性毒物中毒用2%碳酸氢钠溶液冲洗，碱性毒物中毒用3%硼酸溶液冲洗。然后可点0.25%氯霉素眼药水，或0.5%金霉素眼药膏以防止感染。无药液时，只用微温清水冲洗亦可。

4）经口误服毒物的急救。对于已经明确属口服毒物的神志清醒的患者，应马上采取办法，使毒物从体内排出。

①催吐。首先让患者取坐位，上身前倾并饮水300～500 mL（普通的玻璃杯1杯），然后嘱病人弯腰低头，面部朝下，抢救者站在病人身旁，手心朝向病人面部，将中指伸到病人口中（若留有长指甲须剪短），用中指指肚向上钩按患者软腭（紧挨上牙的是硬腭，再往后就是软腭），按压软腭造成的刺激可以导致病人呕吐。呕吐后再让患者饮水并再刺激病人软腭使其呕吐，如此反复操作，直到吐出的是清水为止。也可用羽毛、筷子、压舌板，或触摸咽部催吐。催吐可在发病现场进行，也可在送医院的途中进行，总之越早越好。有条件的还可服用1%硫酸锌溶液50～100 mL。必要时用去水吗啡（阿扑吗啡）5 mg皮下注射。

对下列情况不能实施催吐：口服强酸、强碱等腐蚀性毒物者；已发生昏迷、抽搐、惊厥者；患有严重心脏病、食道胃底静脉曲张、胃溃疡、主动脉夹层动脉瘤的患者；孕妇。

②洗胃。对于清醒者，越快越好，但神志不清、惊厥抽动、休克、昏迷者忌用。洗胃只能在医生指导下进行。洗胃液体一般用清水，如条件许可，亦可用无强烈刺激性化学液体破坏或中和胃中毒物。

③灌肠。清洗肠内毒物，防止吸收。腐蚀性毒物中毒可灌入蛋清、米汤、淀粉糊、牛奶等，以保护胃肠黏膜，延缓毒物的吸收；口服炭末、白陶土有吸附毒物的功能；如由皮下、肌肉注射引起的中毒，时间还不长，可在原针处周围肌肉注射1%肾上腺素0.5 mg以延缓吸收。

5）以下方法可促使已到体内的毒物排除。

①利尿排毒。大量饮水、喝茶水都有利尿排毒作用；亦可口服速尿20～40 mg。

②静脉注射排毒。用5%葡萄糖40～60 mL，加500 mg维生素C静脉点滴。

③换血排毒。常用于毒性极大的氰化物、砷化物中毒，可将病人的血液换成同型健康人的血。

④透析排毒。在医院可做血液腹膜、结肠透析以清除毒物。

6）镇静和保暖是抢救过程中减少耗氧的极为重要的环节。常用镇静药物非那根25 mg、安定10 mg肌肉注射。

(2) 解毒和对症急救

关于解毒和对症急救需在医院进行。

(3) 给予病人生命支持

在医生到达之前或在送病人去医院途中，对已发生昏迷的病人使其采取正确体位，防止窒息；对已发生心跳、呼吸停止的病人实施心肺复苏等。

二、刺激性气体中毒急救

1. 刺激性气体及其急救措施

刺激性气体过量吸入可引起以呼吸道刺激、炎症乃至肺水肿为主要表现的疾病状态，称为刺激性气体中毒。

(1) 主要毒物

最常见的刺激性气体可大致分为如下几类。

1）酸类和成酸化合物，如硫酸、盐酸、硝酸、氢氟酸等酸雾；成酸氧化物（酸酐），如二氧化硫、二氧化氮、五氧化二氮、五氧化二磷等；成酸氢化物，如氟化氢、氯化氢、溴化氢、硫化氢等。

2）氨和胺类化合物，如氨、甲胺、乙胺、乙二胺、乙烯胺等。

3）卤素及卤素化合物，以氯气及含氯化合物（如光气）最为常见。近年有机氟化物中毒亦有增多，如八氟异丁烯、二氟一氯甲烷裂解气、氟利昂、聚四氟乙烯热裂解气等。

4）金属或类金属化合物，如氧化镉、羟基镍、五氧化二钒、硒等。

5）酯、醛、酮、醚等有机化合物，前二者刺激性尤强，如硫酸二甲酯、甲醛等。

6）化学武器，如刺激性毒剂（苯氯乙酮、亚当气等）、糜烂性毒剂（芥子气、氮芥气）等。

7）其他，如臭氧也是一重要病因，它常被用作消毒剂、漂白剂、强氧化剂。空气中的氧在高温或短波紫外线照射下也可转化为臭氧，最常见于氩弧焊、X光机、紫外线灯管、复印设备等工作。现代建筑材料、家具、室内装饰中已广泛采用高分子聚合物，故其失火烟雾中常含大量具有刺激性的热解物，如氮氧化物、氯气、氯化氢、光气、氨气等，应引起注意。

(2) 刺激性气体的毒性作用

刺激性气体主要毒性在于它们对呼吸系统的刺激及损伤作用，这是因为它们可在黏膜表面形成具有强烈腐蚀作用的物质，如酸类物质或成酸化合物、氨或胺类化合物、酚类、光气等。

有的刺激性气体本身就是强氧化剂，如臭氧，可直接引起过氧化损伤。

上述损伤作用发生在呼吸道则可引起刺激反应，严重者可导致化学性炎症、水肿、充血、出血，甚至黏膜坏死；发生在肺泡，则可引起化学性肺水肿。化学物质的刺激性还可引起支气管痉挛及分泌增加，进一步加重可导致肺水肿。

（3）刺激性气体中毒症状

刺激性气体中毒主要存在三种中毒症状。

1）化学性（或称中毒性）呼吸道炎。主要因刺激性气体对呼吸道黏膜的直接刺激损伤作用所引起。水溶性越大的刺激性气体，对上呼吸道的损伤作用也越强，其进入深部肺组织的量也相应较少，如氯气、氨气、二氧化硫、各种酸雾等。此时，可同时见有鼻炎、咽喉炎、气管炎、支气管炎等表现及眼部刺激症状，如喷嚏、流涕、流泪、畏光、眼痛、喉干、咽痛、声嘶、咳嗽、咯痰等，严重时可有血痰及气急、胸闷、胸痛等症状；高浓度刺激性气体吸入可因喉头水肿而致明显缺氧、发绀，有时甚至引起喉头痉挛，导致窒息死亡。较重的化学性呼吸道炎可出现头痛、头晕、乏力、心悸、恶心等全身症状。轻度刺激性气体中毒或高浓度刺激性气体吸入早期，应及时脱离中毒现场，给予适当处理后多能很快康复。

2）化学性（中毒性）肺炎。主要是进入呼吸道深部的刺激性气体对细支气管及肺泡上皮的刺激损伤作用引起中毒性肺炎，常见表现除有呼吸道刺激症状外，主要表现为较明显的胸闷、胸痛、呼吸急促、咳嗽、痰多，甚至咯血；体温多有中度升高，伴有较明显的全身症状，如头痛、畏寒、乏力、恶心、呕吐等，一般可持续3～5天。

3）化学性（中毒性）肺水肿。肺水肿是吸入刺激性气体后最严重的表现，如吸入高浓度刺激性气体可在短期内迅速出现严重的肺水肿，但一般情况下，化学性肺水肿多由化学性呼吸道炎乃至化学性肺炎演变而来，如积极采取措施，减轻乃至防止肺水肿的发生，对改善预后有重要意义。

肺水肿主要特点是突然发生呼吸急促、严重胸闷气憋、剧烈咳嗽，大量泡沫痰，呼吸常达30～40次/min以上，并伴明显发绀、烦躁不安、大汗淋漓，不能平卧。多数化学性肺水肿治愈后不留后遗症，但有些刺激性气体，如光气、氮氧化物、有机氟热裂解气等引起的肺水肿，在恢复2～6周后可能出现逐渐加重的咳嗽、发热、呼吸困难，甚至急性呼吸衰竭死亡；还有些危险化学品，如氯气、氨气等可导致慢性堵塞性肺疾患；有机氟化合物、现代建筑失火烟雾等则可引起肺间质纤维化等。

（4）刺激性气体中毒的急救措施

刺激性气体中毒现场急救原则是迅速将伤员脱离事故现场，对无心跳呼吸者采取人工呼吸和心肺复苏。

1）群体性刺激性气体中毒救护措施。

①根据初步了解的事故规模、严重程度，做好药品、器材及特殊检验、特殊检查方面的准备工作，并与有关科室联络，以便协助处理伤员。

②根据随伤员转送来的资料，按病情分级安排病房，并在入院检查后根据病情进展情况随时进行调整。各级伤员应统一巡诊，分工负责，严密观察，及时处置。原则上凡有急性刺激性气体吸入者，都应留院观察至少 24 h。

③严格病房无菌观念及隔离消毒制度，观察期及危重伤员应谢绝探视，保证病房安静清洁的治疗环境。

2）早期（诱导期）的治疗处理。

①所有伤员，包括留观者，应尽早进行 X 光胸片检查，记录液体出入量，静卧休息。

②积极改善症状，如剧咳者可使用祛痰止咳剂，包括适当使用强力中枢性镇咳剂；躁动不安者可给予镇静剂，如安定、非那根；支气管痉挛时可用异丙基肾上腺素气雾剂吸入或氨茶碱静脉注射。中和药物雾化吸入有助于缓解呼吸道刺激症状，其中加入糖皮质激素、氨茶碱等效果更好。

③适度给氧。多用鼻塞或面罩，进入肺内的氧浓度应小于 55%；慎用机械正压给氧，以免诱发气道坏死组织堵塞、纵隔气肿、气胸等。

④严格避免任何增加心肺负荷的活动，如体力负荷、情绪激动、剧咳、排便困难、过快过量输液等，必要时可使用药物进行控制，并可适当利尿脱水。

⑤抗感染。

⑥采用抗自由基制剂及钙通道阻滞剂，以在亚细胞水平上切断肺水肿的发生环节。

2. 氯气中毒急救

氯气为黄绿色、具有异臭和强烈刺激性气味的气体，在高压下液化为液态氯。氯气易溶于水和碱溶液，也易溶于二硫化碳和四氯化碳等有机溶剂。遇水首先生成次氯酸和盐酸，次氯酸又可再分解为氯化氢和新生态氧，因此是强氧化剂和漂白剂。氯气在高热条件下与一氧化碳作用，生成毒性更大的光气。

工业上氯气常用于氯碱工业，制造杀虫剂、漂白剂、消毒剂、溶剂、颜料、塑料、合成纤维等。还可制造盐酸、光气、氯化苯、氯乙醇、氯乙烯、三氯乙烯、过氯乙烯等各种氯化物。应用在制药业、皮革业、造纸业、印染业以及医院、游泳池、自来水的消毒等。

氯气主要由呼吸道吸入，作用于支气管、细支气管和肺泡。其损害作用主要由氯化氢和次氯酸所致，尤其后者可透过细胞膜破坏其完整性、通透性及肺泡壁的气一血、气一液屏障，使大量浆液渗透至组织，重者形成肺水肿。还可直接作用于心肌，特别是心脏传导系统。

(1) 吸入氯气后的症状

1）吸入氯气后立即出现眼和上呼吸道刺激反应，如羞明、流泪、咽痛、呛咳等，继之咳嗽加剧出现胸闷、气急、胸骨后疼痛、呼吸困难或哮喘样发作等症状；有时伴有恶心、呕吐、腹胀、上腹痛等消化系统症状，或头晕、头痛、烦躁、嗜睡等神经系统症状。吸入者可在 1 h 内出现肺水肿，少数患者 12 h 内出现。严重者呈急性呼吸窘迫综合征。

2）吸入极高浓度的氯时，可致喉头痉挛窒息死亡或陷入昏迷；出现脑水肿或中毒性休克，甚至心搏骤停而电击式死亡。可引起支气管黏膜坏死脱落，甚至导致窒息。国内曾有因黏膜脱落导致呼吸停止达 6 次的病例报道。

3）部分可呈反应性气道功能不全综合征，表现为哮喘，两肺可闻弥漫性哮鸣音，若再次接触氯气或其他刺激性气体易诱发哮喘。

4）少数重症者可发生肺部感染、上消化道出血、气胸及纵隔气肿等并发症。

(2) 吸入氯气的急救措施

1）立即脱离接触，保持安静及保暖。出现刺激反应者，至少严密观察 12 h，并用清水彻底冲洗受污染的眼和皮肤。

2）早期合理氧疗。在发生严重肺水肿或急性呼吸窘迫综合征时，可给予鼻、面罩持续正压通气或呼吸末正压通气疗法。呼气末压力不宜超过 0.49 kPa（5 cm 水柱）。也可用高频喷射通气疗法（通气频率为 80～100 次/min，驱动压在 40～58 kPa）。此外可考虑肺外给氧，如应用光量子血疗法。

3）应用肾上腺糖皮质激素，应在早期、足量、短程应用，如地塞米松 20～80 kg/天。

4）维持呼吸道畅通。可给予支气管解痉剂，如喘定、氨茶碱等，药物雾化吸入，必要时切开气管，慎用气管插管。

5）去泡沫剂。肺水肿时可用二甲基硅油气雾剂，每次 0.5～1 瓶，咳泡沫痰者 1～3 瓶，间断使用至肺部啰音明显减少。

6）控制液体入量。病程早期就应控制进液量，适当应用利尿剂，一般不用脱水剂。但中、重度中毒者应注意防止休克，补充血容量，纠正酸中毒，适当使用血管活性药物，并可联合使用 654—2，以改善微循环。

7）积极防治肺部感染，合理使用抗生素以及防止并发症发生。

3. 氨中毒急救

氨（NH_3）为无色气体，具有强烈辛辣刺激性气味，对皮肤黏膜和呼吸道有刺激和腐蚀作用，会引起急性呼吸系统损害，常伴有眼和皮肤烧伤。空气中氨气质量浓度达 500～700 mg/m^3 时，可发生呼吸道严重中毒症状。如达到 3 500～7 500 mg/m^3 时，可出现“闪电式”死亡。

(1) 氨中毒后的症状

1）刺激反应。有眼和上呼吸道刺激症状，如流泪、流涕、呛咳等，肺部无阳性体征等。

2）轻度中毒。有明显的眼和上呼吸道刺激症状和体征。肺部有干性啰音。胸部X光胸片显示支气管炎或支气管周围炎。

3）中度中毒。有声音嘶哑、咳嗽剧烈、呼吸困难、肺部有干、湿啰音或胸部X光胸片显示肺炎或间质性肺水肿。

4）重度中毒。在中度中毒基础上咯大量粉红色泡沫痰，气急、胸闷、心悸、呼吸窘迫、绀紫明显，两肺满布干、湿啰音。胸部X光胸片显示严重化学性肺炎或肺泡性肺水肿，或有明显的喉水肿，或支气管黏膜坏死脱落造成窒息，或并发气胸、纵隔气肿。

5）皮肤接触可见皮肤红肿、水疱、糜烂、角膜炎等。

(2) 氨中毒后的急救措施

1）迅速离开现场至空气新鲜处，脱去被氨污染的衣服，眼、皮肤烧伤时可用清水或2%硼酸溶液彻底冲洗，点抗生素眼药水。

2）保持呼吸道通畅，给予氧疗。

3）积极防治中毒性肺水肿和急性呼吸窘迫综合征，早期、足量、短程应用糖皮质激素及超声雾化吸入。

4）氨腐蚀性强，呼吸道黏膜受损较重，病情反复。对由气道黏膜脱落引起的窒息或自发性气胸，应做好应急处理的准备，如环甲膜穿刺或气管切开及胸腔穿刺排气等。

5）重度氨中毒易并发肺部感染，应加强消毒隔离，及早并较长时间应用抗生素。

4. 二氧化硫中毒急救

二氧化硫（SO_2）又名亚硫酸酐，为无色气体，有刺激性气味，溶于水，在眼、鼻及上呼吸道黏膜处水解成亚硫酸，对局部有强烈的刺激作用。大量吸入可引起化学性肺炎或化学性肺水肿。

(1) 急性二氧化硫的中毒症状

1）轻症。吸入后可很快出现眼和呼吸道刺激症状。有流泪、流涕、呛咳等，或闻及干啰音。X光胸片显示支气管炎或支气管周围炎。

2）重症。出现咳嗽剧烈、呼吸困难、咯粉红色泡沫痰、气急、胸闷、心悸、呼吸窘迫、紫绀明显，两肺满布干、湿啰音。X光胸片显示化学性肺炎或肺水肿，吸入极高浓度时可立即喉痉挛、水肿而致窒息。

二氧化硫液体或气溶胶与皮肤接触或溅入眼内可引起皮肤烧伤和眼损害。

(2) 急性二氧化硫中毒后的急救措施

1）迅速离开现场至空气新鲜处，吸氧。有明显刺激反应，即使无客观体征者也应观察48 h。

2）用大量清水冲洗皮肤或用3%碳酸氢钠溶液冲洗眼和漱口，以中和亚硫酸及硫酸。

3）液体二氧化硫溅入眼内，必须迅速以大量生理盐水或清水冲洗，再滴入地塞米松和抗生素液，或涂以可的松、金霉素眼膏。

5. 氯化氢中毒急救

氯化氢（HCl）是一种无色气体，具有强烈刺激性气味。在空气中呈白色的烟雾，易溶于水，成为盐酸，能与多种金属及非金属作用。工业上接触氯化氢的行业有化学、石油、冶金、印染等。

(1) 氯化氢的中毒症状

氯化氢对人体的影响分为急性中毒和慢性损害。急性中毒多见于意外事故中，主要表现为头痛、头昏、恶心、咽痛、眼痛、咳嗽、声音嘶哑、呼吸困难、胸痛、胸闷，有的有咯血。严重者可引起化学性肺炎、肺水肿、肺不张等病症。长期在超过15 mg/m^{3}浓度的环境下操作，会造成牙齿酸蚀症、慢性支气管炎等慢性病变。

(2) 氯化氢中毒的急救措施

急性吸入中毒时，立即脱离现场，除去被污染的衣物，注意保持呼吸道通畅。盐酸烟雾所致急性气管炎时，可用4%碳酸氢钠溶液雾化吸入，必要时给氧。如刺激症状明显，咳嗽频繁，并有气急、胸闷等症状，可以用0.5%异丙基肾上腺素1 mL及地塞米松2 mg雾化吸入。

误服中毒时严禁洗胃，也不可催吐，以免加重损伤或引起胃穿孔。可用2.5%氧化镁溶液、牛奶、豆浆、蛋清、花生油等口服。禁用碳酸氢钠洗胃（或口服），以免产生二氧化碳而增加胃穿孔的危险。

皮肤接触氯化氢时，脱去污染的衣服，立即用大量清水彻底冲洗，烧伤处用5%碳酸氢钠溶液洗涤，然后处理创面方法同烧伤相同。若溅入眼内，立即以大量温水冲洗，然后以2%碳酸氢钠溶液或生理盐水冲洗，最后用可的松眼液滴眼。创面较大时，需用抗生素预防感染。

6. 氮氧化物中毒急救

氮氧化物是氮和氧化合物的总称。有NO、NO_2、N_2O、N_2O_3、N_2O_4、N_2O_5等。毒性主要取决于二氧化氮的含量。二氧化氮水溶性差，主要作用于深部呼吸道，遇呼吸道中的水分或水蒸气可形成硝酸，对肺组织产生强烈的刺激与腐蚀作用。

(1) 氮氧化物的中毒症状

1）刺激反应。如有氮氧化物气体吸入史，临床表现仅有一过性咳嗽、胸闷。胸部X光检查无异常征象。

2）轻度中毒出现胸闷、咳嗽、咯痰等，可伴有轻度头晕、头痛、无力、心悸、恶心等症状，胸部有散在干啰音。X光胸片显示支气管炎或支气管周围炎征象。

3）中度中毒有呼吸困难、胸部紧迫感、咳嗽加剧、咯痰或咯血丝痰，常伴有头晕、头痛、无力、心悸、恶心等症状。体征可有轻度发绀，两肺可闻干、湿啰音。X光胸片显示化学性支气管肺炎、间质性肺水肿或局灶型肺泡肺水肿征象。

4）重度中毒时呼吸窘迫、咳嗽加剧、咯大量白色或粉红色泡沫痰、明显发绀，两肺满布干、湿啰音，X光胸片显示化学性肺泡性肺水肿征象；可并发气胸、纵隔及皮下气肿等；窒息或昏迷。

(2) 氮氧化物中毒的急救措施

1）迅速将病人移离中毒现场至空气新鲜处，静卧、保暖、立即吸氧保持呼吸道通畅。

2）对密切接触者需严密观察24～72 h，注意病情变化。

3）防治化学性肺水肿，早期、足量、短程应用糖皮质激素及消泡剂二甲基硅油。

三、窒息性气体中毒急救

1. 窒息性气体及其中毒急救措施

(1) 窒息性气体及其分类

窒息性气体过量吸入可造成机体以缺氧为主要环节的疾病状态，称为窒息性气体中毒。

窒息性气体中毒是最常见的急性中毒。据全国职业病发病统计资料，窒息性气体中毒高居急性中毒之首，由其造成的死亡人数占急性职业中毒总死亡数的65%。根据这些窒息性气体毒作用的不同，可将其大致分为三类。

1）单纯窒息性气体。属于这一类的常见窒息性气体有：氮气、甲烷、乙烷、丙烷、乙烯、丙烯、二氧化碳、水蒸气及氩、氖等惰性气体。这类气体本身的毒性很低，或属惰性气体，但若在空气中大量存在可使吸入气中氧含量明显降低，导致机体缺氧。正常情况下，空气中氧含量约为20.96%，若氧含量小于16%，即可造成呼吸困难；氧含量小于10%，则可引起昏迷甚至死亡。

2）血液窒息性气体。常见的有一氧化碳、一氧化氮、苯的硝基或氨基化合物蒸气等。血液窒息性气体的毒性在于它们能明显降低血红蛋白对氧气的化学结合能力，从而造成组织供氧障碍。

3）细胞窒息性气体。常见的是氰化氢和硫化氢。这类毒物主要作用于细胞内的呼吸酶，阻碍细胞对氧的利用，故此类毒物也称细胞窒息性毒物。

（2）接触窒息性气体的中毒症状

1）缺氧表现。缺氧是窒息性气体中毒的共同致病环节，故缺氧症状是各种窒息性气体中毒的共有表现。轻度缺氧时主要表现为注意力不集中、智力减退、定向力障碍、头痛、头晕、乏力；缺氧较重时可有耳鸣、呕吐、嗜睡、烦躁、惊厥或抽搐，甚至昏迷等症状。但上述症状往往被不同窒息性气体的独特毒性所干扰或掩盖，故并非不同窒息性气体引起的相近程度的缺氧都有相同的临床表现。如能及时地治疗处理，使脑缺氧尽早改善，常可避免发生严重的脑水肿。

2）急性颅压升高表现。

①头痛。是早期的主要症状，为全头痛，前额尤其明显，程度甚剧，任何可增加颅内压的因素，如咳嗽、喷嚏、排便，甚至突然转头均可使头痛明显加重。

②呕吐。是颅内压增高的常见症状，主要因延髓的呕吐中枢受压所致，但窒息性气体中毒所致脑水肿以细胞内水肿为主。

③抽搐。常为频繁的癫痫样抽搐发作，主要因大脑皮层运动区缺血、缺氧或水肿压迫所致；若累及脑干网状结构，则可出现阵发性或持续性肢体强直。

④视乳头水肿。一般在2～3天后才逐渐显现颅内压升高，故中毒早期未能检查视乳头水肿并不能排除脑水肿存在。

⑤心血管系统变化。早期可见血压升高、脉搏缓慢，为延髓心血管运动中枢对水肿压迫及缺血缺氧代偿所致；若延髓功能衰竭，则可见血压急剧下降，脉搏亦微弱、快速。

⑥呼吸变化。早期表现为呼吸深慢，亦为延髓的代偿性反应；呼吸中枢若有衰竭，则呼吸转为浅慢、不规则，或有叹息样呼吸，严重时可发生呼吸骤停。

⑦其他表现。颅内高压刺激耳内迷路和前庭，可引起耳鸣、眩晕；外展神经受压引起外展神经麻痹；延髓交感神经中枢刺激，可导致脑性肺水肿。

（3）窒息性气体中毒的急救措施

窒息性气体中毒有明显剂量—效应关系，侵入体内的毒物数量越多，危害越大，且由于病情也更为急重，故特别强调尽快中断毒物侵入，解除体内毒物毒性。越早抢救，机体的损伤越小，合并症及后遗症也越少。

1）中断毒物继续侵入。迅速将伤员转移脱离危险现场，同时清除衣物及皮肤污染源。如硫化氢中毒伤员应脱去污染工作服；若有氢氰酸、苯胺、硝基苯等液体溅在身上，还应彻底清洗污染的皮肤，不可大意。危重伤员易发生中枢性呼吸循环衰竭，应高度警惕，如有此类情况，应立即进行心肺复苏。

2）解毒措施。单纯窒息性气体如氮气，并无特殊解毒剂，但二氧化碳吸入可使用呼吸兴奋剂，严重者用机械过度通气，以排出体内过量二氧化碳。

血液窒息性气体中如一氧化碳，无特殊解毒药物，但可给高浓度氧吸入以加速一氧化碳血红蛋白解离，可视为解毒措施。苯的氨基或硝基化合物中毒所形成的变性血红蛋白，目前仍以亚甲基蓝还原为最佳的解毒治疗。

细胞窒息性气体如氰化氢，常用亚硝酸钠-硫代硫酸钠疗法进行驱排，近年国内还使用4-二甲基氨基苯酚等代替亚硝酸钠，也有较好效果；亚甲基蓝也可代替亚硝酸钠，但剂量应大。硫化氢中毒从理论上也可使用氰化氢解毒剂。但硫化氢在体内转化速度很快，且上述措施会生成相当量高铁血红蛋白而降低血液携氧能力，故除非在中毒后立即使用，否则，可能弊大于利。

3）脑水肿的防治。脑水肿是缺氧引起的最严重后果，也是引起窒息性气体中毒死亡最重要原因，故为成功抢救急性窒息性中毒的关键，其要点是早期防治，避免脑水肿发生或使危害程度减轻。

2. 一氧化碳中毒急救

一氧化碳中毒，亦称煤气中毒。一氧化碳是无色、无臭、无味的气体，故易于忽略而致中毒。常见于家庭居室通风差的情况下煤炉产生的煤气或液化气管道漏气或工业生产煤气以及矿井中的一氧化碳吸入而致中毒。

（1）吸入一氧化碳的中毒症状

1）轻度中毒。患者可出现头痛、头晕、失眠、视物模糊、耳鸣、恶心、呕吐、全身乏力、心动过速、短暂昏厥。血中碳氧血红蛋白含量达10%～20%。

2）中度中毒。除上述症状加重外，口唇、指甲、皮肤黏膜出现樱桃红色，多汗，血压先升高后降低，心率加速，心律失常，烦躁，一时性感觉和运动分离（即尚有思维，但不能行动）。症状继续加重，可出现嗜睡、昏迷。血中碳氧血红蛋白含量为30%～40%。经及时抢救，可较快清醒，一般无并发症和后遗症。

3）重度中毒。患者迅速进入昏迷状态。初期四肢肌张力增加，或有阵发性强直性痉挛；晚期肌张力显著降低，患者面色苍白或青紫，血压下降，瞳孔散大，最后因呼吸麻痹而死亡。经抢救存活者可有严重合并症及后遗症。

4）后遗症。中、重度中毒病人有神经衰弱、震颤、麻痹、偏瘫、偏盲、失语、吞咽困难、智力障碍、中毒性精神病或去大脑强直。部分患者可发生继发性脑病。

（2）一氧化碳中毒的急救措施

1）抢救人员在进入现场时应加强通风，佩戴一氧化碳防毒面具。

2）使患者尽快脱离现场，呼吸新鲜空气，有条件的可给纯氧。

3）对一氧化碳中毒患者要加强现场抢救，心脏停搏、呼吸骤停者应立即进行心脏复苏。严重中毒者应将患者送往有高压氧舱设备的医院进行治疗。

4）昏迷病员伴有高热和抽搐时，应给予头部降温为主的冬眠疗法。

5）防治并发症，主要是控制脑水肿及肺水肿，纠正水、电介质、酸碱失衡等。

6）低血压或休克，除采取一般抗休克综合治疗外。早期现场急救可应用抗休克裤。

7）抽搐立即静注安定 10 mg。严重抽搐者可在气管插管后静注硫喷妥钠。

3. 硫化氢中毒急救

硫化氢为无色气体，有臭鸡蛋味。相对密度 1.19 g/L，比空气重。易溶于水，亦溶于醇类、石油溶剂和原油中。

（1）硫化氢的毒性

硫化氢是窒息性气体。吸入的硫化氢进入血液分布至全身，与细胞内线粒体中的细胞色素氧化酶结合，使其失去传递电子的能力，造成细胞缺氧，这与氰化物中毒有相似之处。硫化氢还可能与体内谷胱甘肽中的巯基结合，使谷胱甘肽失活，影响生物氧化过程，加重了组织缺氧。高浓度（1 000 mg/m^3 以上）硫化氢，主要通过对嗅神经、呼吸道及颈动脉窦和主动脉体的化学感受器的直接刺激，传入中枢神经系统，先是兴奋，迅即转入抑制，发生呼吸麻痹，以至于“电击样中毒”。硫化氢接触湿润黏膜，与液体中的钠离子反应生成硫化钠，对眼和呼吸道产生刺激和腐蚀，可致眼结膜炎、呼吸道炎症，甚至肺水肿。由于阻断细胞氧化过程，心肌缺氧，可发生弥漫性中毒性心肌病。

（2）硫化氢的中毒症状

1）刺激反应。有眼刺痛、畏光、流泪、流涕、咽喉部烧灼感等症状，脱离接触很快恢复。

2）轻度中毒。有眼刺痛、畏光、流泪、眼睑浮肿，眼结膜充血、水肿，角膜上皮混浊等急性角膜、结膜炎表现；有咳嗽、胸闷，肺部可闻及干、湿性啰音，X 光胸片可显示肺纹理增强等急性支气管周围炎征象；可伴有头痛、头晕、恶心、呕吐等症状。

3）中度中毒。有明显的头痛、头晕并出现轻度意识障碍；有咳嗽、胸闷，肺部闻及干、湿啰音，X 光胸片显示两肺纹理模糊，有广泛的网状阴影或散在细粒状的阴影，肺叶透亮度降低或出现片状密度增高阴影，显示间质性肺水肿或支气管肺炎。

4）重度中毒。表现为昏迷、肺泡性肺水肿、心肌炎、呼吸循环衰竭或猝死。

在现场立即陷入昏迷的病人应与一氧化碳、氰化物、芳香烃类急性中毒及脑血管意外、心肌梗死相区别。了解病史及接触史，就不易误诊。绝大多数患者的肺水肿和心肌损害出现在 24 h 内，但少数患者可在昏迷好转后发生，甚至一周后方出现“迟发性”肺水肿及心肌损害。所以对急性中毒者要密切观察，及早发现，及时治疗。

(3) 硫化氢中毒的急救措施

1）迅速将病人移离中毒现场至空气新鲜处，立即吸氧并保持呼吸道通畅。

2）呼吸抑制者给予呼吸兴奋剂，心跳及呼吸停止者，应立即施行人工呼吸和体外心脏按压术，直至送到医院。切忌口对口人工呼吸，宜采用胸廓按压式人工呼吸。

3）氧疗，鼻导管或面罩持续给氧，中、重度中毒者给予高压氧治疗。

4）眼部冲洗，用生理盐水或2%碳酸氢钠溶液冲洗，出现的化学性炎症到眼科进行治疗。

5）严重者速送医院抢救。

四、金属及其化合物中毒急救

1. 汞及其化合物中毒急救

汞即水银，是一种银白色液态金属，易挥发，温度越高，挥发越快、越多。易溶于稀硝酸，可溶于类脂质。汞化合物分为无机汞和有机汞两大类。常用的无机汞有雷汞、硝酸汞、砷酸汞、氰化汞、氯化汞（升汞）；常用的有机汞有氯化乙基汞、乙酸苯汞、磷酸乙基汞、磺胺苯汞。

汞及其化合物引起的中毒，主要是从呼吸道吸入大量的金属汞蒸气或汞化合物气溶胶与粉尘，通过肺泡膜后溶于血液类脂质，或与血液中血浆蛋白或血红蛋白结合，干扰细胞的正常代谢，造成细胞损害，可引起中毒。

(1) 汞及其化合物的中毒症状

短期吸入高浓度汞及其化合物蒸气，发病较急，有头晕、头痛、震颤、乏力、低热等全身症状和咳嗽、咯痰、胸闷、胸痛、气促等呼吸道刺激症状。明显的口腔炎及牙周炎，如牙龈红肿、酸痛、糜烂出血、牙齿松动、龈袋积脓、流涎带腥臭味、恶心、呕吐、腹痛、腹泻呈水样或大便带血。部分病人发病1～3天后皮肤出现红色斑丘疹，以头、面部及四肢为多，有融合倾向，可溃破糜烂。

重症病人可发生急性间质性肺炎。误服中毒可发生急性腐蚀性胃肠炎及坏死性肾病。

1）汞烟尘热大量吸入。因高温而弥散到空气中的汞烟尘，引起类似“铸造热”或“烟尘热”的寒战、发热等，几小时内退热。

2）汞毒性化学性肺炎。大量吸入因高热而弥散到空气中的汞烟尘，引起化学性肺炎，有发热、咳嗽等症状，X光胸片显示部分肺野模糊阴影。

3）急性汞毒性肾病。主要见于误服升汞等水溶性很高的药物，皮肤大量接触热的含汞液体而致烧伤时也可发生。先出现明显的消化道症状如恶心、呕吐，继之出现少尿、无尿、蛋白尿、血液中尿素氮明显升高等中毒性肾病的表现。

4）急性汞毒性皮肤损害。见于皮肤直接接触汞及其化合物的病人，接触处出现丘疹样或斑片状红肿。

5）金属汞进入体内。一般由咬碎体温表，误服金属汞，将金属汞注入静脉所致。金属汞小滴的表面面积与汞蒸气或烟尘相比，极为有限，一般不致引起明显的汞中毒征象，但X光片可显示金属汞小滴存在的部位及数量。

（2）汞及其化合物中毒的急救措施

1）将患者迅速移离现场，到新鲜空气场所。

2）有条件的吸氧。

3）速送医院进行驱汞治疗。

4）对症治疗。

①按急性肾衰竭处理。

②皮肤损害处理，用3%～5%硫代硫酸钠溶液湿敷。

③眼部损害处理，用2%硼酸溶液冲洗。

④口腔炎，用清水或3%双氧水、盐水或0.1%乙酸或氯己定（洗必泰）溶液漱口，保持口腔清洁。

⑤神经衰弱症候群，可选用安定、利眠宁、非那根等口服。

⑥误服金属汞者，可口服泻药、牛奶、生蛋清、活性炭使其排出，直至X光检查无汞滴发现。静脉注射液体金属汞者要长期观察尿汞，尿汞升高时，按照慢性汞中毒进行治疗。

2. 铅及其化合物中毒急救

铅中毒以无机铅中毒为多见，主要损害神经、消化、造血和肾功能，对内分泌、生殖系统也有影响。现在铅接触女工对子代的影响已引起重视。

（1）铅及其化合物中毒症状

急性铅中毒是患者在服含铅化合物后，即有恶心呕吐、腹胀、腹绞痛和血压升高等症状，少数患者发生消化道出血和麻痹性肠梗阻。病情严重，发生循环衰竭，数日后出现中毒性肾炎、中毒性肝病和贫血。急性四乙铅中毒的平均潜伏期为6天，一般为6 h至11天。早期症状有头痛、头晕、失眠、食欲不振，继有焦虑、易激动、噩梦。病情恶化出现幻觉、妄想、狂躁、谵妄，全身抽搐甚至瞳孔散大、意识丧失症状。发作可呈间歇性，间歇期间患者常表情痴呆、动作迟缓，说话含糊或呈木僵状态。慢性铅中毒的典型症状如贫血、腹绞痛、周围神经病变、腕下垂、脑病等近年来已罕见。目前多见的为轻度中毒患者，症状有头昏、乏力、食欲不振、腹胀、脐周隐痛、便秘和肌肉关节酸痛等非特异性症状。口中金属味和齿龈铅线已很少发现。

(2) 铅及其化合物中毒的急救措施

1) 口服中毒者，可立即给予大量浓茶或温水，刺激咽部以诱导催吐，然后给予牛奶、蛋清、豆浆以保护胃黏膜。

2) 对症急救。对腹痛者可用热敷或口服阿托品 0.5～1.0 mg；对昏迷者应及时清除口腔内异物，保持呼吸道的通畅，防止异物误入气管或呼吸道引起窒息。

3) 经上述现场急救后，应立即送医院抢救，以免耽误时间，危及患者生命。

急性无机铅中毒大多系口服可溶性铅无机化合物和含铅药物，如黑锡丹、樟丹等引起。慢性铅中毒多见于长期吸入铅烟、铅尘的工人。发病率以铅冶炼和蓄电池制造行业较高，铸字、颜料、釉彩、焊接少见。长期饮含铅锡壶中的酒可引起慢性铅中毒。含铅废气、废水、废渣污染大气、水源和农作物，可危害居民。四乙铅系有机铅化合物，主要用作汽油抗爆剂，可经呼吸道、皮肤、消化道吸收。

3. 铬及其化合物中毒急救

铬是银灰色、质脆而硬的金属。工业上主要用三价或六价铬化合物。常用的铬化合物有氧化铬、三氯化铬、铬酸、氯化铬、铬酸钠、铬酸钾、重铬酸钾等。

除金属铬外，铬化合物都有毒性，以六价铬化合物毒性较大。吸入大量六价铬化合物的粉尘或烟雾，可引起急性呼吸道刺激症状，低浓度时可引起过敏性哮喘。铬酸对皮肤黏膜有刺激和腐蚀作用，长期吸入可致鼻中隔黏膜糜烂、溃疡变薄，甚至侵及鼻中隔软骨引起穿孔等。皮肤接触铬酸可引起难以痊愈的鸟眼型溃疡，即铬疮。

(1) 铬及其化合物的中毒症状

1) 急性吸入中毒主要表现呼吸道刺激症状，发病较急，有流涕、鼻衄、咳嗽、咳痰、气促、胸闷、胸痛、咽痛发红、头痛、发热等症状，或出现头痛、气促、胸闷、发热、发绀等哮喘症状。两肺可闻及广泛性哮鸣音、湿啰音。口服中毒对消化道有刺激和腐蚀作用，频繁吐泻，可致脱水。严重者出现少尿、无尿等急性肾衰竭征象。有的可出现口唇和指甲发绀、四肢发凉、血压下降甚至休克、昏迷。

2) 皮肤接触六价铬化合物溶液，可造成皮肤烧伤，表现为红斑、水疱、焦痂，有时呈现边缘隆起中央凹陷的溃疡，称为铬疮。

(2) 铬及其化合物中毒的急救措施

1) 脱离中毒环境，皮肤污染者应及时用清水或肥皂清洗。

2) 保持呼吸道通畅，呼吸急促者给氧。

3) 经口中毒者应立即用温水、1%亚硫酸钠或硫代硫酸钠溶液洗胃，然后给 50%硫酸镁 60 mL 导泻，保护消化道黏膜，口服牛奶、蛋清或氢氧化铝凝胶。

4) 皮肤烧伤后立即用清水冲洗 20～30 min，并用 5%硫代硫酸钠溶液湿敷。

5）对症治疗。

①碱性药物3%～5%碳酸氢钠溶液等雾化液吸入，每2～3 h 1次，每次10～20 min（需雾化液10～20 mL）。

②预防继发感染，选用二联抗生素，静脉或肌肉注射。

③咳嗽剧烈者，可选用磷酸可待因0.03 g或复方樟脑酊2 mL口服。

④缓解支气管痉挛，可用舒喘灵气雾吸入，氨茶碱0.25 g或喘定0.25 g加50%葡萄糖40 mL，静脉徐徐推注或口服氨茶碱。

(3) 铬及其化合物中毒急救的注意事项

1）铬疮处理。溃疡表浅者可选用5%硫代硫酸钠溶液冲洗，涂5%硫代硫酸钠软膏或10%依地酸二钠钙软膏。铬疮深凹且时间长者，可先行外科清创刮除腐肉等坏死组织，然后敷上述药膏或溶液。

2）鼻黏膜损害。涂防铬软膏（十八醇50 g、维生素C 5 g、吐温50 mL、单甘油酯25 mL、酒石酸钾3 g、达克罗宁1 g、羧甲基纤维素钠、香料适量），每日2～3次。

五、其他物质急性中毒急救

1. 甲醇中毒和急救

甲醇又名木醉或木酒精，系无色、透明、易燃、易挥发、略带酒精气味的液体。相对密度0.79，蒸气相对密度1.11。易与水、酒精、酮、酯和卤代烃类混溶。

甲醇通常由木球干馏或人工合成而得。工业上用于制造甲醛及甲基化反应或用作溶剂，并用于制造抗冻剂、橡胶加速剂、油漆、染料、摄影胶片、玻璃纸等。此外，为解决能源短缺，用甲醇与汽油做混合燃料，近年来受到各国的重视。

工业生产中甲醇急性中毒主要由吸入甲醇蒸气所致，其他比较少见。工业用酒精中含有较多的甲醇。如果误用此类酒精配制成白酒饮用，则导致急性中毒。

(1) 甲醇中毒症状

无论吸入或经口服中毒，均有一定的潜伏期，通常为8～36 h；同时饮白酒者则潜伏期可更长，最短6 h，最长可达4天。潜伏期内有轻度的醉酒感，吸入中毒者还可有呼吸道黏膜刺激症状及口苦感。

发病时以神经系统症状为主，如头晕、头痛、乏力、眩晕、表情淡漠、酒醉状态及失眠等，重者可出现共济失调、意识模糊，甚至谵妄及不同程度的昏迷。死亡多由于中枢性呼吸衰竭所致。心动过缓、呼吸缓慢等为提示预后不良的征兆。少数病例出现精神症状，也有发生周围神经病变及坐骨神经痛的报道。胃肠道症状以恶心、呕吐及上腹痛较为多见。

口服中毒尚有并发急性胰腺炎者。

视力模糊常较早出现，较重者有眼球压痛，畏光，视力减退，眼前有跳动性黑点、飞雪或闪光感，有的还有复视。严重病例致双眼永久性失明。检查可见瞳孔扩大或缩小，光反射迟钝或消失，眼底检查见视神经乳头充血、出血或眼底静脉扩张、视网膜水肿，或见视神经萎缩。也有病例是眼损害症状出现于全身中毒症状改善之后，可于中毒后数月出现迟发性视力损害。代谢性酸中毒是甲醇中毒的又一全身表现，严重者可出现深而快的呼吸，血气分析符合代谢性酸中毒。

(2) 甲醇中毒急救措施

1）尽早清除毒物。口服中毒者应及时用3%～5%碳酸氢钠洗胃。

2）用酒精作抗毒治疗。目前尚无理想的特效解毒治疗，文献报道可用酒精作抗毒治疗。其理论依据是酒精对醇脱氢酶的亲和力比甲醇大20倍，由此可阻断甲醇代谢增毒，并促进排出。

3）迅速纠正酸中毒。酸中毒不但可使病情恶化危及生命，而且影响和加重眼部病变。最好能根据血气分析给予适量碳酸氢钠。一般可先用5%碳酸氢钠200～300 mL静脉滴注，然后再根据复查结果，口服碳酸氢钠维持，直至pH值正常。

4）对症处理。针对患者出现的惊厥、休克、脑水肿等给予相应的急救治疗。

2. 酒精中毒急救

急性酒精中毒是因过量摄取酒精使机体的神经呼吸及循环系统受到影响，产生不同程度的意识障碍，严重的表现为昏迷、呼吸抑制及休克。

急性乙醇中毒的常见原因是“醉酒”。白酒含酒精50%～70%，低度的白酒含38%，米酒含30%～40%，果酒含16%～48%，故以饮用高度白酒急性中毒多见，偶尔也有因吸入大量酒精蒸气而致中毒者。

(1) 乙醇中毒的症状

1）中枢神经系统毒性。进入人体的酒精首先作用于大脑皮质，表现为兴奋。当中毒进一步加重时，皮质下中枢和小脑受累，病员表现为步履蹒跚、共济失调等运动障碍，继而功能抑制出现精神失常，严重者出现昏睡或昏迷，最后由于抑制脑血管运动中枢和呼吸中枢出现休克、呼吸衰竭。呼吸中枢麻痹是致死的主要原因。此外，由于血管扩张及缺氧可导致脑水肿。

2）休克。由于酒精为血管中枢抑制型，且易使皮肤血管扩张，常导致休克。

3）低血糖。饮酒发生的低血糖多见于肝脏葡萄糖异生减弱，释放葡萄糖减少所致。

4）代谢性酸中毒。酒精中毒时，使肝脏中乳酸的利用降低，另一方面丙酮酸还原成乳酸，易发生乳酸性酸中毒。

(2) 酒精中毒的急救措施

1）对于昏迷者，确保气道通畅。

2）如果患者出现呕吐，立刻将其置于稳定性侧卧位，让呕吐物流出。

3）保持患者温暖，尤其是在潮湿和寒冷的情况下。

4）检查呼吸、脉搏及反应程度，如有必要立即使用心肺复苏术。

5）将患者置于稳定性侧卧位，密切监视病情，每 10 min 检查并记录呼吸、脉搏和反应程度。

6）清除毒物，对酒精中毒清醒患者可用催吐法洗胃，昏睡或昏迷者应用 1%碳酸氢钠或 0.5%活性炭混悬液插胃管洗胃，并可于胃管内注入浓茶。洗胃时要防止误吸及损伤胃黏膜。静脉输入果糖可加速血中酒精浓度下降约为 25%。

人饮用酒精的中毒剂量有个体差异，一般为 70～80 g，致死剂量为 230～500 g。许多毒物如汞、砷、硝基苯等使人体对酒精的耐受性下降。反之酒后对上述毒物的敏感性也增加。在 32℃高温条件下，酒精的毒性可提高 1～2 倍。

饮入的酒精 80%由十二指肠和空肠吸收，其余由胃吸收。胃内无食物、胃肠道功能、饮料含酒精的量以及饮酒习惯，可影响吸收的速度。空腹及嗜酒者吸收速度加快，脂肪类食物则可阻止其吸收。酒精吸收后，通过血液遍及全身组织，按组织含水量的比例分布，依下列顺序递减：肝、脾、肺、肾、心、脑和肌肉，1 h 以内血液中含量较高，以后很快减少。

3. 急性汽油中毒急救

汽油主要成分为 C4—C12 的混合烃类，为无色或淡黄色，易挥发和易燃液体，具有特殊臭味。不溶于水，易溶于苯、二硫化碳、醇及脂肪。汽油为麻醉性毒物，使中枢神经系统功能障碍。对皮肤黏膜也有刺激作用。因不同产地的汽油含不饱和烃、硫化物和芳香烃的量不同，毒性亦不同。当上述化合物含量增加和汽油作为汽车燃料使用时加入添加剂，汽油的毒性相应增高。本品主要经呼吸道侵入机体，皮肤吸收次之，也可经消化道吸收。吸入汽油浓度为 1 851～2 165 mg/m^3，或口服汽油 20～30 mL 或 7.5 g/kg（体重）可致死。

(1) 急性汽油中毒症状

1）吸入汽油蒸气中毒。

①轻度中毒表现为中枢神经系统麻醉症状。可有头痛、头晕、恶心、呕吐、烦躁、视力模糊、步态不稳等症状；或出现哭笑无常及兴奋不安等情绪反应；或有意识模糊、嗜睡、朦胧状态等轻度意识障碍。并可有眼、呼吸道黏膜刺激症状，如眼结膜充血、流泪、流涕、咳嗽等。

②重度中毒。较高浓度吸入后，可出现四肢抽搐、眼球震颤、昏迷；或有谵妄等精神失常症状。尚可发生化学性肺炎。极高浓度吸入还可引起意识突然丧失，反射性呼吸停止，导致死亡。

2）吸入性肺炎。汽油液体吸入呼吸道后，可出现剧烈咳嗽、胸痛、发热、呼吸困难、发绀，也可有铁锈色痰。肺部可闻呼吸音粗糙或干、湿啰音。胸部X光片可见片状或致密团块阴影，少数可有渗出性胸膜炎。

3）急性口服中毒。饮用汽油后即可感到口渴，口腔、咽及胸骨有烧灼感，同时出现腹绞痛、恶心、呕吐、腹泻及排尿疼痛等。若未及时处理，导致大量吸收，可出现嗜睡，嘴唇青紫，呼吸表浅，脉搏细、速度快等症状，有的还可继发肺炎、中毒性肝炎、肾炎等。

4）皮肤中毒。皮肤接触后可发生急性皮炎，出现红斑、水疱及瘙痒。

（2）汽油中毒急救措施

1）迅速将病人移离中毒现场，置于空气新鲜处。脱去污染的衣服，皮肤用肥皂水清洗。受污的眼用2%碳酸氢钠溶液冲洗并滴抗生素眼膏。

2）对口服中毒者一般不进行催吐或洗胃，以防反胃而增强吸收或误吸入肺内。口服时间不久者，可饮牛奶或以植物油、温水小心洗胃，继之可给10%药用炭混悬液100～200 mL口服，以吸附剩余毒物，再用硫酸钠（芒硝）或硫酸镁导泻。

3）呼吸和心搏骤停者，应立即施行人工呼吸和体外心脏按压术直至送达医院。

4）较高流量的氧吸入。

5）对吸入性肺炎者可给短程糖皮质激素治疗，注射抗生素，以防止局部继发感染。

6）皮肤起水泡者，应严格消毒并包扎。

7）对症治疗。

8）抢救中严禁使用肾上腺素，以免引起心室颤动。

4. 沼气中毒急救

沼气是粪便、垃圾和一些庄稼废料混杂之后，经细菌发酵所产生的多种气体，其中主要成分是甲烷。沼气池里的甲烷浓度很高，如果池子密封不好，甲烷散入空气，浓度只要达到0.25%～0.3%，人吸入之后就会中毒。吸入的甲烷越浓，中毒越深，甚至致命。

（1）沼气中毒的症状

1）轻症。有点头痛、头晕，浑身无力，走路摇晃，还有点气短气急、呼吸不畅的感觉。

2）中症。除了上面所提的不适之外，呼吸急促，气不够用；嘴唇带紫色；一阵阵地呛咳（这种咳嗽和普通咳嗽不一样，仿佛是东西蹿入气管内的那种猛咳，连声剧咳不止），咳出的痰可能带血丝，这就是一种肺炎的表现（医生称它为“化学物质的吸入性肺炎”，是甲烧把肺“化学烧伤”之后的一种表现)；再重一点，不仅呼吸困难，全身发青，还口吐粉色泡，这是肺水肿的症状。

3）重症。重症受害的，主要是肺；到了重症这一步，脑的损害跟着显现出来。先是头痛加重，喷射状的呕吐，随后就逐渐出现神志不清，终致昏迷不醒，瞳仁散大。最终呼吸衰竭、血压下降，生命垂危。

(2) 沼气中毒急救措施

1）先把病人抬走，离开中毒场所，放在空气清新、流通的地方。解开其领口，使呼吸通畅一些。

2）如果氧气方便，可以吸氧，以减轻缺氧。

3）已出现吸入肺炎、肺水肿或脑水肿，都不是轻症，必须火速送入医院，由医生救治。

5. 食物中毒常用的急救方法

一旦发现食物中毒，应及时向所在地卫生行政部门报告，并尽快送病重者到医院救治。现场急救和消毒措施如下。

(1) 尽快催吐

中毒发生不久，毒素尚未大量吸收，可用以下办法催吐，减少吸收：用筷子或手指轻碰患者咽壁，促使呕吐；如毒物太稠，可取食盐 20 g，加冷开水 200 mL 让患者喝下，多喝几次即可呕吐；用鲜生姜 100 g 捣碎取汁，用 200 mL 温开水冲服；肉类食品中毒，则可服用十滴水促使呕吐。

(2) 药物导泻

食物中毒时间超过 2 h，精神较好者则可服用大黄 30 g，一次煎服；老年体质较好者，可采用番泻叶 15 g，一次煎服或用开水冲服。

(3) 解毒护胃

取食醋 100 mL 加水 200 mL，稀释后一次服下；可用紫苏 30 g，生甘草 10 g 一次煎服；可口服牛奶和生鸡蛋清，以保护胃黏膜，减少毒物刺激，阻止毒物吸收，并有中和解毒作用。

(4) 对昏迷者不宜催吐

如果中毒者已发生昏迷，则禁止对其催吐。因为在昏迷状态下，催吐可使残留于胃内的毒物堵塞气管，引起呼吸困难，甚至窒息。

(5) 就地封存消毒

对发生食物中毒的现场，应就地收集和封存一切可疑的中毒食物，对细菌毒素或真菌食物中毒、化学性食物中毒以及不明原因的食物中毒，所剩食物均应烧毁或深埋。与中毒食物接触的用具、容器等要彻底清洗消毒。可用碱水清洗，然后煮沸；不能煮沸的用0.15%漂白粉浸泡10～20 min，然后清洗干净。

6. 安眠药中毒急救

安眠药有多种，这里只讲巴比妥。其实，巴比妥也不止一种，但总的作用都一样，即让人入睡。专家们往往以使人入睡时间的长短来划分它的不同。

显而易见，使人入睡的关键，是大脑皮层因巴比妥而安静下来（医学上，这种作用叫“抑制”）。要是吃得过多，用量超过正常，那就不光是大脑皮层被抑制，还可能把大脑中管辖呼吸和心跳的部门也一并连累。

另外，如巴比妥的用量再大一点，除了上面所说的危害，全身细小的血管都会受伤害，结果，肝和肾一齐被损害。

(1) 安眠药中毒的症状

1）轻度。嗜睡；对周围声音无反应；大声向病人说话，回答含含糊糊，语音不清。如果拧病人的皮肤，会睁眼看人，还会躲开；这时再问话，病人会简单地回答。脉搏、呼吸、血压，没有太大的变化，都在正常范围内。

2）中度。睡得深沉，任大声叫唤，病人都不理；轻拧病人的皮肤，病人也不动，这是浅昏迷。呼吸次数减少，呼吸变浅，但血压还能维持正常。

3）重度。这时不是单纯地入睡，而是真正进入了昏迷（在医学上，这是最重的意识不清），还时不时地挺直一下四肢。随着中毒加重，全身松软，瞳孔散大（也可缩小）；呼吸不仅浅而慢，还会中断，极不规律。脉搏变细变弱，摸起来若有若无，血压下降。最终呼吸消失，休克，深度昏迷。

(2) 安眠药中毒急救措施

1）刚服食不久，可进行催吐。可边送医院，边进行，但病人必须清醒。

2）就近有医院赶紧洗胃。洗胃要反复地多洗几次，直到洗出的水清亮为止。洗完后，再往胃内注入活性炭或者硫酸钠。

3）已经昏迷的，要重视气道不要受阻；如口水不断，应把病人头侧向一边，让它外流。

4）昏迷病人必须注意呼吸。发现呼吸变慢、变浅，可以在病人两次呼吸之间，做一次口对口呼吸。如果有氧气，吸氧很有益处。

5）中毒明显，可请就近诊所静脉输入葡萄糖液（浓度10%），再立即送入医院。输入葡萄糖液，可能有助于重症中毒者的血压上升；对中毒尚轻的，能利尿排毒。

第四节 常见化学烧伤现场急救

一、化学性烧伤及其急救

1. 化学性眼烧伤急救

酸、碱等化学物质溅入眼部引起损伤，其程度和愈后取决于化学物质的性质、浓度、渗透力，以及化学物质与眼部接触的时间。常见的有硫酸、硝酸、氨水、氢氧化钾、氢氧化钠等烧伤，而碱性化学品的毒性较大。

(1) 烧伤症状

1）低浓度酸、碱烧伤时，刺痛、流泪、怕光，眼睑、结膜充血，结膜和角膜上皮脱落。

2）高浓度酸、碱烧伤时，剧烈疼痛、流泪、怕光、眼睑痉挛、眼睑及结膜高度充血水肿、局部组织坏死。

3）严重的酸、碱烧伤时，可损害眼的深部组织，出现虹膜炎、前房积脓、晶体浑浊、全眼球炎，甚至眼球穿孔、萎缩或继发青光眼。

(2) 急救措施

1）发生眼部化学性烧伤，应立即彻底冲洗。现场可用自来水冲洗，冲洗时间要充分，半小时左右。如无水龙头，可把头浸入盛有清洁水的盆内，用手把上下眼睑翻开，眼球在水中轻轻左右转动冲洗，然后再送医院治疗。

2）用生理盐水冲洗，以去除和稀释化学物质。冲洗时，应注意穹隆部结膜是否有固体化学物质残留，并去除坏死组织。石灰和电石颗粒，应先用植物油棉签清除，再用水冲洗。

2. 化学性皮肤烧伤急救

(1) 迅速移离现场，脱去污染的衣物，立即用大量流动清水冲洗 20～30 min。碱性物质污染后冲洗时间应延长，特别注意眼及其他特殊部位，如头面、手、会阴的冲洗，烧伤创面经水冲洗后，必要时进行合理的中和治疗，例如氢氟酸烧伤，经水冲洗后需及时用钙、镁的制剂局部中和治疗，必要时用葡萄糖酸钙动、静脉注射。

(2) 化学烧伤创面应彻底清创、剪去水疱、清除坏死组织。深度创面应立即或及早进行削（切）痂植皮及延迟植皮。例如黄磷烧伤后应及早切痂，防止磷吸收中毒。

(3) 对有些化学物烧伤，如氰化物、酚类、氯化钡、氢氟酸等在冲洗时应进行适当解毒急救处理。

(4) 化学烧伤合并休克时，冲洗从速、从简，积极进行抗休克治疗。

(5) 积极防治感染、合理使用抗生素。

1) 清创后，创面外搽1%磺胺嘧啶银霜剂（磺胺过敏者忌用）。

2) 伤后3天内选用青霉素，预防乙型链球菌感染。

3) 大面积深度烧伤、休克期病情不平稳或曾经长途转运或合并爆炸伤或创面严重感染、不易干燥、有出血点、创缘明显炎性浸润，伤后第二天即应调整抗生素，选择主要针对革兰氏阴性杆菌的抗生素如氨苄青霉素、氧哌嗪青霉素或第二、三代头孢菌素（头孢哌酮），必要时联合应用一种氨基糖苷类抗生素（链霉素、庆大霉素或丁胺卡那霉素等），并兼用抗阳性球菌的抗生素。若有继续使用抗生素的指征，根据药敏重新调整抗生素。

4) 植皮手术前创面培养分离到乙型溶血性链球菌，必须术前和术后全身应用大剂量青霉素。青霉素过敏者选用红霉素。

5) 烧伤后期引起败血症的病原菌主要是金黄色葡萄球菌，故应选择对金黄色葡萄球菌敏感的抗生素，但大多数对青霉素耐药，常用耐青霉素酶的青霉素如苯唑青霉素（P12）或头孢菌素（第一代如头孢氨苄、头孢唑啉、头孢噻吩），但仍不能忽视革兰氏阴性杆菌感染的可能性。

6) 关于重症感染中抗生素的应用，一般原则为一种β—内酰胺类抗生素（包括青霉素类和头孢菌素类）加一种氨基糖苷类（包括链霉素、庆大霉素、丁胺卡那霉素等）较为合适，具体用药方案应取决于致病菌种类和药敏试验。

二、常见物质化学性烧伤及其急救

1. 酸烧伤急救

酸烧伤大多由硫酸、硝酸、盐酸引起，此外，还有由铬酸、高氯酸、氯磺酸、磷酸等无机酸和乙酸、冰醋酸等有机酸引起。液态时引起皮肤烧伤，气态时吸入可造成呼吸道的吸入性损伤。烧伤的程度与皮肤接触酸的浓度、范围以及伤后是否及时用大量流动水冲洗有关。有机酸种类繁多，化学性质差异大，其致烧伤作用一般较无机酸弱。

(1) 酸烧伤症状

1) 酸烧伤引起的痂皮色泽不同，是因各种酸与皮肤蛋白形成不同的蛋白凝固产物所致，如硝酸烧伤为黄色、黄褐色；硫酸烧伤为深褐色、黑色；盐酸烧伤为淡白色或灰棕色。

2) 酸性化学物质与皮肤接触后，因细胞脱水、蛋白凝固而阻止残余酸向深层组织侵

犯，故病变常不侵犯深层（HF 例外），形成以Ⅱ度为主的痂膜，其痂皮不易溶解、脱落。

3）Ⅲ度酸烧伤的痂皮，其外观、色泽、硬度类似Ⅱ度焦痂。切痂前，应予以注意。但缺乏皮下组织的部位如手背、胫骨前、足背、足趾等处，较长时间接触强酸较易造成Ⅲ度烧伤。一般判断痂皮色浅、柔软者，烧伤较浅；痂皮色深、较韧如皮革样，脱水明显而内陷者，烧伤较深。

（2）酸烧伤的急救措施

1）迅速脱去或剪去污染的衣物，创面立即用大量流动清水冲洗，冲洗时间 20～30 min。硫酸烧伤强调用大量水快速冲洗，以便既能稀释酸，又能使热量随之消散。

2）中和治疗，冲洗后以 5%碳酸氢钠液湿敷，中和后再用水冲洗，以防止酸进一步渗入。

3）清创，去除水疱，以防酸液残留而继续作用。

4）创面一般采用暴露疗法或外涂 1%磺胺嘧啶银冷霜。

5）头、面部化学烧伤时要注意眼、呼吸道的情况，如发生眼烧伤，应首先彻底冲洗。如有酸雾吸入，注意化学性肺水肿的发生。

2. 硝酸烧伤急救措施

硝酸（HNO_3）属于酸性腐蚀品，硝酸纯品为无色透明的发烟液体，有酸味，溶于水，在醇中会分解，为强氧化剂，能使有机物氧化或硝化。它用途极广，主要用于有机合成、生产化肥、染料、炸药、火箭燃料、农药等，还常用作分析试剂、电镀、酸洗等作业。在工业生产活动中或意外泄漏的情况下，如果不注意防护、处置不当可引起皮肤或黏膜烧伤、腐蚀。同时，产生的氮氧化物气体可对呼吸系统造成严重损害。

硝酸经吸入、食入或经皮吸收，均可对人体造成损害。

皮肤组织接触硝酸液体后可对皮肤产生腐蚀作用。硝酸与局部组织的蛋白质结合形成黄蛋白酸，使局部组织变为黄色或橙黄色，后转为褐色或暗褐色，严重者形成烧伤、腐蚀、坏死、溃疡。硝酸蒸气中含有多种氮氧化物，如 NO、NO_2、N_2O_3、N_2O_4 和 N_2O_5 等，其中主要是 NO。人体吸入后，硝酸蒸气会缓慢地溶解于肺泡表面上的液体和肺泡的气体中，并逐渐与水作用，生成硝酸和亚硝酸，对肺组织产生剧烈的刺激和腐蚀作用，使肺泡和毛细血管通透性增加，而导致肺水肿。硝酸烧伤急救措施如下。

（1）皮肤或眼睛接触

硝酸有极度腐蚀性，可引起组织快速破坏，如果不迅速、充分处理，可引起严重刺激和炎症，出现严重的化学烧伤。稀硝酸可使上皮变硬，不产生明显的腐蚀作用。皮肤接触后应立即脱离现场，去除污染衣物，创面用大量流动清水冲洗 20～30 min，然后以 5%弱碱碳酸氢钠或 3%氢氧化钙浸泡或湿敷 1 h 左右，也可用 10%葡萄糖酸钙溶液冲洗，然后用硫酸镁浸泡 1 h，尽快就医。

眼睛接触后应立即脱离现场，翻开上下眼睑，用流动清水彻底冲洗并尽快就医。

(2) 食入

食入硝酸引起口腔、咽部、胸骨后和腹部剧烈灼热性疼痛。口唇、口腔和咽部可见烧伤、溃疡，吐出大量褐色物。严重者可发生食管、胃穿孔及腹膜炎、喉头痉挛、水肿、休克。食入后急救中可用牛奶、蛋清口服，禁止催吐、洗胃。

(3) 吸入

硝酸蒸气有极强烈刺激性，腐蚀上呼吸道和肺部，急性暴露可产生呼吸道刺激反应，引起肺损伤，降低肺功能。在接触时也可不出现反应，但是数小时后出现迟发症状，引起呛咳、咽喉刺激、喉头水肿、胸闷、气急、窒息，严重者经一定潜伏期（几小时至几十小时）后出现急性肺水肿表现。

急救中，救援人员必须佩戴空气呼吸器进入现场。如无呼吸器，可用小苏打（碳酸氢钠）稀溶液浸湿的毛巾掩口鼻短时间进入现场，快速将中毒者移至上风向空气清新处。注意保持中毒者呼吸通畅，如有假牙须摘除，必要时给予吸氧，雾化吸入舒喘灵气雾剂或 5% 碳酸氢钠加地塞米松雾化吸入。如果中毒者呼吸、心跳停止，立即进行心肺复苏；如果中毒者呼吸急促、脉搏细弱，应进行人工呼吸，给予吸氧，肌肉注射呼吸兴奋剂尼可刹米 0.5～1.0 g。

3. 硫酸烧伤急救措施

硫酸有强烈的腐蚀性和吸水性，遇水会发生高热而爆炸，与许多物质，特别是木屑、稻草、纸张等接触会有剧烈反应，放出高热，并可引起燃烧，遇到电石、高氯酸盐、硝酸盐、苦味酸盐、金属粉末及其他可燃物等能剧烈反应，发生爆炸或燃烧。

硫酸的最大消费者是化肥工业，用以制造磷酸、过磷酸钙和硫酸铵。在石油工业中，硫酸用于汽油、润滑油等产品的精炼，钢铁工业需用硫酸进行酸洗，以除去钢铁表面的氧化铁皮。所以从事这些行业的工人都有机会接触到硫酸，鉴于硫酸会对人体造成极大的伤害，这些工人上岗前必须具备一些关于硫酸急救的知识。

吸入硫酸气体时，首先应将硫酸污染来源移走或者将受害者移到有新鲜空气的地方。如果受害者觉得呼吸困难，最好在受过培训的人员帮助下，根据医生的建议吸入氧气。

切忌让受害者到处走动。肺水肿的症状可能会在意外发生后 48 h 之内出现，此时应立即将受害者送往急救部门。

皮肤表面接触到硫酸，应尽快用温水轻轻冲洗接触到硫酸的部位至少 20～30 min。如果伤者仍感到刺热疼痛，则要反复冲洗，冲洗过程不能中断。如果必要，让救护车在外等待，在用水冲洗的过程中，应将被硫酸污染过的衣物、鞋子和其他皮制品（如手表带、皮

带）除去扔掉。

眼睛接触到硫酸，要尽快用温水轻轻冲洗，接触到硫酸的眼睛至少冲洗 20～30 min，冲洗过程中要保持眼睑的打开。如果条件允许的话，应尽快用中性生理盐水冲洗。另外要特别注意的是，冲洗过程中，不要让冲洗眼睛的水溅到未被污染的眼睛或脸上。如果伤者仍感到刺热疼痛，则要反复冲洗，并尽快将伤者送到急救部门。

不小心吞下了硫酸，若伤者已经失去意识，不省人事或正在抽搐时，切忌往伤者嘴里送任何东西。用水彻底地冲洗伤者的口腔，但不要诱导伤者呕吐。让伤者喝下 240～300 mL 的水，用以稀释胃部的硫酸。如果有牛奶的话，可以在伤者喝水后让其喝下。如果呕吐自发性地发生，则要反复给伤者喝水，并且尽快将伤者送到急救部门。

4. 氢氟酸烧伤急救措施

氢氟酸是一种无机酸，具有强腐蚀性，它可以引起特殊的生物性损伤。作为一种清洗剂，已被广泛应用于高级辛烷燃烧、制冷剂、半导体制造以及玻璃磨砂和石刻等工业领域。在国外，有些家庭也用此作为除锈剂。因此，在工业化城市急诊室或职业病治疗中心，经常可见到应用氢氟酸而引起的损伤。

氢氟酸由氯化氢与高品位氟矿石反应产生的氟化氢气体冷却液化而成，40%～48%的氢氟酸溶液即可产生烟雾，它是一种高溶解性的溶质，其渗透系数与水相近。通过氟化氢分子扩散可实现氟离子的跨膜转运，主要出现低钙、高钾和低钠血症。氢氟酸烧伤急救措施如下。

（1）早期处理

烧伤后应立即脱去污染的衣物，并应用大量清水彻底冲洗烧伤创面。

（2）钙剂的外用

将钙剂直接涂于创面，进行创面湿敷等方法，临床应用的结果表明疗效是令人满意的。

（3）糖皮质激素的应用

糖皮质激素可配入外用药应用，对于眼部烧伤或深度烧伤的伤员可以口服。

（4）手术治疗

深度氢氟酸烧伤的伤员，手术治疗是根本性的治疗措施。

（5）眼部损伤的治疗

眼部损伤应用大量清水冲洗后，可继续用 1%葡萄糖酸钙及可的松眼药水滴眼，并口服倍他米松类药物，并根据情况进行眼科的专科治疗。

（6）吸入性损伤的治疗

氢氟酸浓度在 40%时即可产生烟雾。因此，接触高浓度氢氟酸的人若无安全保护措施，可能导致吸入性损伤。对于有吸入性损伤的患者应立即通过面罩或鼻导管输给纯氧、雾化溶液。密切注意水肿引起的上呼吸道梗阻。

(7) 对重症伤员的救治

对重症伤员除进行上述治疗外，还应进行积极的综合治疗。重症患者或伴有吸入性损伤者应进行重症监护，进行心电图和血钙浓度的连续监测，以积极防治低钙血症，必要时通过静脉途径补充钙离子，使血钙浓度维持在正常范围。

5. 石炭酸烧伤急救

石炭酸是医学、农业和塑料工业中常用的化学试剂，石炭酸（苯酚）烧伤也时有发生。石炭酸溶于酒精、甘油、植物油和脂肪，在100 g水中可溶解9.3 g。

石炭酸从皮肤或胃肠道黏膜吸收，局部的吸收率与接触面积和时间成正比。石炭酸蒸气可很快从肺部吸收，其吸收率与蒸气的浓度和呼吸的频率有关。浓石炭酸可产生较厚的凝固坏死层，形成无血管屏障，这可以阻止石炭酸的进一步吸收。石炭酸吸入血液后，会影响中枢神经系统、肝、肾、心、肺和红细胞的功能。

(1) 石炭酸烧伤症状

1）局部表现。10%的石炭酸溶液可使皮肤呈白色或棕色，浓度越高坏死越严重。经常接触石炭酸复合物的工人，由于皮肤的色素细胞受损，往往发生皮肤白斑，停止接触后白斑仍会进行性发展，局部皮肤可失去痛觉。

2）全身表现。中枢神经系统开始兴奋，各种反应亢进，震颤、抽搐和肌痉挛。痉挛发生频繁，最后转入抑制，常因呼吸衰竭而死亡。周围神经系统主要表现神经纤维末梢的破坏，痛觉、触觉和温觉丧失。

(2) 急救措施

在烧伤现场立即用大量水冲洗，若备有50%聚乙烯二醇、丙烯乙二醇、甘油、植物油或肥皂，可在水中冲洗后，选用擦拭创面，阻止其扩散。

6. 铬酸烧伤急救

铬酸及铬酸盐用途较广，在工业上用于制革、塑料、橡胶、纺织、印染和电镀等。铬酸腐蚀性和毒性大，可以合并铬中毒，大面积烧伤死亡率也很高。金属铬本身无毒。铬酸、铬酸盐及重铬酸盐1～2 g即可引起深部腐蚀烧伤，烧伤可达骨骼，6 g即为致死量。

铬酸烧伤表现往往同时合并火焰或热烧伤，如不注意往往被忽略。烧伤后皮肤表面为黄色。由于铬酸腐蚀作用，早期症状是创面疼痛难忍，不同于一般深度烧伤。当发现有溃疡时，则已很深。溃疡口小，内腔大，可深及肌肉及骨骼，愈合很慢。口鼻黏膜也可形成溃疡、出血或鼻中隔穿孔。

铬离子可以从创面吸收引起全身中毒，即使中小面积亦可造成死亡。常表现有头昏、烦躁不安等精神症状，继而发生神志不清和昏迷，往往同时伴有呼吸困难和发绀。损害肾脏，对胃黏膜有强烈的刺激作用，可出现频繁的恶心、呕吐、吞咽困难、溃疡和出血。铬酸烧伤急救措施如下。

（1）局部处理

局部先用大量清水冲洗。口鼻腔可用2%碳酸氢钠溶液漱洗。创面水泡应剪破，继而用5%硫代硫酸钠液冲洗或湿敷，亦可用1%磷酸钠或硫酸钠溶液湿敷。

对于小面积的铬酸烧伤，应用上述方法均可奏效。Ⅲ度铬烧伤伴有热烧伤时，可以早期切除焦痂，但对大面积者，效果不肯定，仍可因中毒而死亡。

（2）中毒的防治

目前尚无特殊全身应用的解毒剂，早期可应用甘露醇、依地酸钙钠、二硫基丙醇和维生素C等方法。

7. 碱烧伤急救

常见碱烧伤为苛性碱（氢氧化钾、氢氧化钠）、石灰和氨水烧伤。氢氧化钠为白色不透明固体，易溶于水，由于与水化合形成水合物，故产生大量热。氢氧化钾是白色半透明晶体，也易溶于水。两者均有较强的吸水性。生石灰即氧化钙，具有强烈的吸水性，与水化合生成氢氧化钙（熟石灰），并放出大量的热。氨气为无色、有刺激臭味的气体，易溶于水，形成氢氧化铵，即氨水。

（1）碱烧伤症状

1）碱性化学物质与皮肤接触后使局部细胞脱水，皂化脂肪组织向深层组织侵犯。有时皮肤表现为湿润油腻状，甚至皮纹、毛发均存在，而损伤已超过皮肤全层，故烧伤初期对深度往往估计不足。碱烧伤造成的损害比酸烧伤严重。

2）苛性碱烧伤深度，通常都在深Ⅱ度以上，刺痛剧烈，溶解性坏死使创面继续加深、焦痂黏滑而软。感染后易并发创面脓毒症。苛性碱蒸气对眼和上呼吸道刺激强烈，可引起眼和上呼吸道烧伤。

（2）碱烧伤急救措施

1）立即用大量流动水持续冲洗20～30 min，甚至更长时间。苛性碱烧伤后要求冲洗至创面无滑腻感。在用流动水冲洗前，避免使用中和剂，以免产生中和热，加重烧伤。冲洗后亦可用弱酸（3%硼酸）中和液，但用中和液后，必须再用清水冲洗。

2）碱烧伤后，需要适当静脉补液。

3）早期削痂、切痂植皮。

4）注意全身状况，以及口、鼻、咽喉等呼吸道烧伤情况，明确有无吸入史。注意观察病情，及时进行相应处理。

8. 磷烧伤急救

磷在工业上用途甚为广泛，如制造染料、火药、火柴、农药杀虫剂和制药等。因此，在化学烧伤中，磷烧伤仅次于酸、碱烧伤，居第三位。

磷烧伤后可由创面和黏膜吸收，引起肝、肾等主要脏器损害，导致死亡。无机磷的致伤原因，在局部是热和酸的复合伤。也可因磷蒸气经呼吸道黏膜吸收，引起中毒。主要受损的脏器为心、肺、肝和肾，以肝、肾的损害最为严重。磷也可以从黏膜（呼吸道或消化道）吸收中毒，内脏的病理变化与经创面吸收后的变化相似，唯脂肪肝较明显。

磷烧伤局部表现是热及化学物质的复合烧伤，同时，早期经硫酸铜处理的Ⅲ度磷烧伤经过包扎治疗后，刚揭除敷料时创面为白色，暴露后呈蓝黑色，3 天后则完全变为焦黑色。磷烧伤的主要临床表现为头痛、头晕和全身乏力；呼吸系统症状、心率慢或心律不齐和神经系统表现。

五氧化二磷或三氯化磷对呼吸道黏膜有强烈的刺激性，磷化氢中毒时，亦可使气管、支气管、肺、肝和肾脏充血或水肿。

由于磷及其化合物可从创面或黏膜吸收，引起全身中毒，故不论磷烧伤的面积大小，都应十分重视。磷烧伤急救措施如下。

(1) 现场抢救

应立即扑灭火焰，脱去污染的衣服，用大量清水冲洗创面及其周围的正常皮肤。冲洗水量应足够大，若仅用少量清水冲洗，不仅不能使磷和其化合物冲掉，反而使之向四周溢散，扩大烧伤面积。

在现场缺水的情况下，应用浸透的湿布（或尿）包扎或掩覆创面，以隔绝磷与空气接触，防止其继续燃烧。转送途中切勿让创面暴露于空气中，以免复燃。

(2) 创面处理

清创前，将伤部浸入冷水中，持续浸浴，浸浴最好是流动水。

1）进一步清创可用1％～2％硫酸铜溶液清洗创面。若创面已不再发生白烟，表示硫酸铜的用量与时间已够，应停止使用。因为硫酸铜可以从创面被吸收，大量应用后可发生中毒，尤其是用高浓度溶液更易发生。硫酸铜的作用是与表层的磷结合成为不能继续燃烧的磷化铜，以减少对组织的继续破坏。同时磷化铜为黑色，便于清创时识别。但对已经侵入组织中的磷及其化合物，硫酸铜并无作用。

2）清除的磷应妥善处理，不乱扔，以免造成工作人员、物品的损伤，甚至火灾。

3）磷颗粒清除后，再用大量生理盐水或清水冲洗，清除残余的硫酸铜溶液和磷燃烧的化合物，然后用5％碳酸氢钠溶液湿敷，中和磷酸，以减少其继续对深部组织的损害。

4）创面清洗干净后，一般应用包扎疗法，以免暴露时残余磷与空气接触燃烧。包扎的内层禁用任何油质药物或纱布，避免磷溶解在油质中被吸收。如果必须应用暴露疗法时，可先用浸透5%碳酸氢钠溶液的纱布覆盖创面，24 h后再暴露。

5）为了减少磷及磷化合物的吸收及防止其向深层破坏，对深度磷烧伤，应争取早期切痂。

（3）全身治疗

对无机磷中毒的治疗，目前尚无有效的解毒剂，主要是促进磷的排出和保护各重要脏器的功能。

9. 镁烧伤急救

镁是一种软金属，燃烧时温度可高达1 982℃，在空气中能自燃，熔点是651℃。液态镁在流动过程中可以引起其他物质的燃烧。与皮肤接触时，可引起燃烧，镁是目前金属燃烧弹中常用的元素之一。

镁与皮肤接触后使皮肤形成溃疡，开始较小，而溃疡的深层往往呈不规则形状，镁烧伤发展的快慢和镁的颗粒大小有关。若向四周发展较慢，亦有可能向深部发展。镁被吸入或被吸收后，伤员除有呼吸道刺激症状外，可能有恶心、呕吐、寒战或高热等症状。

镁烧伤的急救处理同一般化学烧伤。由于镁的损伤作用可向皮肤四周扩大，因此对已形成的溃疡，可在局部麻醉下将其表层用刮匙搔刮，如此可将大部分的镁移除。若侵蚀已向深部发展，必须将受伤组织全部切除，然后植皮或延期缝合。如有全身中毒症状，可用10%葡萄糖酸钙20～40 mL静脉注射，每日3～4次。

10. 沥青烧伤急救

沥青在常温下为固体，当加温到232℃以上时呈液态，飞溅到人体表面会造成损伤。但它遇到冷空气后，温度可下降到93～104℃。

沥青中含有苯、萘、蒽、吡啶、咔唑及苯并芘等毒性物质。煤焦油沥青是目前工业上常用的沥青，其毒性最大，它是煤炭干馏所产生的煤焦油，经提炼后残存的物质，俗称柏油。当人吸入沥青蒸气或粉尘可导致上呼吸道炎症或化学性肺炎，甚至沥青全身中毒。

（1）沥青烧伤症状

1）局部创面。由于沥青黏着性强，高温熔化的沥青黏着皮肤后，不易除去，若温度高且散热慢，往往形成深Ⅱ度或Ⅲ度烧伤；若温度已较低，则在沥青黏着中心部位为浅Ⅱ度或深Ⅱ度烧伤，部分创面染有沥青，经溶剂清除后，往往只表现为Ⅰ度烧伤。

沥青的操作工人，由于暴露部位的皮肤和黏膜长时间与沥青烟雾或尘埃接触，可形成急性皮炎或浅Ⅱ度烧伤。有时尚有视物模糊、流泪、胀痛等眼结膜炎表现。

2）全身中毒。发生大面积沥青烧伤者，可出现头痛、眩晕、耳鸣、乏力、心悸、失眠或嗜睡、胸闷、咳嗽、腹痛、腹泻或便血、尿少、精神异常等，甚者可昏迷、死亡，常伴有体温升高。上述许多症状类似苯中毒，急性肾衰竭往往是伤员死亡的主要原因。

(2) 急救措施

1）创面处理。在现场，立即用冷水冲洗降温。烧伤面积较大者，在休克复苏稳定后应及早清除创面沥青，以便阻止毒物吸收并早日诊断烧伤创面深度，利于治疗。清除溶剂有松节油、汽油等。大面积创面宜用松节油擦洗等方法。

2）刺激性皮炎和黏膜处理。停止接触沥青和阳光曝晒，避免用对光敏感的药物如磺胺、氯丙嗪（冬眠灵）、异丙嗪（非那根）等。皮肤局部禁用红药水和紫药水。眼结膜炎用生理盐水冲洗，可用0.25%金霉素眼液或金霉素眼膏。

3）全身治疗。有全身中毒症状者，静脉注射葡萄糖酸钙和大剂量维生素C、硫代硫酸钠等。注意维护肝、肾功能。

第五节　本章习题集

一、填空题

1. 职业性有害因素按照其来源可以分为________的有害因素、________的有害因素和________的有害因素三大类。

2. 铅的毒性的强弱与铅化合物在体内的________，________、________及________等有关。

3. 汞在体内可诱发生成________，这是一种低分子富含巯基的蛋白质，主要蓄积在________，可能对汞在体内的解毒和蓄积及保护肾脏起到一定的作用。

4. 水溶性小的刺激性气体，如氮氧化物、光气等的刺激作用较小，但可引起严重的________。

5. 以气体形式侵入机体直接影响氧的________、________、________和________，造成机体缺氧的化学性毒物，称为窒息性气体。

6. 有机溶剂多具有挥发性，其挥发性的大小，决定其在生产环境空气中的浓度。挥发性越大，其________。

7. 苯的氨基、硝基化合物的毒性作用有许多共同之处，大多数可引起________、________。

8. 生产环境的气象条件主要指空气的温度、湿度、风速和热辐射。生产环境中的气温除取决于大气温度外，还受________、________和________等影响。

9. 按照来源，噪声可分为________、________和________。

10. 根据振动作用于人体的部位和传导方式，可将生产性振动分为________和________。

11. 职业中毒可分为________、________和________三种临床类型。

12. 电烧伤时首先要用木棒等绝缘物或橡胶手套切断电源，立即进行急救维持病人的呼吸和循环，对出现呼吸和心跳停止者，应立即进行________和________，不要轻易放弃。

13. ________往往因先兆中暑未得到及时救治发展而来，除有先兆中暑的症状外，还可同时出现体温升高（通常大于38℃），________，________。

14. 低温引起人体的损伤为冷冻伤，分为________和________。

15. 高山与高原是指海拔在3 000 m以上的地点，海拔越高，________越低。

16. 低气压对人体的影响，主要是人体对缺氧的适应性及其影响，特别是________受到的影响更为明显。

17. 在高原地区，大气中氧气随高度的增加而减少，直接影响肺泡________、________和________的速度，使机体供氧不足，产生缺氧。

18. ________是在高气压下工作一定时间后，转向正常压力时，因减压过速、降压幅度过大所引起的一种疾病。此时人体的组织和血管中产生气泡，导致________和________。

19. 慢性高原反应有五种类型，主要见于较长期生活于高原的人，分别是：________、________、________、________和________。

20. 被毒蛇咬伤以后，立即用止血带或其他替代物（撕下衣服或其他带子），在下肢或上肢伤口的________5 cm处用力勒紧，阻止静脉血和淋巴液回流，防止毒液继续在体内扩散。

21. 打雷时正负电位差可达________甚至________伏，遭遇雷击时的电压足以致人死亡。

22. 要认定人员是否中毒并快速判断中毒物质，通常我们可以从病人________或________或________来作出判断。

23. 吸入毒物的急救应立即将病人救离中毒现场，搬至空气新鲜的地方，解开衣领，以保持呼吸道的通畅，同时可吸入________。病人昏迷时，如有假牙要取出，将舌头________。

24. 最常见的________可大致分为酸类和成酸化合物，氨和胺类化合物，卤素及卤素化合物，金属或类金属化合物，酯、醛、酮、醚等有机化合物，化学武器和其他一些相关物质。

25. 刺激性气体中毒主要存在三种中毒症状，分别是________、________和________。

26. 氯气主要由呼吸道吸入，作用于________、________和________。其损害作用主要由氯化氢和次氯酸所致，尤其后者可透过细胞膜破坏其完整性、通透性及肺泡壁的气—血、气—液屏障，使大量浆液渗透至组织，重者形成________。还可直接作用于心肌，特别是心脏传导系统。

27. 吸入氯气在发生严重肺水肿或急性呼吸窘迫综合征时，可给予鼻、面罩持续________或________疗法。

28. 氨为无色气体，具有________刺激性气味，对皮肤黏膜和呼吸道有刺激和腐蚀作用，引起急性呼吸系统损害，常伴有眼和皮肤烧伤。空气中氨气质量浓度达 500～700 mg/m^3 时，可发生呼吸道严重中毒症状；如达到 3 500～7 500 mg/m^3 时，可出现________。

29. 二氧化硫（SO_2）又名亚硫酸酐，为无色气体，有刺激性气味，溶于水，在眼、鼻及上呼吸道黏膜处水解成________，对局部有强烈的刺激作用。大量吸入可引起________。

30. 液体二氧化硫溅入眼内，必须迅速以大量________或________冲洗，再滴入地塞米松和抗生素液，或涂以可的松、金霉素眼膏。

31. 皮肤接触氯化氢时，脱去污染的衣服，立即用大量清水彻底冲洗，烧伤处用 5%________洗涤，然后处理创面方法同烧伤相同。溅入眼内，立即以大量温水冲洗，然后以 2%________或________冲洗，最后用可的松眼液滴眼。创面较大时，需用抗生素预防感染。

32. 缺氧是________的共同致病环节，故缺氧症状是各种________的共有表现。

33. 吸入一氧化碳中度中毒人员，口唇、指甲、皮肤黏膜出现________色，多汗，血压________，心率加速，心律失常，烦躁，一时性感觉和运动分离。

34. 吸入的硫化氢进入血液分布至全身，与细胞内线粒体中的细胞色素________结合，使其失去________的能力，造成细胞缺氧，这与氰化物中毒有相似之处。

35. 汞及其化合物引起的中毒，主要是从呼吸道吸入大量的金属汞蒸气或汞化合物________与________，通过肺泡膜后溶于________，或与血液中血浆蛋白或血红蛋白结合，干扰细胞的正常代谢，造成细胞损害，可引起中毒。

36. 急性铅中毒是在患者服含铅化合物后，即有恶心呕吐、腹胀、腹绞痛和血压升高等症状，少数患者发生________和________。

37. 皮肤接触六价铬化合物溶液，可造成皮肤烧伤，表现为红斑、水泡、焦痂，有时呈现边缘隆起中央凹陷的溃疡，称为________。

38. 对酒精中毒清醒患者可用________，昏睡或昏迷者应用 1%碳酸氢钠或 0.5%活性炭混悬液插胃管洗胃，并可于胃管内注入________。

39. 汽油液体吸入呼吸道后，可出现剧烈咳嗽、胸痛、发热、呼吸困难、发绀，也可有________痰。肺部可闻呼吸音粗糙或干、湿啰音，胸部 X 光片可见片状或致密团块阴影，少数可有________。

40. 对发生食物中毒的现场，应________一切可疑的中毒食物，对细菌毒素或真菌食物中毒、化学性食物中毒以及不明原因的食物中毒，所剩食物均应________或________。

41. 安眠药中毒明显，可请就近诊所静脉输入葡萄糖液（浓度10%），再立即送入医院。输入葡萄糖液，可能有助于重症中毒者的________，对中毒尚轻的，能________。

42. 酸、碱等化学物质溅入眼部引起损伤，其程度和愈后取决于化学物质的________、________、________，以及化学物质与眼部________。

43. 发生眼部化学性烧伤，应立即________。现场可用自来水冲洗，冲洗时间要充分，半小时左右。如无水龙头，可把头浸入盛有清洁水的盆内，用手把________翻开，眼球在水中轻轻左右摆动冲洗，然后再送医院治疗。

44. 酸烧伤引起的痂皮色泽不同，是因各种酸与皮肤蛋白形成不同的蛋白凝固产物所致，如硝酸烧伤为________；硫酸烧伤为________；盐酸烧伤为________。

45. 人体吸入后，硝酸蒸气会缓慢地溶解于肺泡表面上的液体和肺泡的气体中，并逐渐与水作用，生成________和________，对肺组织产生剧烈的刺激和腐蚀作用，使肺泡和毛细血管通透性增加，而导致________。

46. 硝酸蒸气中毒急救中，救援人员必须佩戴________进入现场。如无呼吸器，可用________掩口鼻短时间进入现场，快速将中毒者移至上风向空气清新处。

47. ________可配入外用药应用，对于眼部氢氟酸烧伤或深度烧伤的伤员可以口服。

48. 石炭酸从皮肤或胃肠道黏膜吸收，局部的吸收率与________成正比。

49. 铬离子可以从创面吸收引起________，即使中小面积亦可造成死亡。常表现有头昏、烦躁不安等精神症状，继而发生神志不清和昏迷，往往同时伴有________和________。

50. 碱烧伤急救时，在用流动水冲洗前，避免________，以免产生中和热，加重烧伤。

二、单项选择题

1. 以下生产工艺过程中产生的有害因素中，属于化学因素的是________。

A. 高气压、低气压　　B. 电离辐射

C. 传染性病原体　　D. 生产性粉尘

2. 以下不属于生产环境中有害因素的是________。

A. 自然环境中的因素，如炎热季节的太阳辐射

B. 不合理生产过程所引起的环境污染

C. 劳动组织和制度不合理，劳动作息制度不合理等

D. 厂房建筑或布局不合理，如将有毒与无毒的工段安排在同一车间里

3. 铅的毒性的强弱与铅化合物在体内的溶解度，铅烟尘颗粒大小、中毒途径及铅化合物的形态等有关。生产活动中，铅化合物主要经过________进入人体。

A. 皮肤　　B. 血液　　C. 呼吸　　D. 接触

4. 汞及其化合物可分布到全身的很多组织，最初集中在________。

A. 肝脏　　B. 肾脏　　C. 肺部　　D. 胰腺

5. 一氧化碳（CO）为无色、无味、无臭、无刺激性气体。几乎不溶于水，易溶于氨水，易燃、易爆，在空气中爆炸极限为________。

A. 12.5%以下　　B. 12.5%～74%　　C. 74%以上　　D. 各种浓度

6. 以下对卤代烃对肝脏的毒性排列正确的是________。

A. 四氯化碳>氯仿>二氯乙烷>氯甲烷>甲烷

B. 二氯乙烷>氯甲烷>四氯化碳>氯仿>甲烷

C. 四氯化碳>二氯乙烷>氯仿>氯甲烷>甲烷

D. 氯仿>四氯化碳>二氯乙烷>氯甲烷>甲烷

7. ________中毒表现为病人状态兴奋，乱跑或震颤，然后发生剧烈的全身抽搐，吸入时间稍久会进入麻醉状态，出现剧烈、持久、阵发性痉挛，最后因呼吸中枢麻痹而死亡。

A. 铅　　B. 汞　　C. 苯　　D. 四氯化碳

8. 高分子化合物生产中的毒物主要来自________。

A. 生产基本化工原料、单体过程中产生的毒物

B. 生产中的助剂

C. 树脂、氟塑料在加工、受热时产生的毒物

D. 以上所有情况

9. 以下属于有机粉尘的是________。

A. 矿物性粉尘　　B. 玻璃纤维　　C. 合成树脂　　D. 混合性粉尘

10. 高气湿主要由于水分蒸发和释放蒸汽所致，一般指相对湿度在________以上。

A. 50%　　B. 60%　　C. 70%　　D. 80%

11. 铅、锰、镉等金属毒物在作业环境中，一般会导致________。

A. 急性中毒　　B. 亚急性中毒　　C. 慢性中毒　　D. 特急性中毒

12. 急性苯中毒主要影响________系统。

A. 消化　　B. 中枢神经　　C. 呼吸　　D. 生殖

13. 接触砷、煤焦油等常会引起________。

A. 职业性痤疮　　B. 皮肤黑变病

C. 职业性皮肤溃疡　　D. 皮肤肿瘤

14. 如热液烫伤，去除致伤因素后，创面应用冷水冲洗，冷疗需在伤后________h内进

行，否则无效。

A. 0.5　　B. 1　　C. 1.5　　D. 2

15. ________病人经积极处理后，病情很快会好转，一般不造成严重后果。

A. 先兆中暑　　B. 轻度中暑　　C. 中度中暑　　D. 重度中暑

16. 局部冻伤分为四度，以下属于Ⅳ度冻伤的是________。

A. 局部红肿，有发热，有痒、刺痛感。数天后干痂脱落而愈，不留疤痕

B. 局部红肿明显，有水疱形成，感觉疼痛，若无感染，局部结痂愈合，很少有疤痕

C. 创面由苍白变为黑褐色，周围有红肿、疼痛，有血性水疱。若无感染，坏死组织干燥成痂，愈合后留有疤痕，恢复慢

D. 伤及肌肉、骨等组织，治愈后留有功能障碍或致残

17. 潜水员每下沉________ m，所受的压力会增加一个标准大气压，称附加压。

A. 10　　B. 20　　C. 30　　D. 40

18. 被毒蛇咬伤以后，立即用止血带或其他替代物（撕下衣服或其他带子），在下肢或上肢伤口的近心端________ cm 处用力勒紧，阻止静脉血和淋巴液回流，防止毒液继续在体内扩散。

A. 3　　B. 4　　C. 5　　D. 6

19. 电击伤俗称触电，是由于电流或电能（静电）通过人体，造成机体损伤或功能障碍，甚至死亡。一般地说，接触________ 的电压可致心脏和呼吸中枢同时麻痹。

A. 220 V 以下　　B. 220～1 000 V　　C. 1 000 V 以上　　D. 无论多大电压

20. 要认定人员是否中毒并快速判断中毒物质，通常我们可以从病人呼出的气味或吐出物质发出的味道或其他体征来作出判断。呼气有香蕉味可判断为________中毒。

A. 丙酮、三氯甲烷（氯仿）、指甲油去除剂

B. 乙醇（酒精）及其他醇类化合物

C. 氯乙酰乙酯

D. 乙酸乙酯、乙酸异戊酯等

21. 刺激性气体中毒主要出现________中毒症状。

A. 化学性（或称中毒性）呼吸道炎　　B. 化学性（中毒性）肺炎

C. 化学性（中毒性）肺水肿　　D. 以上三种

22. 空气中氨气质量浓度达 500～700 mg/m^3 时，可发生呼吸道严重中毒症状。如达到 3 500～7 500 mg/m^3 时，可出现________。

A. 急性呼吸道损伤　　B. “闪电式”死亡

C. 上呼吸道刺激症状　　D. 肺水肿

23. 氯化氢溅入眼内，立即以大量温水冲洗，然后以________%碳酸氢钠或生理盐水冲洗，最后用可的松眼液滴眼。

A. 1　　B. 2　　C. 3　　D. 4

24. 窒息性气体中毒是最常见的急性中毒，根据窒息性气体毒作用的不同，可将其大致分为三类。其中，单纯窒息性气体的是________。

A. 甲烷　　B. 一氧化碳

C. 苯的硝基或氨基化合物蒸气　　D. 硫化氢

25. 以下硫化氢中毒症状中，属于中度中毒的是________。

A. 有眼刺痛、畏光、流泪、流涕、咽喉部烧灼感等症状

B. 有眼刺痛、畏光、流泪、眼睑浮肿、眼结膜充血、水肿，角膜上皮混浊等急性角膜、结膜炎表现

C. 有明显的头痛、头晕并出现轻度意识障碍

D. 表现为昏迷、肺泡性肺水肿、心肌炎、呼吸循环衰竭或猝死

26. 除金属铬外，铬化合物都有毒性，以________铬化合物毒性较大。

A. 四价　　B. 五价　　C. 六价　　D. 七价

27. 人体饮入的酒精80%由________和空肠吸收。

A. 胃　　B. 小肠　　C. 大肠　　D. 十二指肠

28. 酸烧伤引起的痂皮色泽不同，是因各种酸与皮肤蛋白形成不同的蛋白凝固产物所致，如硝酸烧伤为________。

A. 红色　　B. 橙色　　C. 黄色　　D. 绿色

29. 经常接触石炭酸复合物的工人，由于皮肤的色素细胞受损，往往发生皮肤白斑，停止接触后白斑仍会进行性发展，局部皮肤可________。

A. 失去痛觉　　B. 溃烂　　C. 十分敏感　　D. 脱落

30. 苛性碱烧伤深度，通常都在________度以上，刺痛剧烈，溶解性坏死使创面继续加深、焦痂软。

A. 深Ⅰ　　B. 深Ⅱ　　C. 深Ⅲ　　D. 深Ⅳ

三、判断题

1. 长时间处于不良体位、使用不合理的工具等，属于生产环境中的有害因素。（　）

2. 铅由消化道吸收较为迅速，吸入的氧化铅烟中约有40%吸收入血循环，其余由消化道排出。铅尘的吸收取决于颗粒大小和溶解度。（　）

3. 金属汞、汞盐、有机汞都易被消化道吸收。（　）

4. 通常，刺激性气体以局部损伤为主，严重刺激作用条件下可产生全身反应，例如头晕、头痛、乏力。（　）

5. 氯是一种刺激性气体，低浓度可侵犯眼睛和上呼吸道，对局部黏膜有烧灼和刺激作用。高浓度接触过长，可引起支气管痉挛，呼吸道损伤甚至肺水肿。（　）

6. 几乎各种类型的工业都会接触到有机溶剂。有机溶剂多具有挥发性，挥发性越大，其致毒危险度越小。（　）

7. 若在混合气体中加入惰性气体（如氮、二氧化碳、水蒸气、氩等），随着惰性气体含量的增加，爆炸极限范围缩小。（　）

8. 苯中毒表现为病人状态兴奋，乱跑或震颤，然后发生剧烈的全身抽搐，吸入时间稍久会进入麻醉状态，出现剧烈、持久、阵发性痉挛，最后因呼吸中枢麻痹而死亡。（　）

9. 根据化学成分的不同，粉尘对人体可有致纤维化、刺激、中毒和致敏作用。同一种粉尘，作业环境空气中浓度越高，暴露时间越长，对人体危害越严重。（　）

10. 各种工业毒物的毒性作用特点不同。有些毒物在作业环境中，难以达到引起急性中毒的浓度，一般只有慢性中毒，如铅、锰、镉等金属毒物；有些毒物的毒性大，且易散发到车间空气中或污染作业人员的皮肤，往往引起急性中毒，如氯气、二氧化硫、二氧化氮、苯等。（　）

11. 热力烧伤一般包括热水、热液蒸气，火焰和热固体以及辐射所造成的烧伤，急救措施也多种多样，最常见的是在创面上涂抹牙膏、酱油、香油等。（　）

12. 中暑患者急救时，应将其头部捂上冷毛巾，可用50%酒精、白酒、冰水或冷水进行全身擦拭，然后用电扇吹风，加速散热，有条件的也可用降温毯给予降温，最好快速降低患者体温。（　）

13. 在高原低氧环境下，人体为保持正常活动和进行作业，首先发生功能的适应性变化，逐渐过渡到稳定的适应，需1～3个月。（　）

14. 急性减压病大多在数小时内发病，减压越快症状出现越早，病理变化也越重。（　）

15. 高原心脏病多发生在3 000 m以上处，红细胞、血红蛋白随海拔增高而递增，伴有紫绀、头痛、呼吸困难及全身乏力等。（　）

16. 被毒蛇咬伤以后，立即用止血带或其他替代物（撕下衣服或其他带子），在下肢或上肢伤口的近心端5 cm处用力勒紧，阻止静脉血和淋巴液回流，防止毒液继续在体内扩散。也可用火柴烧伤口，破坏蛇毒毒素，然后捆扎止血带。（　）

17. 狂犬病毒主要侵犯人的神经。一旦侵犯了神经，短期内都会死亡。（　）

18. 蜈蚣毒液是碱性的，可以用酸性液体来中和。（　）

19. 触电患者急救在确认心跳停止时，应一边人工呼吸和胸外心脏挤压一边使用强

心剂。 （ ）

20. 要认定人员是否中毒并快速判断中毒物质，通常我们可以从病人呼出的气味或吐出物质发出的味道或其他体征来作出判断。其中，皮肤黏膜呈樱桃红色可判断为亚硝酸盐、氮氧化合物等中毒。 （ ）

21. 刺激性气体主要毒性在于它们对呼吸系统的刺激及损伤作用，这是因为它们可在黏膜表面形成具有强烈腐蚀作用的物质，如酸类物质或成酸化合物、氨或胺类化合物、醋类、光气等。 （ ）

22. 肺水肿是吸入刺激性气体后最严重的表现，如吸入高浓度刺激性气体可在短期内迅速出现严重的肺水肿，但一般情况下，化学性肺水肿多由化学性呼吸道炎乃至化学性肺炎演变而来，如积极采取措施，减轻乃至防止肺水肿的发生，对改善预后有重要意义。

（ ）

23. 氯气主要由呼吸道吸入，作用于支气管、细支气管和肺泡。其损害作用主要由氯化氢和次氯酸所致，尤其后者可透过细胞膜破坏其完整性、通透性及肺泡壁的气—血、气—液屏障，使大量浆液渗透至组织，重者形成肺水肿。 （ ）

24. 吸入极高浓度的氯时，可致喉头痉挛窒息死亡或陷入昏迷；出现脑水肿或中毒性休克，甚至心搏骤停而电击式死亡。 （ ）

25. 氨腐蚀性强，呼吸道黏膜受损较重，病情反复。对由气道黏膜脱落引起的窒息或自发性气胸，应做好应急处理的准备，如环甲膜穿刺或气管切开及胸腔穿刺排气等。 （ ）

26. 急性二氧化硫中毒后，应用大量清水冲洗皮肤或用10％碳酸氢钠溶液冲洗眼和漱口，以中和亚硫酸及硫酸。 （ ）

27. 误服氯化氢中毒时应立即洗胃或催吐。 （ ）

28. 血液窒息性气体的毒性在于它们能明显降低血红蛋白对氧气的化学结合能力，从而造成组织供氧障碍。常见的血液窒息性气体有氰化氢和硫化氢。 （ ）

29. 吸入一氧化碳中度中毒，经及时抢救，可较快清醒，一般无并发症和后遗症。

（ ）

30. 对一氧化碳中毒患者要加强现场抢救，心脏停搏、呼吸骤停者应立即进行人工呼吸。严重中毒者应将患者送往有高压氧舱设备的医院进行治疗。 （ ）

31. 硫化氢是窒息性气体。高浓度（1 000 mg/m^3 以上）硫化氢，主要通过对嗅神经、呼吸道及颈动脉窦和主动脉体的化学感受器的直接刺激，传入中枢神经系统，先是兴奋，迅即转入抑制，发生呼吸麻痹，以至于“电击样中毒”。 （ ）

32. 硫化氢中毒呼吸抑制者给予呼吸兴奋剂，心跳及呼吸停止者，应立即施行口对口人工呼吸和体外心脏按压术，直至送到医院。 （ ）

33. 急性汞毒性皮肤损害见于皮肤直接接触汞及其化合物的病人，接触处出现丘疹样或

斑片状红肿。（　　）

34. 急性无机铅中毒大多系口服可溶性铅无机化合物和含铅药物，如黑锡丹、樟丹等引起。慢性铅中毒多见于长期吸入铅烟、铅尘的工人。（　　）

35. 铬及其化合物经口中毒者应立即用温水、1%亚硫酸钠或硫代硫酸钠溶液洗胃，然后给50%硫酸镁60 mL导泻，保护消化道黏膜，口服牛奶、蛋清或氢氧化铝凝胶。（　　）

36. 一旦发现食物中毒，应及时向所在地卫生行政部门报告，并尽快送病重者到医院救治。（　　）

37. 发生眼部化学性烧伤，应立即彻底冲洗。现场可用自来水快速冲洗10 min左右。（　　）

38. 酸烧伤引起的痂皮色泽不同，是因各种酸与皮肤蛋白形成不同的蛋白凝固产物所致，如硝酸烧伤为深褐色、黑色；硫酸烧伤为黄色、黄褐色；盐酸烧伤为淡白色或灰棕色。（　　）

39. 由于磷及其化合物可从创面或黏膜吸收，引起全身中毒，故不论磷烧伤的面积大小，都应十分重视。（　　）

40. 镁与皮肤接触后使皮肤形成溃疡，开始较小，而溃疡的深层往往呈不规则形状，镁烧伤发展的快慢和镁的颗粒大小有关。（　　）

四、简答题

1. 生产工艺过程中产生的职业危害因素有哪些？
2. 什么是刺激性气体？常见的有哪些？
3. 什么是窒息性气体？常见的有哪些？
4. 生产性粉尘是如何分类的？
5. 什么是噪声？噪声可分为哪几类？
6. 简述职业中毒的分型。
7. 简述工业毒物职业中毒对人体系统的损害。
8. 热力烧伤如何实施现场急救？
9. 中暑患者如何急救？
10. 局部冻伤可分为哪几度？如何急救冻伤患者？
11. 简述低气压对人体的危害。
12. 狂犬咬伤急救方法有哪些？
13. 发现触电人员，如何实施现场急救？
14. 简述以病人呼出的气味或吐出物质发出的味道或其他体征来判断急性中毒的毒物。

15. 群体性刺激性气体中毒救护措施有哪些？

16. 吸入氯气的急救措施有哪些？

17. 窒息性气体中毒的急救措施有哪些？

18. 一氧化碳急性中毒如何急救？

19. 如何对汞及其化合物中毒进行对症治疗？

20. 简述酒精中毒的急救措施。

21. 急性汽油中毒的症状有哪些？

22. 一旦发现食物中毒患者该怎么办？

23. 如何实施酸烧伤的急救措施？

24. 碱烧伤的症状有哪些？简述其急救方法？

25. 沥青烧伤的急救措施有哪些？

五、本章习题参考答案

1. 填空题

（1）生产工艺过程中产生　劳动过程中　生产环境中；（2）溶解度　铅烟尘颗粒大小　中毒途径　铅化合物的形态；（3）金属硫蛋白　肾脏；（4）肺水肿；（5）供给　摄取　运输　利用；（6）致毒危险度越大；（7）高铁血红蛋白血症　溶血症；（8）太阳辐射　生产上的热源　人体散热；（9）机械性噪声　流体动力性噪声　电磁性噪声；（10）局部振动　全身振动；（11）急性　亚急性　慢性；（12）口对口人工呼吸　胸外心脏按压；（13）轻度中暑　面色潮红　皮肤灼热；（14）非冻结性冷伤　冻结性冷伤；（15）氧分压；（16）呼吸和循环系统；（17）气体交换　血液携氧　结合氧在体内释放；（18）减压病　血液循环障碍　组织损伤；（19）慢性高原反应　高原心脏病　高原红细胞增多症　高原高血压　高原低血压；（20）近心端；（21）几千万　几亿；（22）呼出的气味　吐出物质发出的味道　其他体征；（23）氧气　牵引出来；（24）刺激性气体；（25）化学性（或称中毒性）呼吸道炎　化学性（中毒性）肺炎　化学性（中毒性）肺水肿；（26）支气管　细支气管　肺泡　肺水肿；（27）正压通气　呼吸末正压通气；（28）强烈辛辣　“闪电式”死亡；（29）亚硫酸　化学性肺炎或化学性肺水肿；（30）生理盐水　清水；（31）碳酸氢钠溶液　碳酸氢钠溶液　生理盐水；（32）窒息性气体中毒　窒息性气体中毒；（33）樱桃红　先升高后降低；（34）氧化酶　传递电子；（35）气溶胶　粉尘　血液类脂质；（36）消化道出血　麻痹性肠梗阻；（37）铬疮；（38）催吐法洗胃　浓茶；（39）铁锈色　渗出性胸膜炎；（40）就地收集和封存　烧毁　深埋；（41）血压上升　利尿排毒；（42）性质　浓度　渗透力　接触的时间；（43）彻底冲洗　上下眼睑；（44）黄色、黄褐色　深褐色、黑

色 淡白色或灰棕色；(45) 硝酸 亚硝酸 肺水肿；(46) 空气呼吸器 小苏打稀溶液浸湿的毛巾；(47) 糖皮质激素；(48) 接触面积和时间；(49) 全身中毒 呼吸困难 发绀；(50) 使用中和剂。

2. 单项选择题

(1) D；(2) C；(3) C；(4) A；(5) B；(6) A；(7) C；(8) D；(9) C；(10) D；(11) C；(12) B；(13) D；(14) A；(15) A；(16) D；(17) A；(18) C；(19) B；(20) D；(21) D；(22) B；(23) B；(24) A；(25) C；(26) C；(27) D；(28) C；(29) A；(30) B。

3. 判断题

(1) ×；(2) ×；(3) ×；(4) √；(5) √；(6) ×；(7) ×；(8) √；(9) √；(10) √；(11) ×；(12) ×；(13) √；(14) √；(15) ×；(16) √；(17) ×；(18) ×；(19) ×；(20) ×；(21) √；(22) √；(23) √；(24) √；(25) √；(26) ×；(27) ×；(28) ×；(29) √；(30) ×；(31) √；(32) ×；(33) √；(34) √；(35) √；(36) √；(37) ×；(38) ×；(39) √；(40) √。

4. 简答题

答案略。

第六章 常见劳动防护用品使用与管理

第一节 劳动防护用品基本概念

一、劳动防护用品及其作用

1. 什么是劳动防护用品

劳动防护用品是指由生产经营单位为从业人员配备的，使其在劳动过程中免遭或者减轻事故伤害及职业危害的个人防护装备，分特种劳动防护用品和一般劳动防护用品。

劳动防护用品的优劣直接关系职工的安全健康，必须经劳动保护用品质量监督检查机构检验合格，并核发生产许可证和产品合格证，其基本要求如下。

（1）必须严格保证质量，具有足够的防护性能，安全可靠。

（2）防护用品所选用的材料必须符合人体生理要求，不能成为危害因素的来源。

（3）防护用品要使用方便，不影响正常工作。

2. 劳动防护用品的作用

劳动防护用品的作用，是使用一定的屏蔽体或系带、浮体，采取隔离、封闭、吸收、分散、悬浮等手段，保护机体或全身免受外界危害因素的侵害。防护用品供劳动者个人随身使用，是保护劳动者不受职业危害的最后一道防线。当劳动安全卫生技术措施尚不能消除生产劳动过程中的危险及有害因素，达不到国家标准、行业标准及有关规定，也暂时无法进行技术改造时，使用防护用品就成为既能完成生产劳动任务，又能保障劳动者安全与健康的唯一手段。防护用品的主要作用如下。

（1）隔离和屏蔽作用

隔离和屏蔽作用是指使用一定的隔离或屏蔽体使机体免受有害因素的侵害。如劳动防护用品能很好地隔绝外界的某些刺激，避免皮肤发生皮炎等病态反应。

（2）过滤和吸附（收）作用

过滤和吸附（收）作用是指借助防护用品中某些聚合物本身的活性因子对毒物的吸附作用，洗涤空气，如活性炭等多孔物质吸附排毒。

3. 劳动防护用品的特点

劳动防护用品是保护劳动者安全与健康所采取的必不可少的辅助措施，是劳动者防止职业毒害和伤害的最后一项有效措施。同时，它又与劳动者的福利待遇以及和生活卫生需要的非防护性的工作用品有着原则性的区别。具体来说，劳动防护用品具有以下几个特点。

(1) 特殊性

劳动防护用品，不同于一般的商品，是保障劳动者的安全与健康的特殊用品，企业必须按照国家和省、市劳动防护用品有关标准进行选择和发放。尤其是特种防护用品因其具有特殊的防护功能，国家在生产、使用、购买等环节中都有严格的要求。如国家安全生产监督管理总局第1号令《劳动防护用品监督管理规定》中要求特种劳动防护用品必须由取得特种劳动防护用品安全标志的专业厂家生产，生产经营单位不得采购和使用无安全标志的特种劳动防护用品；购买的特种劳动防护用品须经本单位的安全生产技术部门或者管理人员检查验收等。

(2) 适用性

劳动防护用品的适用性既包括防护用品选择使用的适用性，也包括使用的适用性。选择使用的适用性是指必须根据不同的工种和作业环境以及使用者的自身特点等选用合适的防护用品。如耳塞和防噪声帽（有大小型号之分），如果选择的型号太小，就不会很好地起到防护噪声的作用。使用的适用性是指防护用品需在进入工作岗位时使用，这不仅要求产品的防护性能可靠、确保使用者的安全，而且还要求产品适用性能好、方便、灵活，使用者乐于使用。因此，结构较复杂的防护用品，需经过一定时间试用，对其适用性及推广应用价值做出科学评价后才能投产销售。生产厂家要注意这一点。

(3) 时效性

防护用品均有一定的使用寿命。如橡胶类、塑料等制品，长时间受紫外线及冷热温度影响会逐渐老化而易折断。有些护目镜和面罩，受光线照射和擦拭，或者受空气中的酸、碱蒸气的腐蚀，镜片的透光率逐渐下降而失去使用价值；绝缘鞋（靴）、防静电鞋和导电鞋等的电气性能，随着鞋底的磨损，将会改变电性能；一些防护用品的零件长期使用会磨损，影响力学性能。有些防护用品的保存条件也会影响其使用寿命，如温度及湿度等。

二、劳动防护用品的分类及其选用

1. 劳动防护用品的分类

（1）按照用途以及防护部位，劳动防护用品可以分成以下种类。

1）以防止伤亡事故为目的的防护用品，包括：

防坠落用品，如安全带、安全网等。

防冲击用品，如安全帽、防冲击护目镜等。

防触电用品，如绝缘服、绝缘鞋、等电位工作服等。

防机械外伤用品，如防刺、割、绞碾、磨损用的防护服、鞋、手套等。

防酸碱用品，如耐酸碱手套、防护服和靴等。

耐油用品，如耐油防护服、鞋和靴等。

防水用品，如胶制工作服、雨衣、雨鞋和雨靴、防水保险手套等。

防寒用品，如防寒服、鞋、帽、手套等。

2）以预防职业病为目的的防护用品，包括：

防尘用品，如防尘口罩、防尘服等。

防毒用品，如防毒面具、防毒服等。

防放射性用品，如防放射性服、铅玻璃眼镜等。

防热辐射用品，如隔热防护服、防辐射隔热面罩、电焊手套、有机防护眼镜等。

防噪声用品，如耳塞、耳罩、耳帽等。

3）以人体防护部位分类，包括：

头部防护用品，如防护帽、安全帽、防寒帽、防昆虫帽等。

呼吸器官防护用品，如防尘口罩（面罩）、防毒口罩（面罩）等。

眼面部防护用品，如焊接护目镜、炉窑护目镜、防冲击护目镜等。

手部防护用品，如一般防护手套、各种特殊防护（防水、防寒、防高温、防振）手套、绝缘手套等。

足部防护用品，如防尘、防水、防油、防滑、防高温、防酸碱、防振鞋（靴）及电绝缘鞋（靴）等。

躯干防护用品，通常称为防护服，如一般防护服、防水服、防寒服、防油服、防电磁辐射服、隔热服、防酸碱服等。

（2）劳动防护用品还可以分为特种劳动防护用品与一般劳动防护用品。特种劳动防护用品是指使劳动者在劳动过程中预防或减轻严重伤害和职业危害的劳动防护用品，一般劳动防护用品是指除特种劳动防护用品以外的防护用品。

2. 使用劳动防护用品的注意事项

在工作场所必须按照要求佩戴和使用劳动防护用品。劳动防护用品是根据生产工作的实际需要发给个人的，每个职工在生产工作中都要好好地应用，以达到预防事故、保障个人安全的目的。使用劳动防护用品要注意的问题如下。

（1）选择防护用品应针对防护目的，正确选择符合要求的用品，绝不能错选或将就使用，以免发生事故。

（2）对使用防护用品的人员应进行教育和培训，使其能充分了解使用目的和意义，并正确使用。对于结构和使用方法较为复杂的用品，如呼吸防护器，应进行反复训练，使人员能熟练使用。用于紧急救灾的呼吸器，要定期严格检验，并妥善存放在可能发生事故的地点附近，方便取用。

（3）要妥善维护保养防护用品，不但能延长其使用期限，更重要的是要保证用品的防护效果。耳塞、口罩、面罩等用后应用肥皂、清水洗净，并用药液消毒、晾干。过滤式呼吸防护器的滤料要定期更换，以防失效。防止皮肤污染的工作服用后应集中清洗。

（4）防护用品应有专人管理，负责维护保养，保证劳动防护用品充分发挥其作用。

3. 根据作业场所的危害因素选择使用劳动防护用品

（1）粉尘有害因素

在《工作场所有害因素职业接触限值》（GBZ 2.1—2007，GBZ 2.2—2007）中规定有47种粉尘，这些粉尘都是对人体健康有损害的，工作场所环境空气中粉尘超过限值，应采用防颗粒物的呼吸器，其中自吸过滤式防颗粒物呼吸器产品应符合《呼吸防护用品——自吸过滤式防颗粒呼吸器》（GB 2626—2006）标准要求（2006年12月1日实施）。送风过滤式产品应符合《电动送风过滤式防尘呼吸器通用技术条件》（LD 6—1991）等标准。

（2）化学性有害因素

在《工作场所有害因素职业接触限值》（GBZ 2.1—2007，GBZ 2.2—2007）中规定有毒物质有329种，凡是作业场所超过限值，除采取防毒工程技术措施外，还应提供个人防护用品。这些防毒呼吸用品，应符合《呼吸防护自吸过滤式防毒面具》（GB 2890—2009）、《矿用一氧化碳过滤式自救器》（GB 8159—2011）等要求；供气式防毒用品应符合《自给开路式压缩空气呼吸器》（GB/T 16556—2007）标准要求。

（3）物理有害因素

工作场所物理有害因素包括电离辐射暴露限值、高温作业分级、激光、局部振动、煤矿井下采掘作业地点气象条件，体力劳动强度分级标准，体力作业时心率和能量消耗的生理限值及紫外辐射、红外辐射、噪声级限值等，这些在《工业企业设计卫生标准》（GBZ 1—2010）和《工作场所有害因素职业接触限值》（GBZ 2.1—2007，GBZ 2.2—2007）中都有规定。针对不同的有害因素，可选用相应的防护用品，如防紫外红外辐射伤害的护目镜和面具、焊接护目镜产品应符合《焊接眼面防护具》（GB/T 3609.1—1994）的要求，高温辐射场所选用阻燃防护服应符合《防护服装　阻燃防护》（GB 8965.1—2009，GB 8965.2—2009）的要求。

有静电和电危害的作业场所应选用防静电工作服和防静电鞋，产品应符合《防静电服》（GB 12014—2009）要求和《个体防护装备职业鞋》（GB 21146—2007）要求；防止电危害应选用带电作用屏蔽服或高压静电防护服以及电绝缘鞋（靴）、电绝缘手套等防护用品，其产品应符合 GB 6568.1—2000、GB 12011—2009 和 GB/T 17622—2008 等标准要求。

有机械、打击、切割伤害的作业场所，应选用安全帽、安全鞋、防护手套、护目镜等防护用品，并符合国家标准要求。

（4）生物性有害因素

如接触皮毛、动物引起的炭疽杆菌感染、布氏杆菌感染、森林采伐引起的脑炎病菌感染，医护人员接触患者引起细菌、病毒性感染。在这些场所选用呼吸防护品时，产品应符合《医用防护口罩技术要求》（GB 19083—2010）；选用防护服产品应符合《医用一次性防护服技术要求》（GB 19082—2009）。

如果有害物会伤害头部、耳、眼面、呼吸、手臂、身体、皮肤、足部等部位，应根据不同部位选用相对应的防护用品。

个人使用的防护用品只有与个人尺寸相匹配才能发挥最好的防护功能，因此，在选用个人防护用品时应有不同型号供使用者选用。

劳动防护用品不是可有可无的物品，它是保障从业人员安全和健康的最后一道防线，用人单位应遵循国家法规，为从业人员配发劳动防护用品，选用有工业生产许可证和安全标志的产品，选用符合国家标准或行业标准要求的产品。

4. 劳动防护用品的使用期限与报废

劳动防护用品的使用期限与作业场所环境、劳动防护用品使用频率、劳动防护用品自身性质等多方面因素有关。如某省根据作业环境，对厂矿企业使用安全帽的使用期限规定为：冶金轧钢厂中的板坯作业 36 个月；冷水作业 48 个月；煤炭作业、土建作业 24 个月；地质勘探作业的安装工、钻探工、采样工为 12 个月。一般来说，使用期限应考虑以下三个原则。

（1）腐蚀程度。根据不同作业对劳动防护用品的磨损可划分为重腐蚀作业、中腐蚀作业和轻腐蚀作业。腐蚀程度反映作业环境和工种使用状况。

（2）损耗情况。根据防护功能降低的程度可分为易受损耗、中等受损耗和强制性报废。受损耗情况反映防护用品防护性能情况。

（3）耐用性能。根据使用周期可分为耐用、中等耐用和不耐用。耐用性能反映劳动防护用品材质状况，如用耐高温阻燃纤维织物制成的阻燃防护服，要比用阻燃剂处理的阻燃织物制成的阻燃防护服耐用。耐用性能反映防护用品的综合质量。

劳动防护用品因损伤、经测试防护功能失效或超过有效期时，应及时从作业现场清理出来，并由专人监督销毁。对销毁的劳动防护用品的品种、数量、来源、销毁原因等情况要进行详细记录，经办人员和监督人员签字后存档。严禁失效的劳动防护用品外流，避免因误用而引发事故。

当符合下述条件之一时，防护用品应予以报废，不得继续作为个人防护用品使用。

（1）不符合国家标准、行业标准或地方标准。

（2）未达到省级以上安全生产监督管理机构根据有关标准和规程所规定的功能指标。

（3）在使用或保管储存期内遭到损坏或超过有效使用期，经检验未达到原规定的有效防护功能最低指标。

三、劳动防护用品的法定配备与管理

1. 劳动防护用品的配备

我国法定职业病人为10大类115种。凡从事有粉尘、有害气体、噪声等有害作业者、劳动者有定期检查身体的权利和以下基本的安全生产权利。

（1）知情权。劳动者在订立劳动合同时，有了解所在工作场所的职业危害因素和防护设施情况的权利及对健康检查结果知情的权利。

（2）培训权。劳动者享有接受职业安全卫生教育、培训的权利。

（3）获得保护权。

（4）紧急避险权。

（5）请求建议权。

（6）检举、控告权。劳动者享有对用人单位违反安全法、职业病防治法律、法规，侵害劳动者健康权益的行为进行检举和控告的权利。

（7）依法拒绝作业权。有权拒绝在没有卫生防护条件下从事职业危害作业，有权拒绝违章指挥和强令的冒险作业。

（8）要求赔偿权。因职业危害造成健康损害依法享有要求赔偿的权利。

（9）参与决策权。劳动者享有参与用人单位职业安全卫生的民主管理、民主监督的权利。

（10）特殊保障权。工伤及职业病应享受的工伤保险待遇，未成年人、女职工、有职业禁忌的劳动者享有特殊的职业卫生保护权利。

2. 劳动防护用品的经营、发放和管理

劳动防护用品经营、发放、管理是一项政策性较强的工作，国家安全生产监督管理总

局第1号令《劳动防护用品监督管理规定》对用人单位购买、发放及使用劳动防护用品作出了明确的规定，用人单位必须按照国家标准购买和发放劳动防护用品，其要求如下。

（1）用人单位应根据工作场所中的职业危害因素及其危害程度，按照法律、法规、标准的规定，为从业人员免费提供符合国家规定的防护用品。不得以货币或其他物品替代应当配备的防护用品。

（2）用人单位应到定点经营单位或生产企业购买特种劳动防护用品。防护用品必须具有“三证”，即生产许可证、产品合格证和安全标志证。购买的防护用品须经本单位安全管理部门验收，并应按照防护用品的使用要求，在使用前对防护功能进行必要的检查。

（3）用人单位应教育从业人员，按照防护用品的使用规则和防护要求正确使用防护用品，使职工做到“三会”：会检查防护用品的可靠性；会正确使用防护用品；会正确维护保养防护用品，并进行监督检查。

（4）用人单位应按照产品说明书的要求，及时更换、报废过期和失效的防护用品。

（5）用人单位应建立健全防护用品的购买、验收、保管、发放、使用、更换、报废等管理制度和使用档案，并切实贯彻执行和进行必要的监督检查。

劳动者有遵守法律法规各项规章制度的义务：应当正确使用、维护防护设备和个人防护用品；接受教育培训义务。

从业人员在从业过程中，应当严格遵守本单位的安全生产规章制度和操作规程，服从管理，正确佩戴和使用劳动防护用品。严格遵守安全卫生法规及有关规章制度和操作规程，认真坚持正确使用、维护安全防护设备和个体防护装备。

从业人员在劳动生产过程中应履行按规定佩戴和使用劳动防护用品的义务。

按照法律、法规的规定，为保障人身安全，用人单位必须为从业人员提供必要的、安全的劳动防护用品，以避免或者减轻作业中的人身伤害。但在实践中，由于一些从业人员缺乏安全知识，心存侥幸或嫌麻烦，往往不按规定佩戴和使用劳动防护用品，由此引发的人身伤害事故时有发生。另外，有的从业人员由于不会或者没有正确使用劳动防护用品，同样也难以避免受到人身伤害。因此，正确佩戴和使用劳动防护用品是从业人员必须履行的法定义务，这是保障从业人员人身安全和生产经营单位安全生产的需要。

3. 正确使用劳动防护用品

劳动防护用品的使用首先应严格按照生产企业提供的使用说明书执行，这是因为在使用说明书中提出的要求是生产企业结合其生产的劳动防护用品的特性、构造特点所提出的，是最有针对性的。另外，在各相关的技术标准和有关的管理文件中都对各类劳动防护用品提出了一些通用的基本且重要的使用要求。例如，塑料安全帽的使用期从产品制造完成之日计算不超过两年半，对到期安全帽，必须经抽查检验合格后方可继续使用；防尘口罩不能用于含有烟气以及含氧量低于18%的环境；防静电工作服穿用时，必须与防静电鞋配套使用，禁止在易燃易爆场所穿脱防静电工作服等，了解和掌握这些要求将非常有用。

国家安全生产监督管理总局颁布的《劳动防护用品监督管理规定》第十九条规定“从业人员在作业过程中，必须按照安全生产规章制度和劳动防护用品使用规则，正确佩戴和使用劳动防护用品；未按规定佩戴和使用劳动防护用品的，不得上岗作业。”工会对生产经营单位劳动防护用品管理的违法行为有权要求纠正，并对纠正情况进行监督。

4. 劳动防护用品的管理

国家安全生产监督管理总局颁布的《劳动防护用品监督管理规定》第六条中指出“特种劳动防护用品实行安全标志管理。特种劳动防护用品安全标志管理工作由国家安全生产监督管理总局指定的特种劳动防护用品安全标志管理机构实施，受指定的特种劳动防护用品安全标志管理机构对其核发的安全标志负责。”

生产劳动防护用品的企业生产的特种劳动防护用品，必须取得特种劳动防护用品安全标志。安全生产监督管理部门、煤矿安全监察机构依法对劳动防护用品使用情况和特种劳动防护用品安全标志进行监督检查，督促生产经营单位按照国家有关规定为从业人员配备符合国家标准或者行业标准的劳动防护用品。

四、特种劳动防护用品

1. 什么是特种劳动防护用品

劳动防护用品是指由生产经营单位为从业人员配备的，使其在劳动过程中免遭或者减轻事故伤害及职业危险的个人防护用品。它又分为特种劳动防护用品和一般劳动防护用品。国家对特种劳动防护用品实行安全标志管理制度。特种劳动防护用品具体包含以下内容。

（1）头部护具类：安全帽。

（2）呼吸护具类：防尘口罩、过滤式防毒面具、自给式空气呼吸器、长管面具。

（3）眼（面）护具类：焊接眼面防护具、防冲击眼护具。

（4）防护服类：阻燃防护服、防酸工作服、防静电工作服。

（5）防护鞋类：保护足趾安全鞋、防静电鞋、导电鞋、防刺穿鞋、胶面防砸安全靴、电绝缘鞋、耐酸碱皮鞋、耐酸碱胶靴、耐酸碱塑料模压靴。

（6）防坠落护具类：安全带、安全网、密目式安全立网。

特种劳动防护用品的“三证一标志”是指：生产许可证、产品合格证、安全鉴定证和劳动防护安全标志。

2. 特种劳动防护用品标志与标识

特种劳动防护用品安全标志按照《特种劳动防护用品安全标志实施细则》（安监总规划字［2005］149号）规定执行，包括：

（1）特种劳动防护用品安全标志证书。国家安全生产监督管理总局监制，加盖特种劳动防护用品安全标志管理中心印章。

（2）特种劳动防护用品安全标志标识。由盾牌图形和特种劳动防护用品安全标志的编号组成。不同尺寸的图形用于不同类型的特种劳动防护用品。

特种劳动防护用品安全标志标识的说明如下。

1）本标识采用古代盾牌之形状，取“防护”之意。

2）盾牌中间采用字母“LA”表示“劳动安全”之意。

3）“××－××－××××××”是标识的编号。

4）参照《安全色》（GB 2893—2008）的规定，标识边框、盾牌及“安全防护”为绿色，“LA”及背景为白色，标识编号为黑色。

3. 特种劳动防护用品的采购

国家对特种劳动防护用品实行安全标志管理，要求生产经营单位必须购买有安全标志的特种劳动防护用品。

一些企业生产的无安全标志的特种劳动防护用品被生产经营单位购买后，因其不具备应有的安全防护性能和质量，造成了严重后果。所以，必须把住特种劳动防护用品的采购管理关。

《劳动防护用品监督管理规定》第十八条规定：“生产经营单位不得采购和使用无安全标志的特种劳动防护用品；购买的特种劳动防护用品须经本单位的安全生产技术部门或者管理人员检查验收。”此外，对一般劳动防护用品也要加强管理，生产经营单位应当建立健全劳动防护用品的采购、验收、保管、发放、报废等管理制度。

针对一些生产经营单位弄虚作假，以发给货币或者其他物品替代劳动防护用品的违法行为，《劳动防护用品监督管理规定》第十五条第二款规定：“生产经营单位不得以货币或者其他物品替代应当按规定配备的劳动防护用品。”

第二节　常用劳动防护用品的使用与管理

以下列举几类常用的劳动防护用品的使用与管理，其他的相关劳动防护用品管理知识请读者查阅相关其他书籍。

一、头部防护用品的使用与管理

1. 头部防护用品及其分类

按照国家《企业职工伤亡事故分类》(GB 6441—1986）中的事故划分，在劳动过程中，引起头部伤害的因素主要有物体打击、高处坠落、机械伤害、污染毛发等。

(1）物体打击

物体从高处加速度坠落，如工具、电缆、金属材料等；其次是由侧旁溅落物的抛物势能或离心力所引起，如发生在正在运转的机器、料场，侧旁溅落物有滚石、金属材料、工具、废金属屑块等。各种落物造成的伤害有击伤、砸伤等，是由远距离的外力而来，它不同于钩、挂、磨、刺等固定场所发生的机械外伤，其特点是远距离外力具有较大的冲击力，尤其是由上而下的冲击力更大，而且发生的时间短暂，不固定，一般是突然而来的，难以预料。

落物冲击首当是头部，头在人体最上部位，是神经中枢所在，头盖骨最薄处仅有 2 mm 左右，头部一旦受外力冲击，可引起脑震荡、脑出血、脑膜挫伤、颅底骨折、机能障碍等伤害，影响思维和活动功能，甚至立即死亡。落物砸伤腿脚，也是常见的工伤事故，如发生胫骨、趾骨、跖骨外伤骨折或碎裂。眼睛部位容易被金属切削的碎屑、碎块或石碴击伤，轻者发生角膜异物伤和视物障碍，重者可致盲。

有落物冲击的危险作业，遍及矿山、工厂、供电、建筑工地、森林采伐、交通运输等部门，国家规定有关的工种必须使用防冲击用品。

(2）高处坠落

这种事故多发生在建筑、矿山、冶金、采矿、石油勘探、隧道等行业场所，在伤亡事故统计分析中，由于坠落物而头部损伤致死者占 38.9%。

坠落物对人体的伤害主要是由冲击力引起，这类事故的特点是突发性强，不易躲闪，同时作用时间短，冲击力大，尤其是由上而下的坠落物，冲击过程只发生在一瞬间。冲击事故一旦发生，受伤部位概率最大的首先是头部。因为在这些行业生产劳动中，意外的坠落物伤及人体的事故时有发生。所以，必须加强头部的防护。

(3）机械伤害

在生产中，如旋转的机床、叶轮、皮带运输设备，若作业人员不慎将毛发卷入其中，则可造成严重的毛发和头皮撕脱伤害，甚至将人带入机器中危及生命。

(4）污染毛发（头皮）

在生产劳动过程中作业人员接触化学毒物、腐蚀性物质、发射性物质、生物性物质等均可污染毛发（头皮），对人体造成中毒伤害。

根据防护作用可将头部防护用品分为三类：安全帽、防护头罩及一般工作帽。

1）安全帽。又称安全头盔，是防御冲击、刺穿、挤压等伤害头部的帽子。

2）防护头罩。是使头部免受火焰、腐蚀性烟雾、粉尘以及恶劣气候条件伤害头部的个人防护装备。

3）工作帽。能防头部脏污和擦伤、长发被绞碾等伤害的普通帽子。

2. 安全帽及其防护原理

安全帽由帽壳、帽衬、下颏带、后箍等部件组成，其主要组成部分为帽壳和帽衬。良好的帽壳、帽衬材料，适宜的帽型与合理的帽衬结构相配合就能起到阻挡外来冲击物和缓解、分散、吸收冲击力保护佩戴者的作用。

(1) 帽壳

帽壳多采用椭圆或半圆拱形结构，表面连续光滑，可使物体坠落到帽壳上后易滑脱，顶部一般设有加强筋，以提高抗冲击强度。冲击过程中允许帽壳产生少量变形，但不能触及头顶。帽壳外形不宜采用平顶形式，平顶不易使坠落物滑脱，冲击过程中顶部变形大，易产生触顶。

(2) 帽衬

帽衬是帽壳内部部件的总称，包括帽箍、顶带、护带、吸汗带、衬垫、下颏带及拴绳等。帽衬在冲击过程中起主要的缓冲作用。帽衬材料的好坏，结构的合理性与协调程度直接影响安全帽的冲击吸收性能。

安全帽能承受压力主要是用了三种原理：

(1) 缓冲减震作用：帽壳与帽衬之间有 25～50 mm 的间隙，当物体打击安全帽时，帽壳不因受力变形而直接影响头顶部。

(2) 分散应力作用：帽壳为椭圆形或半球形，表面光滑，当物体坠落在帽壳上时，物体不能停留立即滑落；而且帽壳受打击点的承受的力向周围传递，通过帽衬缓冲减少的力可达 2/3 以上，其余的力经帽衬的整个面积传递给人的头盖骨，这样就把着力点变成了着力面，从而避免了冲击力在帽壳上某点应力集中，减少了单位面积受力。

(3) 生物力学：国标中规定安全帽必须能吸收 4 900 N，这是因为生物学试验，人体颈椎在受力时最大的限值，超过此限值颈椎就会受到伤害，轻者引起瘫痪，重者危及生命。

3. 安全帽的分类

安全帽可按照材料、外形和作业场所进行分类。

(1) 按材料分类，可分为工程塑料、橡胶料、纸胶料、植物料等安全帽。

（2）按外形分类，可分为无檐、小檐、卷边、中檐、大檐安全帽等。

（3）按作业场所分类，可分为一般作业类（Y类）安全帽和特殊作业类（T类）安全帽两大类，其中T类中又分成五类：T1类适用于有火源的作业场所；T2类适用于井下、隧道、地下工程、采伐等作业场所；T3类适用于易燃易爆作业场所；T4（绝缘）类适用于带电作业场所；T5（低温）类适用于低温作业场所。每种安全帽都具有一定的技术性能指标和适用范围，所以选用要根据所使用的行业和作业环境选购相应的产品。

消费者可以根据自己的需要选择适宜的品种，根据所使用的行业和作业环境选用安全帽。例如，建筑行业一般就选用Y类安全帽；在电力行业，因接触电网和电气设备，应选用T4（绝缘）类安全帽；在易燃易爆的环境中作业，应选择T3类安全帽。

安全帽颜色的选择随意性比较大，一般以浅色或醒目的颜色为宜，如白色、浅黄色等，也可以按有关规定的要求选用、遵循安全心理学的原则选用、按部门区分来选用、按作业场所和环境来选用。

4. 安全帽的使用与维护

应该正确使用安全帽。

（1）首先检查安全帽的外壳是否破损（如有破损，其分解和削弱外来冲击力的性能就已减弱或丧失，不可再用），有无合格帽衬（帽衬的作用是吸收和缓解冲击力，若无帽衬，则丧失了保护头部的功能），帽带是否完好。

（2）调整好帽衬顶端与帽壳内顶的间距（4～5 cm），调整好帽箍。

（3）安全帽必须戴正。如果戴歪了，一旦受到打击，起不到减轻对头部冲击的作用。

（4）必须系紧下颌带，戴好安全帽。如果不系紧下颌带，一旦发生构件坠落打击事故，安全帽就容易掉下来，导致严重后果。

现场作业中，切记不得将安全帽脱下搁置一旁，或当坐垫使用。

安全帽的维护有以下要求。

（1）不能私自在安全帽上打孔，不要随意碰撞安全帽，不要将安全帽当板凳坐，以免影响其强度。

（2）安全帽不能放置在有酸、碱、高温、日晒、潮湿或化学试剂的场所，以免其老化、变质。

（3）对热塑料制的安全帽，虽可用清水冲洗，但不得用热水浸泡，更不能放入浴池内洗涤，也不能在暖气片、火炉上烘烤，以防止帽体变形。

应注意使用在有效期内的安全帽，塑料安全帽的有效期为两年半，植物枝条编织的安全帽有效期为两年，玻璃钢（包括维纶钢）和胶质安全帽的有效期为三年半。超过有效期的安全帽应报废。

二、呼吸防护用品的使用与管理

1. 常见呼吸防护用品的分类

生产过程中，危害呼吸器官的因素主要有生产性粉尘和化学毒物两大类。一般来说，劳动者在进行固体物质的粉碎、碾磨、筛分、拌和、包装、运输，以及矿山钻孔、爆破、筑路、凿岩等工作中，都会接触到大量粉尘。长期悬浮在空气中的粉尘颗粒越细，越容易被人体吸入，特别是粒径小于 5 μm 的呼吸性粉尘，会直接进入肺泡并沉积，导致矽肺病或其他尘肺病，患者轻则丧失劳动能力，重则死亡，严重影响着劳动者的身体健康，给成千上万家庭带来痛苦。另外，接触生产性毒物的行业和工种也很多，如在化工、制药、油漆、冶金、印刷等工业生产中，会产生许多化学有毒物质，被吸入人体后可引起急性或慢性中毒，有的有害物甚至可以引起恶变，导致白血病、癌症等。据统计，职业中毒的 95％左右是吸入有毒物质所致，因此，预防尘肺、职业中毒、缺氧窒息，关键是进行呼吸器官的防护。

呼吸器官的防护是指操作人员佩戴有效、适宜的防护器具，直接防御有害气体、蒸气、尘、烟、雾经呼吸道进入体内，或者供给清洁空气，从而保证其在尘毒污染或缺氧环境中呼吸正常和安全健康。因操作条件或工艺设备所限，在含尘或毒物污染超过《工业企业设计卫生标准》的环境中处理事故，如检修、抢救等剧毒作业以及在狭小密闭舱内操作，都必须重视呼吸器官的防护，选用合适的呼吸器官防护用品。

呼吸防护用品根据结构和原理，可分为过滤式和隔离式两大类；按其防护用途可分为防尘、防毒和供氧三类。常见的呼吸器官防护产品主要有自吸过滤式防尘口罩、过滤式防毒面具、氧气呼吸器、自救器、空气呼吸器、防微粒口罩等。

（1）过滤式呼吸防护用品

这类防护用品是以佩戴者自身呼吸为动力，将空气中有害物质予以过滤净化，可分为防尘口罩和防毒面具两种。

1）自吸过滤式防尘口罩。主要用于防御各种粉尘和烟等粒径较大的固体有害物质的防尘呼吸器。这种口罩有复式和简易式两种。其中，复式防尘口罩由主体（口鼻罩）、滤尘盒、呼气阀和系带等部件组成；简易式防尘口罩没有滤尘盒，大部分不设呼气阀，依靠夹具、支架或直接将滤料做成口鼻罩。

2）自吸过滤式防毒面具。主要用于防御各种有害气体、蒸气、气溶胶等有害物质，通常称为防毒口罩或防毒面具，可分为直接式与导管式两种。前者为滤毒罐（盒）直接与面罩相连；后者为滤毒罐（盒）通过导气管与面罩相连。防毒面具的面罩分为全面罩和半面罩。全面罩有头罩式和头戴式两种，应能遮住眼、鼻和口；而半面罩一般只能遮住鼻和口。

(2) 隔离式呼吸防护用品

这类防护用品能使佩戴者的呼吸器官与污染环境隔离，由呼吸器自身供气（空气或氧气）或从清洁环境中引入空气来维持人体的正常呼吸。按其供气方式可分为自带式与外界输入式两种。

1）自带式。有空气呼吸器和氧气呼吸器两种，其结构包括面罩、短导气管、供气调节阀和供气罐，其呼吸通路与外界隔绝。供气形式采用罐内盛压缩氧气（空气）或过氧化物供氧，借呼出的水蒸气及二氧化碳发生化学反应产生氧气两种。

2）外界输入式。有电动送风呼吸器、手动送风呼吸器和自吸式长管呼吸器三种，与自带式的主要区别在于供气源由作业场所外输入口罩（面具或头盔）内。由口罩（面具或头盔）、长导气管、减压阀、净化装置及调节阀等组成。

2. 呼吸防护用品的使用

我国目前选择呼吸防护用品的原则，一般是根据作业场所的氧含量是否高于18%来确定选用过滤式或隔离式，根据作业场所有害物的性质和最高浓度确定选用全面罩或半面罩。

过滤式呼吸防护用品只能在不缺氧的劳动环境，即环境空气中氧的含量不低于18%和低浓度的有毒物质作业环境，以及短时间内不会危害生命健康的作业条件下使用，一般不能用于罐、槽等密闭狭小容器中作业人员的防护。其中，防尘口罩和防尘面具不能用于有毒有害气体或蒸气的环境作业。

隔离式防护用品主要用于缺氧、尘毒污染严重、污染情况不明或浓度未知的有生命危险的作业场所，一般不受环境条件限制。其中，外界输入式一般只适用于定岗作业和流动范围小的作业。

在井下这类相对封闭的空间作业，应选择隔离式防毒面具。作业时，一般选择长管面具，通过一根长管使作业者呼吸井外清洁空气；抢险时，一般选择空气呼吸器。

根据有害物浓度的不同，一般情况下，当环境中有毒有害气体或蒸气浓度低于0.1%时，可选择全面罩或半面罩配滤毒盒；当浓度低于0.3%时，可选择全面罩配小型滤毒罐；当浓度低于0.5%时，可选择全面罩配中型滤毒罐。

3. 呼吸防护用品的检查与维护

(1) 应按照呼吸防护用具使用说明书中的有关内容和要求，定期检查和维护呼吸防护用品。由经过培训的人员实施检查和维护，对使用说明书未包括的内容，应及时向生产者或经销商询问。

(2) 呼吸用品在每次使用前和佩戴后，应检查防护用品的部件是否齐全完好，是否有老损现象，及时更换失效部件。

（3）对携气式呼吸器，使用后应立即更换用完的或部分用完的气瓶或气体发生器并更换其他过滤部件。更换气瓶时不允许将空气瓶与氧气瓶互换。

（4）应使用专用润滑剂润滑高压空气或氧气设备。

（5）使用者不应自行重新装填过滤式呼吸防护用品的滤毒罐或滤毒盒内的吸附过滤材料。也不得采取任何方法自行延长已经失效的过滤元件的使用寿命。

储存呼吸防护用品时应当注意：呼吸防护用品应保持清洁、干燥、无油污、避免阳光直射和接触腐蚀性气体；不常使用的防护用品应用密封袋储存，储存时避免面罩变形，且不得随意变更存放地点；防毒过滤元件不应敞口储存。

三、眼面部防护用品的使用与管理

1．眼面部防护用品的分类

生产过程中常见的眼面部伤害主要有以下几个方面。

（1）异物性眼伤害

铸造、机械制造、建筑是发生眼外伤的主要工业部门。特别是在进行干磨金属，切削非金属或铸铁，切铆钉或螺钉，金属切割，粉碎石头或混凝土等作业时，如果防护不当，沙粒、金属碎屑等异物容易进入眼里，有时可引起溃疡和感染。有的固体异物高速飞出击中眼球，可发生严重的眼球破裂或穿透性损伤。

农业生产中，烟、化肥、锯木、谷壳、昆虫也可进入眼中，引起异物性眼伤害。

（2）化学性眼面部伤害

生产过程中，酸碱液体、腐蚀性烟雾进入眼中或冲击到面部皮肤，可引起角膜或面部皮肤烧伤。飞溅的氰化物、亚硫酸盐、强碱可引起严重的眼烧伤，特别注意碱比酸的穿透性更强。

（3）非电离辐射眼伤害

非电离辐射指波长为几百纳米的可见强光、紫外线和红外线。在电气焊接、氧切割、炉窑、玻璃加工、热轧和铸造等场所，能产生强光、紫外线和红外线。

紫外线可损伤人眼组织，引起日光性角膜炎、白内障、老年性黄斑退化等疾病。紫外辐射还可引起眼结膜炎，有畏光、疼痛、流泪、眼睑炎等症状，引起电光性眼炎，是工业中常见的职业性眼病。

红外辐射眼组织可产生热效应，引起眼睑慢性炎症和职业性白内障。

强可见光可引起眼睛疲劳和眼睑痉挛等，但这些症状是暂时的，不会留下病理变化。

(4) 电离辐射眼伤害

包括α粒子、β粒子、γ射线、X射线、热中子、质子和电子等辐射。电离辐射主要发生在原子能工业、核动力装置、高能物理实验、医疗门诊、同位素治疗等场所。眼睛受到电离辐射将产生严重的后果。

(5) 微波和激光眼伤害

微波由于热效应可引起眼球晶体混浊，导致白内障的发生。激光投射到视网膜上可引起灼伤，甚至会引起眼球出血、蛋白凝固、溶化，导致永久失明。

根据防护部位和防护性能，眼面部防护用品主要为防护眼镜和防护面罩类。主要防护眼睛和面部免受紫外线、红外线和微波等电磁波辐射，粉尘、烟尘、金属和砂石碎屑以及化学溶液溅射的损伤。

(1) 防护眼镜

防护眼镜常用柔韧的塑料和橡胶制成，框宽大，足以覆盖使用者的眼睛。

1）防固体碎屑的防护眼镜。眼镜片和眼镜架应结构坚固，抗打击，框架周围装有遮边，其上应有通风口。防护镜片可选用钢化玻璃、胶质黏合玻璃或铜丝网防护镜。

2）防化学溶液的防护眼镜。可选用普通平光镜片，镜框应有遮盖，以防溶液溅入。

3）防辐射的防护眼镜。镜片采用能反射或吸收辐射线，但能透过一定可见光的特殊玻璃制成。镜片镀有金属薄膜，可以反射射线。蓝色镜片吸收红外线，黄绿镜片同时吸收紫外线和红外线，无色含铅镜片吸收X射线和γ射线。

(2) 防护面罩

在生产作业过程中，防护面罩是用来保护面部和颈部免受飞来的金属碎屑、有害气体喷溅、金属和高温溶剂飞沫伤害的用具。防护面具按用途分为防打击面罩、防辐射面罩、防化学液体飞溅面罩、防烟尘毒气面罩及隔热面罩等。

1）防打击面罩。面罩用透明的有机玻璃、塑料或金属网制成，可以防止金属屑、砂石等高速尘粒打击面部。

2）防辐射面罩。面罩由厚钢板压制而成，质地坚韧且质量轻，绝缘性能和耐热性能好。面罩上开有观察孔，嵌入遮光护目镜。面罩有头戴式和手持式两种，观察孔也有固定式和翻动式两种。

3）防化学液体飞溅面罩。大部分用有机玻璃制成。

4）防烟尘毒气面罩。用人造革制成头盔面罩，镶有机玻璃观察孔及可以更换滤料的过滤口罩，可防止由于接触沥青粉尘导致脸部皮炎和咽喉炎。

5）隔热面罩。隔热面罩由铝箔隔热布和玻璃头盔组成，对辐射热反射效果好，质地柔软，防水，耐老化。

2. 眼面部防护用品的使用

根据各种眼面部防护用品的作用，正确选择和使用，可以有效防治危害因素的伤害。

（1）防固体碎屑的防护眼镜或面罩，主要用于防御金属或砂石碎屑等对眼睛的机械损伤，用于高低压带电作业，以及研磨、切割、钻凿、木工、爆破、操纵转动机械等作业。

（2）防化学溶液的防护眼镜或面罩，主要用于防御有刺激性或腐蚀性溶液对眼睛和面部的化学损伤，用于吸入性气溶胶毒性作业，沥青烟雾、矿尘、石棉尘作业以及腐蚀性作业。

（3）防辐射的防护眼镜或面罩，主要用于防御过强的紫外线等辐射对眼睛的伤害，用于高温作业，放射性矿物冶炼、核废料或核事故处理等作业。

（4）防打击面罩，多用于车、铣、刨、磨、凿岩等作业。

（5）焊接护目镜或面罩，适用于各种强光作业，以防弧光、电焊弧对眼面部伤害。

（6）防烟尘毒气面罩，适用于毒气较小的作业，如防沥青烟尘面罩。

（7）隔热罩，适用于消防、冶金、玻璃、陶瓷及热处理等方面的作业。

四、防坠落用品的使用与管理

1. 什么是坠落事故

我国国家标准《高处作业分级》（GB/T 3608—2008）中规定：凡工作高度距基准面2 m以上（含2 m）有可能坠落的高处作业，均称为高处作业。高处作业高度在2～5 m时，称为一级高处作业；高处作业高度在5～15 m时，称为二级高处作业；高处作业高度在15～30 m时，称为三级高处作业；高处作业高度在30 m以上时，称为特级高处作业。GB/T 3608—2008中还规定了特殊高处作业的类别，如强风高处作业、异温（高温或低温）高处作业、雪地高处作业、雨天高处作业、夜间高处作业、带电高处作业、悬空高处作业、抢救高处作业。

当工人在进行高处作业时，如出现意外从工作面向地面坠落的情况，就有可能造成坠落伤害。落地的冲击力若过大，可能对人体产生胸部、腹部、泌尿系统外伤，可能造成脊椎断裂、肋骨骨折、血胸、气胸、内脏损伤等。这些都可以称为坠落伤害。

坠落事故的基本要素一般由以下四个方面构成。

（1）人的因素（不安全行为）

忽视违反安全操作规程；作业人员的失误动作；作业人员身体过度疲劳；作业人员身体方面存在某些缺陷。

(2) 物的因素（不安全状态，物质条件的不可靠性、不安全性）

设施结构不良、材料强度不够或磨损、老化；物的设置、定位不合要求；外部的、自然的不安全状态；外部存在有害物质或危险物；防护用品、用具失效或有缺陷、缺置；防护方法不当；作业方法不安全。

(3) 环境的因素（环境条件和管理条件）

工艺布置不合理；工作面窄小、场地混乱；作业环境颜色、照明、振动、噪声及温度、通风等不合理。

(4) 管理上的因素

技术上的缺陷，如设计、选材、维修工艺流程、操作规程等不合格或不合理；对作业人员的培训、教育不够，作业人员的安全知识、技术知识或安全意识不够；劳动组合不合理、劳动纪律松弛；对上岗作业前作业人员的身体状态及心理状态缺乏了解。

2. 安全带及其选用

(1) 安全带的性能要求

1）材料要求。安全带必须用锦纶、维纶、蚕丝等具有一定强度的材料制成。此外，用于制作安全带的材料还应具有重量轻、耐磨、耐腐蚀、吸水率低和耐高温、抗老化等特点。电工围杆带可用黄牛皮带制成。金属配件用普通碳素钢、合金铝等具有一定强度的材料制成。包裹绳子的绳套要用皮革、人造革、维纶或橡胶等耐磨抗老化的材料制成。电焊时使用的绳套应阻燃。

2）外观、结构和尺寸要求。腰带必须是一条整带，宽度为 40～50 mm，长度必须大于等于 1 300 mm。安全绳的直径应大于等于 13 mm，吊绳、安全钩或一端加钩，另一端压股扦花，电焊工用绳须全部加套，其他悬挂绳可部分加套，吊绳不必加套。金属配件表面光洁，不得有尖刺麻点、裂纹、夹渣、气孔；边缘要呈圆弧列，表面必须防锈，金属圆环、半圆环、三角环、8 字环、品字环、三道联不许焊接，边缘要呈圆弧形。护腰带宽度大于等于 80 mm，长度必须保持在 600～700 mm，接触部分应垫有柔软材料，外层用织带或轻革包好，边缘圆滑无尖角。安全带各部分（如腰带、胸带、背带、护腰带、腿带、胯带、带箍）等均应用同一材料制作，线缝均匀，材质一致，颜色一致。安全钩要有自锁装置（铁路调车员带除外），自锁钩用在钢丝绳上，金属钩的钩舌弹簧有效复原次数大于等于 2 万次，钩舌与钩体咬口平整，不能偏斜。

(2) 安全带的使用应注意事项

1）应当检查安全带是否经质检部门检验合格，在使用前应仔细检查各部分构件是否完好无损。

2）使用安全带时，围杆绳上要有保护套，不允许在地面上拖着绳走，以免损伤绳套影响主绳。使用安全绳时不允许打结，并且在安全绳的使用过程中不能随意将绳子加长，这样有潜在的危险。

3）架子工单腰带一般使用短绳比较安全。如需使用长绳，以选用双背式安全带比较安全。悬挂安全带不得低挂，应高挂低用或水平悬挂，并应防止安全带的摆动、碰撞，避开尖锐物体。

4）不得私自拆换安全带上的各种配件，更换新件时，应选择合格的配件。单独使用3 m以上的长绳时应考虑补充措施。如在绳上加缓冲器、自锁钩或速差式自控器等。缓冲器、自锁钩或速差式自控器可以单独使用，也可以联合使用。

5）作业时应将安全带的钩、环牢固地挂在系留点上，卡好各个卡子并关好保险装置，以防脱落。

6）低温环境中使用安全带时应注意防止安全绳变硬割裂。

（3）安全带的选用

1）应选用经检验合格的安全带产品。使用和采购之前应检查安全带的外观和结构，检查部件是否齐全和完整，有无损伤，金属配件是否符合要求，产品和包装上有无合格标志，是否存在影响产品质量的其他缺陷，发现产品损坏或规格不符合要求时，应及时调换或停止使用。

2）安全带的金属配件的各个环节不得是焊接件，边缘要光滑，产品上应有“安全认证”标志。根据工作性质和国家相关规定，正确选用适用的安全带型号。

（4）安全带的保管养护

1）安全带应储藏在干燥、通风的仓库内，不准接触明火、高温、强酸、强碱和尖利硬物，也不能暴晒。搬动时不能用带钩刺的工具，运输过程中要防止日晒雨淋，不可折叠。金属部件应涂上机油，以防生锈。

2）对于使用频繁的安全绳应经常做外观检查，如发现异常时应及时更换新绳，并注意加绳套的问题。

3）安全带使用2年后，应做一次抽查，围杆带以2 206 N静负荷5 min为标准，若带无破裂则可继续使用。悬挂安全带应用80 kg重的沙人自由坠落1 m高进行冲击试验，若不断则可继续使用。安全带使用期为3～5年，若发现异常情况应提前报废。经过了一次大的冲击负荷的部件应废弃，应使用同一厂家或同一形式的部件组装。

（5）安全绳的维护与保养

1）每条绳子都应该有它的使用记录。在每次使用后做简明扼要的记录。

2）使用绳子时，不要让它接触地面，绝对禁止踩绳子。最好放在一种可以完全摊平的绳袋上，以减少砂石跑进入绳子里慢慢地割断绳皮或绳芯纤维的机会。

3）尽量避免将绳子拉过粗糙或尖锐的地形。做岩降时，要将绳子和岩角接触的部分用布或绳套套住。

4）绳子不可直接绑在树上或直接挂进钩环，也不要将两条绳子挂进同一个钩环（双绳例外），因为绳子会互磨，摩擦对绳子伤害很大。

5）要正确地岩降，高速下降产生的温度会破坏绳皮。跳跃式的垂降，则会对固定点和绳子造成非常大且不必要的负荷。

6）每次使用后要用手检查绳子，感受绳子上的异常处。例如某处突然扁下去，和其他地方粗细感觉不同，或某一段特别松弛等。一旦发现异常，应予以更换。

7）绳子应定期清洗，用冷水和中性清洁剂稍微浸泡一下，之后不断地搅拌，让绳子各处都能洗到。特别脏的地方，用软刷轻轻地刷洗。多换几次水，确定所有清洁剂都冲掉了，再将它摊开在地上或吊起来，置于阴凉通风处自然干燥，不能暴晒。

第三节 本章习题集

一、填空题

1. 劳动防护用品是指由生产经营单位为从业人员配备的，使其在劳动过程中免遭或者减轻事故伤害及职业危害的个人防护装备，分为________和________。

2. 劳动防护用品的适用性既包括防护用品________的适用性，也包括________的适用性。

3. 特种劳动防护用品是指使劳动者在劳动过程中预防或减轻________的劳动防护用品，一般劳动防护用品是指除特种劳动防护用品以外的护品。

4. 妥善维护保养防护用品，不但能延长其________，更重要的是要保证用品的________。耳塞、口罩、面罩等用后应用肥皂、清水洗净，并用药液消毒、晾干。

5. 有机械、打击、切割伤害的作业场所，应选用________、________和________、________等防护用品，并符合国家标准要求。

6. 个人使用的防护用品只有与个人________才能发挥最好的防护功能，因此，在选用个人防护用品时应有不同型号供使用者选用。

7. 用人单位应根据工作场所中的职业危害因素及其危害程度，按照法律、法规、标准的规定，为从业人员________符合国家规定的防护用品。不得________替代应当配备的防护用品。

8. 用人单位应到________购买特种劳动防护用品。防护用品必须具有“三证”，即

________、________和________。购买的防护用品须经本单位安全管理部门验收，并应按照防护用品的使用要求，在使用前对防护功能进行必要的检查。

9. 特种劳动防护用品安全标志管理工作由________指定的________机构实施，受指定的机构对其核发的安全标志负责。

10. 特种劳动防护用品安全标志证书由________监制，加盖________印章。

11. 生产经营单位不得采购和使用无________的特种劳动防护用品；购买的特种劳动防护用品须经本单位的________或者________检查验收。

12. 根据防护作用可将头部防护用品分为三类：________、________及________。

13. 安全帽由________、________、________、________等部件组成，其主要组成部分为________和________。

14. 安全帽按材料分类，可分为________、________、________、________等安全帽。

15. 安全帽的内部尺寸如________、________、________，标准中是有严格规定的，这些尺寸直接影响安全帽的防护性能，使用者不可随意调节，否则，落物冲击一旦发生，安全帽会因佩戴不牢脱出或因冲击触顶而起不到防护作用，直接伤害佩戴者。

16. 常见的呼吸器官防护产品主要有________、________、________、________、________、________等。

17. 自吸过滤式防毒面具主要用于防御各种有害气体、蒸气、气溶胶等有害物质，通常称为________或________，可分为直接式与导管式两种。

18. 过滤式呼吸防护用品只能在不缺氧的劳动环境，即环境空气中氧的含量________和________环境，以及短时间内不会危害生命健康的作业条件下使用，一般不能用于罐、槽等密闭狭小容器中作业人员的防护。

19. 对携气式呼吸器，使用后应立即更换用完的或部分用完的________或________并更换其他过滤部件。

20. 根据防护部位和防护性能，眼面部防护用品主要为________和________类。

21. 在生产作业过程中，________是用来保护面部和颈部免受飞来的金属碎屑、有害气体喷溅、金属和高温溶剂飞沫伤害的用具。

22. 凡工作高度距基准面 2 m 以上（含 2 m）有可能坠落的高处作业，均称为________。

23. 安全带必须用________、________、________等具有一定强度的材料制成。

24. 使用安全带时，围杆绳上要有________，不允许在地面上拖着绳走，以免损伤绳套影响主绳。

25. 安全带应储藏在干燥、通风的仓库内，不准接触________、________、________、________和________，也不能暴晒。

二、单项选择题

1. 劳动防护用品的优劣直接关系职工的安全健康，必须经劳动保护用品质量监督检查机构检验合格，并核发生产许可证和产品合格证，其基本要求是________。

A. 必须严格保证质量，具有足够的防护性能，安全可靠

B. 防护用品所选用的材料必须符合人体生理要求，不能成为危害因素的来源

C. 防护用品要使用方便，不影响正常工作

D. 以上所有要求

2. 劳动防护用品是保护劳动者安全与健康所采取的必不可少的辅助措施，是劳动者防止职业毒害和伤害的最后一项有效措施。以下不属于劳动防护用品的特点的是________。

A. 坚固性　　B. 不特殊性　　C. 适用性　　D. 时效性

3. 躯干防护用品通常称为防护服，以下不属于躯干防护用品的是________。

A. 防寒服　　B. 防护帽　　C. 隔热服　　D. 防酸碱服

4. 以下对劳动防护用品管理不正确的是________。

A. 正确选择符合要求的用品，绝不能错选或将就使用

B. 对使用防护用品的人员应进行教育和培训，使其能充分了解使用目的和意义，并正确使用

C. 要妥善维护保养防护用品，不但能延长其使用期限，更重要的是要保证用品的防护效果

D. 防护用品应各使用人员管理，负责维护保养

5. 用人单位应遵循国家法规，为从业人员配发劳动防护用品，选用有________的产品，选用符合国家标准或行业标准要求的产品。

A. 工业生产许可证　　B. 安全标志

C. 工业生产许可证和安全标志　　D. 产品合格证

6. 劳动防护用品的使用期限与________有关。

A. 作业场所环境　　B. 劳动防护用品使用频率

C. 劳动防护用品自身性质　　D. 以上所有因素都有关系

7. 一般来说，劳动防护用品的使用期限应考虑它的________。

A. 腐蚀程度　　B. 损耗情况　　C. 耐用性能　　D. 以上都要考虑

8. 当使用的劳动防护用品遇到________情况时，应予以报废，不得继续作为个人防护用品使用。

A. 不符合国家标准、行业标准或地方标准

B. 未达到省级以上安全生产监督管理机构根据有关标准和规程所规定的功能指标

C. 不同人分别使用之后

D. 在使用或保管储存期内遭到损坏或超过有效使用期，经检验未达到原规定的有效防护功能最低指标

9. 我国法定职业病人为________大类 115 种。

A. 10　　B. 15　　C. 20　　D. 25

10. 用人单位应根据工作场所中的职业危害因素及其危害程度，按照法律、法规、标准的规定，为从业人员免费提供符合国家规定的防护用品，________以货币或其他物品替代应当配备的防护用品。

A. 可以允许　　B. 不得　　C. 原则上不能　　D. 酌情可以

11. 以下不属于劳动防护用品“三证”的是________。

A. 质量保证　　B. 生产许可证　　C. 产品合格证　　D. 安全标志证

12. 用人单位应教育从业人员，按照防护用品的使用规则和防护要求正确使用防护用品，使职工做到“三会”。以下不属于“三会”内容的是________。

A. 会检查防护用品的可靠性

B. 会正确使用防护用品

C. 会正确维护保养防护用品，并进行监督检查

D. 会正确维修劳动防护用品

13. 塑料安全帽的使用期从产品制造完成之日计算不超过________年，对到期安全帽，必须经抽查检验合格后方可继续使用。

A. 2　　B. 2.5　　C. 3　　D. 3.5

14. 特种劳动防护用品安全标志管理工作由________指定的特种劳动防护用品安全标志管理机构实施，受指定的特种劳动防护用品安全标志管理机构对其核发的安全标志负责。

A. 国家质量监督管理部门　　B. 国家工商管理部门

C. 国家安全生产监督管理部门　　D. 国家卫生管理部门

15. 参照《安全色》（GB 2893—2008）的规定，特种劳动防护用品安全标志标识的盾牌及“安全防护”字样为________色。

A. 红　　B. 黄　　C. 蓝　　D. 绿

16. 生产经营单位不得采购和使用无安全标志的特种劳动防护用品，购买的特种劳动防护用品须经________的安全生产技术部门检查验收。

A. 国家　　B. 省级　　C. 市级　　D. 本单位

17. 为了使头部免受火焰、腐蚀性烟雾、粉尘以及恶劣气候条件伤害，必须佩戴________。

A. 防护头罩　　B. 安全帽　　C. 工作帽　　D. 防护面罩

18. 过滤式呼吸防护用品只能在不缺氧的劳动环境，即环境空气中氧的含量不低于________和低浓度的有毒物质作业环境，以及短时间内不会危害生命健康的作业条件下使用，一般不能用于罐、槽等密闭狭小容器中作业人员的防护。

A. 8%　　B. 18%　　C. 28%　　D. 38%

19. 紫外线可损伤人眼组织，引起________等疾病。

A. 日光性角膜炎　　B. 白内障

C. 老年性黄斑退化　　D. 以上所有

20. 我国国家标准规定：凡工作高度距基准面 2 m 以上（含 2 m）有可能坠落的高处作业，均称为高处作业。高处作业高度在________ m 以上时，称为特级高处作业。

A. 20　　B. 30　　C. 40　　D. 50

三、判断题

1. 劳动防护用品的优劣直接关系职工的安全健康，必须经安全生产监督管理机构检验合格，并核发生产许可证和产品合格证。（　　）

2. 劳动防护用品的适用性既包括防护用品选择使用的适用性，也包括使用的适用性。（　　）

3. 防护用品应由使用者管理，负责维护保养，保证劳动防护用品充分发挥其作用。（　　）

4. 劳动防护用品因损伤、经测试防护功能失效或超过有效期时，应及时从作业现场清理出来，并由专人监督销毁。（　　）

5. 劳动者在订立劳动合同时，有了解所在工作场所的职业危害因素和防护设施情况的权利及对健康检查结果知情的权利。（　　）

6. 用人单位应根据工作场所中的职业危害因素及其危害程度，按照法律、法规、标准的规定，为从业人员免费提供符合国家规定的防护用品，或以货币或其他物品作为福利替代应当配备的防护用品。（　　）

7. 用人单位应按照产品说明书的要求，及时更换、报废过期和失效的防护用品。（　　）

8. 从业人员在作业过程中，必须按照安全生产规章制度和劳动防护用品使用规则，正确佩戴和使用劳动防护用品；未按规定佩戴和使用劳动防护用品的，不得上岗作业。（　　）

9. 安全生产监督管理部门、煤矿安全监察机构依法对劳动防护用品使用情况和特种劳动防护用品安全标志进行监督检查，督促生产经营单位按照国家有关规定为从业人员配备符合国家标准或者行业标准的劳动防护用品。（　　）

10. 特种劳动防护用品的“三证一标志”是指：生产许可证、产品合格证、质量合格证和劳动防护安全标志。（　　）

11. 生产经营单位不得采购和使用无安全标志的特种劳动防护用品，购买的特种劳动防护用品须经上级主管部门检查验收。（　　）

12. 每种安全帽都具有一定的技术性能指标和适用范围，所以选用要根据所使用的行业和作业环境选购相应的产品。（　　）

13. 安全帽颜色的选择随意性比较大，一般以浅色或醒目的颜色为宜，如白色、浅黄色等，也可以按有关规定的要求选用、遵循安全心理学的原则选用、按部门区分来选用、按作业场所和环境来选用。（　　）

14. 应注意使用在有效期内的安全帽，塑料安全帽的有效期为三年半，植物枝条编织的安全帽有效期为三年，玻璃钢（包括维纶钢）和胶质安全帽的有效期为四年半。超过有效期的安全帽应报废。（　　）

15. 呼吸防护用品根据结构和原理，可分为过滤式和隔离式两大类；按其防护用途可分为防尘、防毒和供氧三类。（　　）

16. 过滤式呼吸防护用品是以佩戴者自身呼吸为动力，将空气中有害物质予以过滤净化，可分为防尘口罩和防毒面具两种。（　　）

17. 对携气式呼吸器，使用后应立即更换用完的或部分用完的气瓶或气体发生器并更换其他过滤部件。更换气瓶时可将空气瓶与氧气瓶互换。（　　）

18. 根据防护部位和防护性能，眼面部防护用品主要为防护眼镜和防护面罩类。主要防护眼睛和面部免受紫外线、红外线和微波等电磁波辐射，粉尘、烟尘、金属和砂石碎屑以及化学溶液溅射的损伤。（　　）

19. 安全带必须用锦纶、维纶、蚕丝等具有一定强度的材料制成。（　　）

20. 使用安全带时，围杆绳上要有保护套，不允许在地面上拖着绳走，以免损伤绳套影响主绳。使用安全绳如果过长，可以打结缩短以方便使用。（　　）

四、简答题

1. 什么是劳动防护用品？劳动防护用品的基本要求有哪些？

2. 劳动防护用品有哪些特点？

3. 劳动防护用品如何分类？

4. 特种劳动防护用品有哪些品种？

5. 简述劳动防护用品在使用中的注意事项。
6. 劳动防护用品在什么情况下必须强制报废？
7. 简述劳动者劳动防护用品相关的权利和义务。
8. 特种劳动防护用品的标志标识的含义是什么？
9. 国家对特种劳动防护用品的采购有哪些要求？
10. 简述安全帽及其防护原理。
11. 安全帽如何分类？
12. 安全帽的使用和维护的注意事项有哪些？
13. 常见的呼吸防护用品有哪些？
14. 呼吸防护用品如何检查与维护？
15. 眼面部防护用品如何使用？
16. 安全带使用的注意事项有哪些？
17. 安全绳的选用要求有哪些？
18. 安全绳如何保养与维护？

五、本章习题参考答案

1. 填空题

(1) 特种劳动防护用品　一般劳动防护用品；(2) 选择使用　使用；(3) 严重伤害和职业危害；(4) 使用期限　防护效果；(5) 安全帽　安全鞋　防护手套　护目镜；(6) 尺寸相匹配；(7) 免费提供　以货币或其他物品；(8) 定点经营单位或生产企业　生产许可证　产品合格证　安全标志证；(9) 国家安全生产监督管理总局　特种劳动防护用品安全标志管理；(10) 国家安全生产监督管理总局　特种劳动防护用品安全标志管理中心；(11) 安全标志　安全生产技术部门　管理人员；(12) 安全帽　防护头罩　一般工作帽；(13) 帽壳　帽衬　下颏带　后箍　帽壳　帽衬；(14) 工程塑料　橡胶料　纸胶料　植物料；(15) 垂直间距　佩戴高度　水平间距；(16) 自吸过滤式防尘口罩　过滤式防毒面具　氧气呼吸器　自救器　空气呼吸器　防微粒口罩；(17) 防毒口罩　防毒面具；(18) 不低于18%　低浓度的有毒物质作业；(19) 气瓶　气体发生器；(20) 防护眼镜　防护面罩；(21) 防护面罩；(22) 高处作业；(23) 锦纶　维纶　蚕丝；(24) 保护套；(25) 明火　高温　强酸　强碱　尖利硬物。

2. 单项选择题

(1) D；(2) A；(3) B；(4) D；(5) C；(6) D；(7) D；(8) C；(9) A；(10) B；(11) A；(12) D；(13) B；(14) C；(15) D；(16) D；(17) A；(18) B；(19) D；

(20) B。

3. 判断题

(1) ×；(2) √；(3) ×；(4) √；(5) √；(6) ×；(7) √；(8) √；(9) √；(10) ×；(11) ×；(12) √；(13) √；(14) ×；(15) √；(16) √；(17) ×；(18) √；(19) √；(20) ×。

4. 简答题

答案略。

综合模拟测试题

综合测试题一

一、填空题

1. 在生产过程中，事故是指造成________、________、________、________或其他损失的意外事件。

2. 应急救援活动一般划分为________、________、________和________四个阶段。

3. 应急预案从功能与目标上可以划分为四种类型：________、________、________和________。

4. ________指针对应急预案中全部或大部分应急响应功能，检验、评价应急组织应急运行能力的演习活动。

5. 生产现场急救，是指在劳动生产过程中和工作场所发生的各种意外________、________、________等情况，没有医务人员时，为了防止病情恶化，减少病人痛苦和预防休克等所应采取的一种初步紧急救护措施，又称院前急救。

6. 紧急事故发生时，须报警呼救，最常使用的是________。使用________时必须要用最精炼、准确、清楚的语言说明伤员________、伤员的________及________、________等。

7. 严重头部外伤应做头颅________和________以确诊。

8. 有毒有害气体中毒是指爆炸后的烟雾及有害气体会造成________。常见的有毒有害气体为：________、________、________等。

9. 止血带止血法只适用于四肢大出血，其他止血法不能止血时才用此法。止血带有________止血带、________止血带和________止血带，其操作方法各不相同。

10. 根据历年来伤亡事故统计分类，建筑施工中最主要、最常见、死亡人数最多的事故有五类，即：________、________、________、________、________事故。

11. 发生高温液体喷溅时，非化学物质的烧伤创面，不可________，创面水泡________，以免创面感染。

12. 当发生热物体灼烫伤害事故时，事发单位首先了解情况，及时抢修设备，进行堵漏，并使伤者迅速脱离热源，然后对烫伤部位用________冲洗或________。但不要给烫伤创面涂________，以免影响对烫伤深度的观察和判断，也不要将________等物质涂于烫伤创面，以减少创面感染的机会，减少就医时处理的难度。

13. 车祸时，无论伤势多么轻微，即使看来毫发无伤，也一定要________。

14. 掘进工作面发生爆炸或火灾时，正在运转的局部通风机________，对已停运的局部通风机________。

15. 按损失严重程度，火灾可分为________、________和________。

16. 室内火灾可分成三个阶段，即________、________和________。在前面两个阶段之间，有一个温度急剧上升的狭窄区，通常称为________，它是火灾发展的重要转折区。

17. 按充装灭火剂的种类不同，常用灭火器有________、________、________、________、________。

18. 对于初起带电设备或线路火灾，应使用________或________灭火器进行扑救。

19. 汞在体内可诱发生成________，这是一种低分子富含巯基的蛋白质，主要蓄积在________，可能对汞在体内的解毒和蓄积及保护肾脏起到一定的作用。

20. 职业中毒可分为________、________和________三种临床类型。

21. ________是在高气压下工作一定时间后，转向正常压力时，因减压过速、降压幅度过大所引起的一种疾病。此时人体的组织和血管中产生气泡，导致________和________。

22. 刺激性气体中毒主要存在三种中毒症状，分别是________、________和________。

23. 劳动防护用品是指由生产经营单位为从业人员配备的，使其在劳动过程中免遭或者减轻事故伤害及职业危害的个人防护装备，分为________和________。

24. 特种劳动防护用品安全标志管理工作由________指定的________机构实施，受指定的机构对其核发的安全标志负责。

25. 对携气式呼吸器，使用后应立即更换用完的或部分用完的________或________并更换其他过滤部件。

二、单项选择题

1. 在生产过程中，事故是指造成人员伤亡、伤害、职业病、财产损失或其他损失的________。

A. 预谋事件　　B. 重大事件　　C. 意外事件　　D. 社会事件

2. 根据《企业职工伤亡事故分类》(GB 6441—1986)，事故分为________类。

A. 10　　B. 20　　C. 30　　D. 40

3. 在应急救援组织体系中，________负责研究提出安全生产应急管理和应急救援工作的重大方针政策和措施。

A. 国务院安委会　　B. 国务院安委会办公室

C. 国家安全生产监督管理总局　　　　D. 省、市人民政府

4. ________就是为应急组织或人员提供详细、具体的应急指导，必须具有可操作性。

A. 基本预案　　　　B. 应急标准化操作程序

C. 综合预案　　　　D. 基本预案和应急标准化操作程序共同

5. 当事故发生，发现了危重伤员，经过现场评估和病情判断后需要立即救护，同时立即向专业急救医疗服务（EMS）机构或附近担负院外急救任务的医疗部门、社区卫生单位报告，常用的急救电话为________或 999。

A. 110　　B. 119　　C. 122　　D. 120

6. 生产现场急救分类的重要意义集中在一个目标，即提高效率。将现场有限的人力、物力和时间，用在抢救有存活希望的伤员身上，提高伤员的存活率，降低死亡率。以下对现场伤员分类不正确的是________。

A. 分类工作是在特殊困难和紧急的情况下进行的，分类时应停止抢救

B. 分类应派经过训练、经验丰富、有组织能力的技术人员承担

C. 分类应依先危后重，再轻后小（伤势小）的原则进行

D. 分类应快速、准确、无误

7. 经过正规的心肺复苏________ min 后，仍无自主呼吸，瞳孔散大，对光反射消失，标志着生物学死亡，可终止抢救。

A. 20～30　　B. 40～60　　C. 60～80　　D. 80～100

8. 下颌关节脱位（掉下巴）复位后，用三角巾或绷带将下巴连关节兜住，吃饭时可摘下。需________周左右，即可痊愈。

A. 1　　B. 2　　C. 3　　D. 4

9. 进行人工呼吸，吹气时间以占一次呼吸周期的________为宜。

A. 1/2　　B. 1/3　　C. 1/4　　D. 1/5

10. 当发生高处坠落事故后，抢救的重点应放在对________的处理上。

A. 休克　　B. 骨折　　C. 出血　　D. 以上所有项

11. 触电伤员急救要注意慎用肾上腺素等强心剂，只有________时，才可使用。

A. 呼吸确认已停止　　　　B. 心脏确已停止跳动

C. 呼吸微弱　　　　D. 心跳微弱

12. 以下不属于冶金生产过程中的主要事故类型的是________。

A. 煤气中毒　　　　B. 高温液体喷溅

C. 溢出和泄漏　　　　D. 瓦斯爆炸

13. 在一般情况下，操作机械而发生事故的原因是________。

A. 机械设备安全设施缺损，如机械传动部位无防护罩等

B. 生产过程中防护不周

C. 没有严格执行安全操作规程，或者安全操作规程不全面完整

D. 以上情况都是

14. 煤矿井下的煤炭自燃造成的火灾，属于________。

A. 内因火灾　　B. 外因火灾

C. 直接原因火灾　　D. 间接原因火灾

15. 以下不属于点火源的是________。

A. 自然发热　　B. 电火花　　C. 汽油　　D. 热辐射

16. 根据物质性质和生产加工过程中的火灾危险性大小，以下属于甲类危险生产作业区域的是________。

A. 松节油或松香蒸馏厂房及其应用部位

B. 硝化棉生产厂房及其应用部位

C. 硫黄回收厂房

D. 活性炭制造及再生厂房

17. 窒息法灭火常用的材料包括________。

A. 低倍数泡沫　　B. 水　　C. 干粉　　D. 卤代烷灭火剂

18. 火灾现场，如发现受热辐射的容器有下列情况：燃烧的火焰由红变白、光芒耀眼，燃烧处发出刺耳的呼啸声，罐体抖动，排气处、泄漏处喷气猛烈等，应及时________。

A. 强攻扑灭　　B. 冲水冷却

C. 增加消防力量　　D. 撤离

19. 以下生产工艺过程中产生的有害因素中，属于化学因素的是________。

A. 高气压、低气压　　B. 电离辐射

C. 传染性病原体　　D. 生产性粉尘

20. ________中毒表现为病人状态兴奋，乱跑或震颤，然后发生剧烈的全身抽搐，吸入时间稍久会进入麻醉状态，出现剧烈、持久、阵发性痉挛，最后因呼吸中枢麻痹而死亡。

A. 二氧化硫　　B. 二氧化碳

C. 苯　　D. 瓦斯

21. 局部冻伤分为四度，以下属于Ⅳ度冻伤的是________。

A. 局部红肿，有发热，有痒、刺痛感。数天后干痂脱落而愈，不留疤痕

B. 局部红肿明显，有水疱形成，感觉疼痛，若无感染，局部结痂愈合，很少有疤痕

C. 创面由苍白变为黑褐色，周围有红肿、疼痛，有血性水泡。若无感染，坏死组织干燥成痂，愈合后留有疤痕，恢复慢

D. 伤及肌肉、骨等组织，治愈后留有功能障碍或致残

22. 以下硫化氢中毒症状中，属于中度中毒的是________。

A. 有眼刺痛、畏光、流泪、流涕、咽喉部烧灼感等症状

B. 有眼刺痛、畏光、流泪、眼睑浮肿、眼结膜充血、水肿，角膜上皮混浊等急性角膜、结膜炎表现

C. 有明显的头痛、头晕并出现轻度意识障碍

D. 表现为昏迷、肺泡性肺水肿、心肌炎、呼吸循环衰竭或猝死

23. 劳动防护用品的优劣直接关系职工的安全健康，必须经劳动保护用品质量监督检查机构检验合格，并核发生产许可证和产品合格证，其基本要求是________。

A. 必须严格保证质量，具有足够的防护性能，安全可靠

B. 防护用品所选用的材料必须符合人体生理要求，不能成为危害因素的来源

C. 防护用品要使用方便，不影响正常工作

D. 以上所有要求

24. 劳动防护用品的使用期限与________有关。

A. 作业场所环境　　B. 劳动防护用品使用频率

C. 劳动防护用品自身性质　　D. 以上所有因素

25. 特种劳动防护用品安全标志管理工作由________指定的特种劳动防护用品安全标志管理机构实施，受指定的特种劳动防护用品安全标志管理机构对其核发的安全标志负责。

A. 国家质量监督管理部门　　B. 国家工商管理部门

C. 国家安全生产监督管理部门　　D. 国家卫生管理部门

三、判断题

1. 在生产过程中发生的事故或与生产过程有关的事故，称为生产事故。 (　　)

2. 重大事故是指造成 3 人以上 10 人以下死亡，或者 10 人以上 50 人以下重伤，或者 1 000 万元以上 5 000 万元以下直接经济损失的事故。 (　　)

3. 事故险情和支援请求的报告原则上按照分级响应必须逐级上报，严禁越级上报。 (　　)

4. 遇有心跳、呼吸骤停又有骨折者，应首先用口对口呼吸和胸外按压等技术使心、肺、脑复苏，直至心跳、呼吸恢复后，再进行骨折固定处理。 (　　)

5. 对于在施工现场发生的意外，如电击伤、高处坠落伤、机械事故等导致心跳呼吸停止的情况，至少抢救 60 min 以上，以最大限度地提高抢救的成功率。 (　　)

6. 小腿骨折病人不能自己行走，应该俯卧在担架上，运送至医院。 (　　)

7. 某种物质进入人体后，通过生物化学或生物物理作用，使组织产生功能紊乱或结构损害，引起机体病变称为急性中毒。 （ ）

8. 高空坠落伤除有直接或间接受伤器官表现外，还有昏迷、呼吸窘迫、面色苍白和表情淡漠等症状，可导致胸、腹腔内脏组织器官发生广泛的损伤。 （ ）

9. 发生物体打击事故后，应马上组织抢救伤者，首先观察伤者的受伤情况、部位、伤害性质，如伤员发生休克，应先处理休克。遇呼吸、心跳停止者，应立即送往医院。 （ ）

10. 当发生煤气爆炸事故，在未查明事故原因和采取必要安全措施前，不得向煤气设施复送煤气。 （ ）

11. 照明装置在机床操作中可有可无。 （ ）

12. D类火灾是指普通固体可燃物燃烧而引起的火灾。 （ ）

13. 室内火灾可分成四个阶段，即火灾初起阶段、充分发展阶段、轰燃阶段和衰减阶段。 （ ）

14. 在有条件的情况下，为阻止火势迅速蔓延，争取灭火战斗的准备时间，可先采取临时性的封闭窒息措施，降低燃烧强度，而后组织力量扑灭火灾。 （ ）

15. 通常，刺激性气体以局部损伤为主，严重刺激作用条件下可产生全身反应，例如头晕、头痛、乏力。 （ ）

16. 各种工业毒物的毒性作用特点不同。有些毒物在作业环境中，难以达到引起急性中毒的浓度，一般只有慢性中毒，如铅、锰、镉等金属毒物；有些毒物的毒性大，且易散发到车间空气中或污染作业人员的皮肤，往往引起急性中毒，如氯气、二氧化硫、二氧化氮、苯等。 （ ）

17. 触电患者急救在确认心跳停止时，应一边人工呼吸和胸外心脏按压，一边使用强心剂。 （ ）

18. 劳动防护用品的优劣直接关系职工的安全健康，必须经安全生产监督管理机构检验合格，并核发生产许可证和产品合格证。 （ ）

19. 用人单位应根据工作场所中的职业危害因素及其危害程度，按照法律、法规、标准的规定，为从业人员免费提供符合国家规定的防护用品，或以货币或其他物品作为福利替代应当配备的防护用品。 （ ）

20. 生产经营单位不得采购和使用无安全标志的特种劳动防护用品，购买的特种劳动防护用品须经上级主管部门检查验收。 （ ）

四、简答题

1. 什么是事故？事故有哪些特征？

2. 现场急救时应遵循什么原则？

3. 发生人员触电，主要需要运用哪些急救方法？

4. 火灾的灭火方法有哪些？

5. 一氧化碳急性中毒如何急救？

6. 简述劳动防护用品在使用中的注意事项。

综合测试题二

一、填空题

1. 根据生产安全事故造成的人员伤亡或者直接经济损失，事故一般可以分为________、________、________和________四个等级。

2. 企业依法设立的应急救援机构和队伍，其建设投资和运行维护经费原则上由________解决。

3. 完整的应急预案编制应包括以下一些基本要素，即分为六个一级关键要素，包括：________；________；________；________；________；________。

4. 应急演习应遵循________、________、________的原则，综合性的应急演习应以若干次分练为基础。

5. 当各种意外事故和急性中毒发生后，参与生产现场救护的人员要________，切忌惊慌失措。应尽快对中毒或受伤病人进行认真仔细地检查，确定病情。检查内容包括意识、呼吸、脉搏、血压、瞳孔是否正常，有无________、________、________、________等，是否伴有其他损伤等。

6. 总体来说，事故现场急救应按照________、________和________三大步骤进行。

7. 若伤者肠子露在腹外时，不要把肠子送回腹腔，应将上面的泥土等用清水或用________冲干净，清除污物，用无菌或干净白布、手巾覆盖，以免加重感染，或用饭碗、盆扣住外露肠管，再进行________。

8. 指压动脉止血法是指用手指压迫________，将动脉压向深部的骨头，阻断血液流通。

9. 绷带法有________包扎法、________包扎法、________包扎法、________包扎法和________包扎法等。包扎时要掌握好“三点一走行”，即绷带的________、________、________（多在伤处）和行走方向的顺序，做到既牢固又不能太紧。

10. 由于坍塌的过程产生于一瞬间，来势凶猛，现场人员往往难以及时迅速撤离，不能撤离的人员，会随着坍塌物体的变动而引发________、________、________、________、________等严重后果。

11. 发生人员煤气中毒时抢救人员要尽快让中毒人员离开________，并尽量让中毒人员静躺，避免活动后加重心、肺负担及增加氧的消耗量。

12. 在有限空间内作业用的照明灯应使用________V以下安全行灯，照明电源的导线要使用绝缘性能好的软导线。

13. 进入避难硐室前，应在硐室外留设________、________、________等明显标志，以便于救援人员实施救援。入硐室后，开启压风自救系统，可有规律地间断地敲击________、________等方法，发出呼救联络信号，以引起救援人员的注意，指示避难人员所在的位置。

14. 建筑施工主要是在室外作业，在夏季高温的情况下，特别容易发生________现象。

15. 根据爆炸性混合物的危险性并考虑实际生产过程的特点，一般将爆炸性混合物分为三类：Ⅰ类为________；Ⅱ类为________（如工厂爆炸性气体、蒸气、薄雾等）；Ⅲ类为________（如爆炸性粉尘、易燃纤维等）。

16. 可燃固体类火灾中，镁粉、铝粉、钛粉、锆粉等金属元素的粉末类火灾不可用水施救，因为这类物质着火时，可产生相当高的温度，高温可使水分子和空气中的二氧化碳分子分解，从而引起________或使燃烧________。

17. 消火栓是设置在消防给水管网上的消防供水装置，由________、________和________等组成。

18. 在火灾自我逃生和安全疏散中，必须做好个人________，尽量避开烟雾弥漫区域，充分利用各种________、________设施，防止出现熏倒、烟气中毒等事故。

19. 苯的氨基、硝基化合物的毒性作用有许多共同之处，大多数可引起________、________。

20. 低温引起人体的损伤为冷冻伤，分为________和________。

21. 要认定人员是否中毒并快速判断中毒物质，通常我们可以从病人________或________或________来作出判断。

22. 吸入一氧化碳中度中毒人员，口唇、指甲、皮肤黏膜出现________色，多汗，血压________，心率加速，心律失常，烦躁，一时性感觉和运动分离。

23. 特种劳动防护用品是指使劳动者在劳动过程中预防或减轻________的劳动防护用品，一般劳动防护用品是指除特种劳动防护用品以外的护品。

24. 根据防护作用可将头部防护用品分为三类：________、________及________。

25. 安全带必须用________、________、________等具有一定强度的材料制成。

二、单项选择题

1. 各类事故的发生具有________，从更广泛的意义上讲，世界上没有绝对的安全。

A. 普遍性　　B. 通用性　　C. 可预防性　　D. 绝对性

2. 应急体系组织体制中的________包括与应急活动有关的各类组织机构，如公安、医疗、通信等单位。

A. 管理机构　　B. 功能部门　　C. 指挥机构　　D. 救援队伍

3. 企业依法设立的应急救援机构和队伍，其建设投资和运行维护经费原则上由________解决。

A. 国家行政部门　　B. 安全监管部门

C. 企业自行　　D. 社会保险

4. ________是指演习过程中观察或识别出的，可能使应急准备工作不完备，从而导致在紧急事件发生时不能确保应急组织采取合理应对措施保护人员安全。

A. 不足项　　B. 整改项　　C. 改进项　　D. 不合格项

5. 通常现场伤员急救的标记有四类，其中的第Ⅰ急救区（红色）表示________。

A. 病伤严重，危及生命者　　B. 严重但即刻不危及生命者

C. 受伤较轻，可行走者　　D. 需要后运者

6. 正常人呼吸________次/min，危重伤员呼吸变快、变浅乃至不规则，呈叹息状。

A. 12～18　　B. 18～22　　C. 15～30　　D. 30～60

7. 眼睛周围肿胀、眼眶周围青紫，可采用冷敷的方法消除。在眼部衬一层干燥毛巾，然后放冰袋冷敷，每次________ min。

A. 15　　B. 30　　C. 60　　D. 90

8. 爆震伤又称为冲击伤，距爆炸中心________ m范围内受伤，是爆炸伤害中最为严重的一种损伤。

A. 1　　B. 2　　C. 3　　D. 4

9. 对脊椎受伤的患者向担架上搬动时应由________人以上一起搬动。

A. 2　　B. 3　　C. 4　　D. 5

10. 使触电者尽快________是救活触电者的首要因素。

A. 脱离电源　　B. 实施人工呼吸

C. 实施心脏按压　　D. 搬运至医院

11. 造成建筑施工坍塌伤害事故的主要原因是________。

A. 基坑、基槽开挖及人工扩孔桩施工过程中的土方坍塌

B. 楼板、梁等结构和雨篷等坍塌

C. 房屋拆除坍塌

D. 以上各项情况

12. 化工企业生产与其他行业企业生产还有所不同，具有高温高压、毒害性腐蚀性、生产连续性等特点，比较容易发生________等事故，而且事故一旦发生，比其他行业企业事故具有更大的危险性，常常造成群死群伤的严重事故。

A. 泄漏　　B. 火灾　　C. 爆炸　　D. 以上全部

13. 车祸发生时，除了确保伤者安全外，还要及时拨打“________”报告交通部门，以防引发其他车祸。

A. 110　　B. 120　　C. 119　　D. 999

14. 在煤矿井下生产过程中的常见的灾害中，________占的比重最大。

A. 火灾爆炸事故　　B. 水灾事故

C. 冒顶事故　　D. 尘肺病患事故

15. ________是指死亡3人以上，受伤10人以上，死亡、重伤10人以上，受灾30户以上，烧毁财物损失30万元以上。

A. 特大火灾　　B. 重大火灾　　C. 一般火灾　　D. 特别重大火灾

16. 以下不属于火灾防治途径的是________。

A. 设计与评估　　B. 火灾探测　　C. 阻燃　　D. 人员救治

17. 空气泡沫灭火器使用时，应选择在距燃烧物________m左右操作。

A. 3　　B. 4　　C. 5　　D. 6

18. 可燃气体火灾可使用________扑救。

A. 泡沫灭火剂　　B. 二氧化碳　　C. 干沙土　　D. 雾状水

19. 铅的毒性的强弱与铅化合物在体内的溶解度，铅烟尘颗粒大小、中毒途径及铅化合物的形态等有关。生产活动中，铅化合物主要经过________进入人体。

A. 皮肤　　B. 血液　　C. 呼吸　　D. 接触

20. 以下属于有机粉尘的是________。

A. 矿物性粉尘　　B. 玻璃纤维　　C. 合成树脂　　D. 混合性粉尘

21. 被毒蛇咬伤以后，立即用止血带或其他替代物（撕下衣服或其他带子），在下肢或上肢伤口的近心端________cm处用力勒紧，阻止静脉血和淋巴液回流，防止毒液继续在体内扩散。

A. 3　　B. 4　　C. 5　　D. 6

22. 经常接触石炭酸复合物的工人，由于皮肤的色素细胞受损，往往发生皮肤白斑，停止接触后白斑仍会进行性发展，局部皮肤可________。

A. 失去痛觉　　B. 溃烂　　C. 十分敏感　　D. 脱落

23. 以下对劳动防护用品管理不正确的是________。

A. 正确选择符合要求的用品，绝不能错选或将就使用

B. 对使用防护用品的人员应进行教育和培训，使其能充分了解使用目的和意义，并正确使用

C. 要妥善维护保养防护用品，不但能延长其使用期限，更重要的是要保证用品的防护效果

D. 防护用品应由使用人员管理，负责维护保养

24. 当使用的劳动防护用品遇到________情况时，应予以报废，不得继续作为个人防护用品使用。

A. 不符合国家标准、行业标准或地方标准

B. 未达到省级以上安全生产监督管理机构根据有关标准和规程所规定的功能指标

C. 不同人分别使用之后

D. 在使用或保管储存期内遭到损坏或超过有效使用期，经检验未达到原规定的有效防护功能最低指标

25. 过滤式呼吸防护用品只能在不缺氧的劳动环境，即环境空气中氧的含量不低于________和低浓度的有毒物质作业环境，以及短时间内不会危害生命健康的作业条件下使用，一般不能用于罐、槽等密闭狭小容器中作业人员的防护。

A. 8%　　B. 18%　　C. 28%　　D. 38%

三、判断题

1. 事故的发生、发展都是有规律的，只要按照科学的方法和严谨的态度进行分析并积极做好有关预防工作，事故是完全可以预防的。（　　）

2. 一个完整的应急救援体系应由组织体制、运作机制、法制基础和应急演习系统四部分构成。（　　）

3. 应急预案从功能与目标上可以划分为四种类型：综合预案、专项预案、现场预案和单项应急救援方案。（　　）

4. 急救前和急救后都要洗手，并且救护伤员的眼、口、鼻或者任何皮肤损伤处，一旦被溅上伤者的血液，应尽快用消毒水清洗，并去医院进行处理。（　　）

5. 开放性骨折急救人员应先戴上胶皮手套，如伤者的伤口中已有脏东西，尽量不去触及伤口，尽快用水冲洗，并上药。（　　）

6. 踩踏致伤通常发生于空间有限、人群相对集中的公共场所，由于这些场所本身所存

在的潜在危险因素，加之管理不善，极易造成人群骚动，秩序混乱，人流拥挤，一旦有人跌倒，就容易被其他人踩踏致伤。（　）

7. 加压包扎止血法适用于各种伤口，是一种比较可靠的非手术止血法。（　）

8. 当发生高处坠落事故后，抢救的重点应放在对摔伤、骨折和出血的处理上。（　）

9. 建筑施工发生坍塌事故之后，应及时了解和掌握现场的整体情况，并向上级领导报告，同时，根据现场实际情况，拟定倒塌救援实施方案，实施现场的统一指挥和管理。（　）

10. 化工企业生产与其他行业企业生产还有所不同，具有高温高压、毒害性、腐蚀性、生产连续性等特点，比较容易发生泄漏、火灾、爆炸等事故，而且事故一旦发生，比其他行业企业事故具有更大的危险性，常常造成群死群伤的严重事故。（　）

11. 交通伤几乎涉及人体的各部位，由于受伤特点，易发生大出血、窒息、休克等危及生命的严重状态。由于受力大、受伤突然，伤情变化快，早期易出现休克、昏迷等危重症。（　）

12. 混合爆炸气体的初始温度越高，爆炸极限范围越宽，则爆炸下限增高，上限增高，爆炸危险性增加。（　）

13. 在火灾的初期阶段，火光是反映火灾特征的主要方面。（　）

14. 泡沫灭火系统是设置在被保护对象附近可向可燃液体表面直接释放泡沫进行灭火的装置或设施，广泛用于保护可燃液体罐区及工艺设施内有火灾危险的局部场所。（　）

15. 几乎各种类型的工业都会接触到有机溶剂。有机溶剂多具有挥发性，挥发性越大，其致毒危险度越小。（　）

16. 高原心脏病多发生在 3 000 m 以上处，红细胞、血红蛋白随海拔增高而递增，伴有紫绀、头痛、呼吸困难及全身乏力等。（　）

17. 刺激性气体主要毒性在于它们对呼吸系统的刺激及损伤作用，这是因为它们可在黏膜表面形成具有强烈腐蚀作用的物质，如酸类物质或成酸化合物、氨或胺类化合物、醋类、光气等。（　）

18. 劳动防护用品的适用性既包括防护用品选择使用的适用性，也包括使用的适用性。（　）

19. 用人单位应按照产品说明书的要求，及时更换、报废过期和失效的防护用品。（　）

20. 过滤式呼吸防护用品是以佩戴者自身呼吸为动力，将空气中有害物质予以过滤净化，可分为防尘口罩和防毒面具两种。（　）

四、简答题

1. 应急救援队伍有哪几个层次？
2. 简述现场急救的基本步骤。
3. 人员中暑的主要原因和分类分别有哪些？如何急救？
4. 简述常见灭火器材的使用方法。
5. 发现触电人员，如何实施现场急救？
6. 呼吸防护用品如何检查与维护？

综合测试题一参考答案

一、填空题

(1) 人员伤亡　伤害　职业病　财产损失；(2) 应急准备　初级反应　扩大应急　应急恢复；(3) 综合预案　专项预案　现场预案　单项应急救援方案；(4) 应急预案全面演习；(5) 伤害事故　急性中毒　外伤和突发危重伤病员；(6) 呼救电话　呼救电话　目前的情况及严重程度　人数　存在的危险　需要何类急救；(7) CT 扫描　X 射线检查；(8) 人体中毒　一氧化碳　二氧化碳　氮氧化合物；(9) 橡皮　气性　布制；(10) 高处坠落　触电　物体打击　机械伤害　坍塌；(11) 用水淋　不要弄破；(12) 自来水　浸泡　有颜色的药物如紫药水　牙膏、油膏；(13) 接受医师诊治；(14) 不可随意停止　不得随意启动；(15) 特大火灾　重大火灾　一般火灾；(16) 火灾初起阶段　充分发展阶段　衰减阶段　轰燃区；(17) 水型灭火器　空气泡沫灭火器　干粉灭火器　二氧化碳灭火器　7150 灭火器；(18) 二氧化碳　干粉；(19) 金属硫蛋白　肾脏；(20) 急性　亚急性　慢性；(21) 减压病　血液循环障碍　组织损伤；(22) 化学性（或称中毒性）呼吸道炎　化学性（中毒性）肺炎　化学性（中毒性）肺水肿；(23) 特种劳动防护用品　一般劳动防护用品；(24) 国家安全生产监督管理总局　特种劳动防护用品安全标志管理；(25) 气瓶　气体发生器。

二、单项选择题

(1) C；(2) B；(3) B；(4) B；(5) D；(6) A；(7) A；(8) A；(9) B；(10) D；

(11) B; (12) D; (13) D; (14) A; (15) C; (16) B; (17) A; (18) D; (19) D; (20) C; (21) D; (22) C; (23) D; (24) D; (25) C。

三、判断题

(1) √; (2) ×; (3) ×; (4) √; (5) ×; (6) ×; (7) ×; (8) √; (9) ×; (10) √; (11) ×; (12) ×; (13) ×; (14) √; (15) √; (16) √; (17) ×; (18) ×; (19) ×; (20) ×。

四、简答题

答案略。

综合测试题二参考答案

一、填空题

(1) 特别重大事故　重大事故　较大事故　一般事故; (2) 企业自行; (3) 方针与原则　应急策划　应急准备　应急响应　现场恢复　预案管理与评审改进; (4) 由下而上　先分后合　分步实施; (5) 沉着、冷静　出血　休克　外伤　烧伤; (6) 紧急呼救　判断伤情　救护; (7) 1%盐水　保护性包扎; (8) 伤口近心端动脉; (9) 环形　螺旋形　螺旋反折　"8"字形　头顶双绷带　起点　止血点　着力点; (10) 坠落　物体打击　挤压　掩埋　窒息; (11) 中毒环境; (12) 12; (13) 文字　衣物　矿灯　金属物　顶帮岩石; (14) 中暑; (15) 矿井甲烷　工业气体　工业粉尘; (16) 爆炸　更加猛烈; (17) 阀　出水口　壳体; (18) 防烟保护　防烟　排烟; (19) 高铁血红蛋白血症　溶血症; (20) 非冻结性冷冻伤　冻结性冷冻伤; (21) 呼出的气味　吐出物质发出的味道　其他体征; (22) 樱桃红　先升高后降低; (23) 严重伤害和职业危害; (24) 安全帽　防护头罩　一般工作帽; (25) 锦纶　维纶　蚕丝。

二、单项选择题

(1) A; (2) B; (3) C; (4) A; (5) A; (6) A; (7) A; (8) A; (9) C; (10) A;

（11）D；（12）D；（13）B；（14）C；（15）B；（16）D；（17）D；（18）B；（19）C；（20）C；（21）C；（22）A；（23）D；（24）C；（25）B。

三、判断题

（1）√；（2）×；（3）√；（4）×；（5）×；（6）√；（7）√；（8）×；（9）√；（10）√；（11）√；（12）×；（13）×；（14）√；（15）×；（16）×；（17）√；（18）√；（19）√；（20）√。

四、简答题

答案略。